江苏省高等学校重点教材（编号：2021-2-022）
本教材对应课程入选教育部2021年课程思政示范课程（证书编号"职-2021-0103"）
高职本科"十四五"系列教材 机械专业
人力资源和社会保障部技工教育和职业培训"十四五"规划教材

机械设计与创新

主　编　张长英
副主编　李勤涛　张云玲

U0163013

扫码加入学习圈　轻松解决重难点

 南京大学出版社

图书在版编目(CIP)数据

机械设计与创新 / 张长英主编. — 南京：南京大
学出版社，2021.12(2024.7 重印)
ISBN 978 - 7 - 305 - 24136 - 9

Ⅰ. ①机… Ⅱ. ①张… Ⅲ. ①机械设计—教材 Ⅳ.
①TH122

中国版本图书馆 CIP 数据核字(2020)第 265593 号

出版发行　南京大学出版社
社　　址　南京市汉口路 22 号　　　邮　编　210093
书　　名　**机械设计与创新**
　　　　　JIXIE SHEJI YU CHUANGXIN
主　　编　张长英
责任编辑　吴　华　　　　　　　编辑热线　025 - 83596997

照　　排　南京南琳图文制作有限公司
印　　刷　南京新洲印刷有限公司
开　　本　787 mm×1092 mm　1/16　印张 17.75　字数 410 千
版　　次　2021 年 12 月第 1 版　2024 年 7 月第 2 次印刷
ISBN 978 - 7 - 305 - 24136 - 9
定　　价　45.00 元

网址：http://www.njupco.com
官方微博：http://weibo.com/njupco
微信公众号：njupress
销售咨询热线：(025) 83594756

☞ 扫码教师可免费
申请教学资源

前　言

本书将机械原理、创新设计和通用零件等内容有机结合,遵循精品和实用的原则,充分运用现代教育技术,以提高教学效果和人才培养质量为目标,构建"教学目标明确、教学理念先进、学生技能一流"的课程教学体系,本书具备以下几点特色和创新:

(1) 内容实用,案例新颖。结合当前工程技术的最新发展成就,增加了实用和新颖的工程案例分析,使学习者学有所成、学以致用。

(2) 价值引领,突出思政。深入挖掘各个知识点和技能点中蕴涵的思政元素,在知识传授和能力培养中强调价值引领,在价值传播中凝聚知识底蕴。

(3) 技术融合,形态创新。融合互联网最新技术,结合教学方法改革,创新教材形态,充分发挥纸质教材体系完整、数字化资源呈现多样和个性化学习的特点,运用二维码等网络技术,与国家职业教育专业教学资源库融合在一起,以利于实施线上与线下相结合的混合式教学。

本书由南京工业职业技术大学张长英教授任主编,南京工业职业技术大学李勤涛和张云玲副教授任副主编。编写分工为:南京工业职业技术大学张长英编写绪论和第 1、3、4、5、6 章;南京工业职业技术大学李勤涛编写第7、9、10章;南京工业职业技术大学张云玲编写第2、8章。此外,张长英还负责编写所有章节的思考题和习题。金城集团刘思峰担任主审。本书对应的南京工业职业技术大学"机械设计与创新"课程入选了2021年教育部课程思政示范课程(证书编号"职-2021-0103")。

鉴于编者水平有限,书中难免有疏漏和欠妥之处,恳请同行和读者批评指正,以便在重印或再版时不断提高和完善。

编者

2021 年 12 月

目　录

绪　论

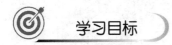

学习目标

掌握机器与机构的概念及特征,理解构件与零件的区别与联系,了解机械设计的基本要求、常规方法,以及机械产品创新设计的主要内容。

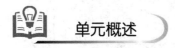

单元概述

机器是执行机械运动的装置,用来完成有用的机械功或转换机械能。机器中的构件可以是单一的零件,也可以是由几个零件装配而成的刚性结构。本章的重点包括机器与机构、构件与零件的概念和特征,难点是对机器和机构的理解。

0.1　机器与机构

人类在长期的生产和生活实践中,创造发明了各种机器,并通过对其不断改进以提高劳动生产率,这些机器甚至还能完成用人力无法达到的某些生产要求。早在春秋战国时期,就出现了用于控制射击的弩机(如图 0-1(a)),其加工精度和表面光洁度已达到相当高的水平。东汉以后又出现了记里鼓车和指南车(如图 0-1(b)和图 0-1(c)),记里鼓车有一套减速齿轮系,通过鼓镯的音响分段报知里程;三国马钧所造的指南车除用齿轮传动外,还有自动离合装置,在技术上又胜记里鼓车一筹。自动离合装置的发明,说明传动机构齿轮系已发展到相当的程度。

(a)

(b)

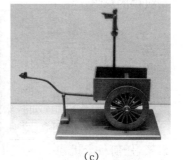

(c)

图 0-1　中国古代机器

机器的作用是进行能量的转换或完成特定的机械功能,用以减轻或替代人的劳动。不同之处在于,随着生产和科学技术的发展,机器的种类和形式更趋多样化,功能则越来越贴近人们的生活。但无论机器如何变化,按其基本组成都可以分为动力源、传动机构、执行机构和控制器四部分。其中,传动机构和执行机构在使用中最主要的目的是为了实现速度、方向或运动状态的改变,或实现特定的运动规律,因此,在实现机器的各项功能中担当着最重要的角色。

如图0-2所示,单缸内燃机由机架1(气缸体)、曲柄2、连杆3、活塞4、进气阀5、排气阀6、推杆7、凸轮8和齿轮9、10组成。当燃气推动活塞4做往复运动时,通过连杆3使曲柄2做连续转动,从而将燃烧产生的热能转换为曲柄的机械能。齿轮、凸轮和推杆的作用是按一定的运动规律按时启闭阀门,完成吸气和排气动作。该内燃机共有三种机构组合:

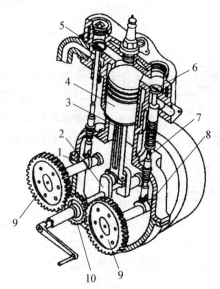

图 0-2 单缸内燃机

(1)曲柄滑块机构。由活塞4、连杆3、曲柄2和机架1构成,其作用是将活塞的往复直线运动转换成曲柄的连续转动。

(2)齿轮机构。由齿轮9、10和机架1构成,其作用是改变转速的大小和方向。

(3)凸轮机构。由凸轮8、推杆7和机架1构成,其作用是将凸轮的连续转动变为推杆的往复移动,完成有规律地启闭阀门的工作。

动画0-01

单缸内燃机

由上述分析可以看出,机构在机器中的作用是传递运动和动力,实现运动形式或速度的转变。因此,机构具有以下两个特征:

(1)机构是一种人为的实物(构件)的组合。

(2)组成机构的各部分之间具有确定的相对运动。

通过对不同机器的分析,可以这样认为:**机器是若干机构的组合体**,它除了具备上述两个特征外,还可以用来替代或减轻人类的劳动,完成有用的机械功,或将其他形式的能转换为机械能,这是机器与机构在功能上的区别。

若仅从结构和运动的观点看,机器与机构之间并无区别,人们常用**"机械"作为机器与机构的总称**。

0.2 机构的组成

机构是由构件组成的,根据运动传递路线和构件的运动状况,构件可分为三类:

(1)**机架**。如图0-2所示的气缸体1,机构中的固定构件或相对固定的构件称为机架,任何一个机构中,必定有也只能有一个构件作为机架。

(2)**原动件**。机构中已知运动规律并做独立运动的构件称为原动件,原动件是机构中输入运动的构件,因此,也称为主动件,每个机构中都至少有一个原动件。

(3) **从动件**。机构中除原动件和机架以外的所有构件都称为从动件。

所谓**构件**,是指机构的**基本运动单元**。它可以是单一的零件,也可以是由刚性组合在一起的几个零件联接而成的运动单元。

图0-2所示单缸内燃机中的连杆由连杆体1、连杆盖5、螺栓2、螺母3、开口销4、轴瓦6和轴套7等多个零件组成(如图0-3)。

所谓**零件**,是组成构件的**制造单元**。任何机器都是由许多零件组成的,若将一台机器进行拆解,拆到不可再拆为止的最小单元就是零件。机械中的零件可以分成两大类:一类是在各类机械中经常用到的零件,称为**通用零件**,如齿轮、螺栓、轴和弹簧等;另一类是只出现于某些特定机械中的零件,称为**专用零件**,如汽轮机的叶片、内燃机的活塞和曲轴等。

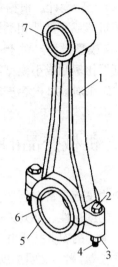

图0-3　单缸内燃机的连杆

在生产实际中,有时把为完成共同任务彼此协同工作的一系列零件或构件所组成的组合体称为**部件**(或组件),它是**装配的单元**,如滚动轴承和联轴器等。

0.3　机械设计的基本要求和常规方法

机械设计是机械产品研制的第一步,直接影响到产品的质量、性能和经济效益,机械设计的基本要求主要有以下几个方面:

(1) 使用性能要求。机械产品必须保证实现预期的设计性能,在规定的工作条件和寿命期限内,满足用户所需的功能要求。

(2) 安全和可靠性要求。安全可靠是机械产品的必备条件,所有涉及人身或重大设备安全的零部件,都必须进行认真、严格的设计和校核计算,而不能仅凭经验或"类比"替代。可靠性是指在预期的寿命期限内,不发生或极少发生故障,大修或更换易损件的周期不宜过短,以免因停机影响生产进度。

(3) 经济和社会性要求。经济性要求主要体现在机械设计、制造和使用过程的全过程,如设计周期短、制造、运输、安装成本低,使用效率高、能耗少、易管理和维护等。此外,当机械产品用于生产和生活时,必须符合国家环境保护和劳动保护的相关要求。

机械设计的常规方法是以经验总结为基础,以由数学和力学分析或实验而形成的公式、经验数据、图表和设计手册作为设计依据,运用经验公式、简化模型或类比改造等的方法,机械设计的常规方法主要分为以下三种:

(1) 理论设计。根据在生产实践中总结出来的设计理论和实验数据所进行的设计,通常分为设计计算和校核计算两个方面。设计计算是根据机械零件的运动要求、受力情况、材料性能和失效形式,采用理论公式计算出零部件危险截面的尺寸,从而设计出零部件的具体结构;校核计算是根据已有的机器和零部件的形状尺寸,通过理论公式校核其强度是否满足使用要求。

(2) 经验设计。根据对已有的设计与使用实践总结出来的经验数据或公式,或与类似的机器或零部件相类比而进行的设计。

(3) 模型设计。对于一些结构复杂、尺寸较大的重要机器或零部件,在初步设计时可将其按比例制成小模型或小尺寸的样机,通过实验对其各方面的特性加以检验,再根据实验结果对设计内容进行修改,最终获得完善的设计结果。

0.4 机械产品的创新设计

中华民族是富有创造性的民族,我国古代许多机械发明的使用和发展,都体现了我们民族的创造性。翻开人类从使用简单的工具、刀耕火种、捕鱼狩猎,到学会播种、制陶炼铜等最初的农业技术和工匠技术,发展到今天的信息技术、航天技术等现代化高科技的历史长卷,人类文明史就是一部人类生生不息的创新发展史,可以这样说,创新是人类文明进步的原动力,是科技发展、经济增长和社会进步的源泉。

机械产品的创新设计是指充分发挥设计者的创造力,利用人类已有的相关科学技术成果(包含理论、方法、技术和原理等)进行创新构思,设计出具有新颖性、创造性和实用性的机构或机械产品(或装置)的一种实践活动。它包括两个方面:一是改进完善生产和生活中现有机械产品的技术性能、可靠性、经济性和适用性等;二是创造设计出新产品、新机器,以满足新的生产或生活的需求。

思 考 题

0-1 什么是机器、机构和机械? 机器与机构的主要区别是什么?

0-2 什么是构件、零件和组件?

0-3 什么是通用零件和专用零件?

0-4 判断题

(1) 生活中的各种机构和机械统称为机器。

(2) 从运动的观点来看,机构和机器之间并无区别,因此,我们把二者统称为机械。

(3) 机器的传动部分是将原动机的运动和动力传给工作部分的中间环节,可以在传递运动中改变运动速度、转换运动形式等,以满足执行部分的各种要求。

(4) 组成机器的各个构件之间必须要具有确定的相对运动。

(5) 构件是机器中的运动单元,而零件则是制造单元。

(6) 在机器中,独立的装配单元称为部件,如滚动轴承等。

(7) 机械中普遍使用的零件叫作通用零件,如螺栓、螺母等。

(8) 在某一类型机械中使用的零件,叫专用零件,如曲轴、活塞等。

0-5 选择题

(1) 下列属于原动机的是_____。

　　A. 轴承　　　　　　　B. 齿轮　　　　　　　C. 凸轮　　　　　　　D. 电动机

(2) 机器的动力来源是_____。

　　A. 原动机　　　　　B. 执行部分　　　　C. 传动部分　　　　D. 控制部分

(3) 将原动机的运动和动力传给工作部分,传递运动或转换运动形式的是机器的_____。

　　A. 原动机　　　　　B. 执行部分　　　　C. 传动部分　　　　D. 控制部分

(4) 下列不属于原动机的是_____。

　　A. 柴油机　　　　　B. 汽油机　　　　　C. 齿轮　　　　　　D. 电动机

(5) _____是执行机械运动的装置,用来变换或传递能量、物料、信息。

　　A. 机器　　　　　　B. 机构　　　　　　C. 构件

(6) 机构与机器相比,不具备_____特征。

　　A. 人为实体(构件)的组合

　　B. 各个运动实体(构件)之间具有确定的相对运动

　　C. 做有用功或转换机械能

　　D. 价格较高

(7) 只出现于某些特定的机械中使用的零件称为_____零件。

　　A. 专用　　　　　　　　　　　　　　B. 通用

(8) _____是通用零件。

　　A. 轴承　　　　　B. 活塞　　　　　C. 曲轴　　　　　D. 叶片

第 1 章

平面机构的组成与结构分析

 **学习目标**

　　了解运动副的分类及运动链的概念,掌握平面机构运动简图的绘制和自由度的计算方法,理解平面机构具有确定运动的条件、平面机构的组成原理及其结构分析方法。

 **单元概述**

　　机构由许多构件组合而成,为了传递动力,实现运动速度、方向及形式的变换,需要保证机构内各构件具有确定的相对运动。在此基础上,进一步研究机构的组成原理,并对其进行结构和运动分析。本章的重点包括运动副及其分类、高副低代的方法、杆组及其级别的划分和速度瞬心法等;难点包括机构运动简图的绘制、特殊结构下平面机构自由度的计算、平面机构的结构分析等。

1.1　运动副与运动链

　　在所有的机构中,每个构件都以一定的方式与其他构件相联接,这种两个构件通过直接接触,既保持联系又能相对运动的联接,称为**运动副**。例如轴颈与轴承之间、活塞与气缸之间的联接都构成运动副,运动副是两构件之间的可动联接。

　　根据运动副各构件之间的相对运动是平面运动还是空间运动,可将运动副分成平面运动副和空间运动副。若所有构件都在同一平面或相互平行的平面内运动,则称该机构为平面机构,平面机构的运动副称为平面运动副。按两构件间的相对运动特点,平面运动副可分为低副和高副。

1. 低副

微课1-1

运动副的分类

　　相互联接的两构件间通过面接触组成的运动副称为**低副**,根据构成低副的两构件间的相对运动特点,又分为转动副和移动副。两构件只能做相对转动的运动副称为转动副(如图 1-1(a)和图 1-1(b));两构件只能沿某一导路做相对移动的运动副称为移动副(如图 1-1(c)和图 1-1(d))。

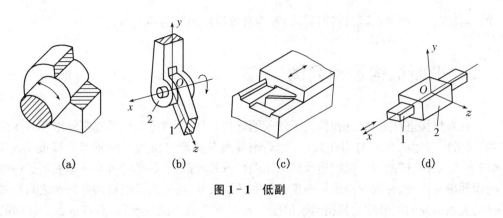

动画1-01

转动副

动画1-02

移动副

图 1-1　低副

2. 高副

相互联接的两构件间通过点接触或线接触组成的运动副称为**高副**,如图 1-2 所示的车轮与钢轨、顶杆与凸轮、轮齿 1 与轮齿 2 等,分别在 A 处形成高副。

动画1-03

平面高副

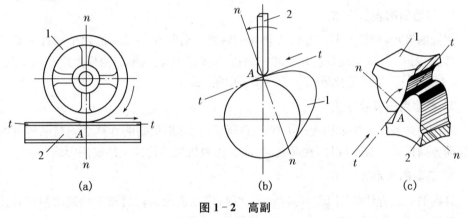

图 1-2　高副

3. 运动链

由两个或两个以上构件通过运动副的联接而构成的相对可动的系统称为运动链,若组成运动链的各构件构成首末封闭系统的运动链称为闭式运动链或简称闭链(如图 1-3(a)),反之,则称为开式运动链或简称开链(如图 1-3(b))。对于闭链,任意移动其中一杆即可牵动其余各杆,便于传递运动,所以广泛应用于各种机械,而开链主要应用于机械手和挖掘机等。

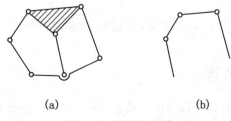

图 1-3　闭链和开链

若运动链中存在固定或相对固定的机架时,运动链可被称为机构,但此机构的运动尚未确定,仅当其一个或几个构件具有独立运动,成为原动件,并使其余从动件随之做确定运动时,才可确定该机构的运动,并能有效地传递运动和动力。

1.2 平面机构运动简图

在对机构进行运动分析时,为了使问题简化,可以不考虑机构的真实外形和具体结构,仅考虑与运动有关的构件数目、运动副类型及其相对位置。按照国家标准 GB/T 4460—2013《机械制图 机构运动简图用图形符号》规定的简单符号及线条表示机构中的运动副及构件,并按一定比例确定机构的运动尺寸,绘制出反映机构各构件之间相对运动关系的简明图形称为**机构运动简图**。若不按精确的比例绘制,而着重表达机构的结构特征,则称为**机构示意图**。

1.2.1 运动副的表示方法

1. 转动副的表示方法

用圆圈表示转动副,其圆心代表转动的轴线。若组成转动副的两个构件都是活动构件,则用图 1-4(a)表示;若其中之一为机架,则在代表机架的构件上绘制阴影线,如图 1-4(b)所示,也可简化成图 1-4(c)所示的形式。

2. 移动副的表示方法

移动副的表示方法如图 1-4(d)～(f)所示,此时移动副的导路必须与两构件的相对移动方向保持一致。同样,在必要时,应在代表机架的构件上绘制阴影线。

3. 高副的表示方法

高副的表示方法如图 1-4(g)所示,此时,应在机构运动简图中绘制出两构件接触处的轮廓曲线,其曲率中心必须与实际位置保持一致。

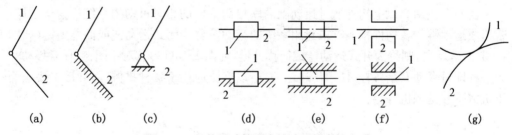

| (a) | (b) | (c) | (d) | (e) | (f) | (g) |

图 1-4 机构运动简图中运动副的表示方法

1.2.2 构件的表示方法

一个具有两个低副的构件称为两副构件,图 1-5(a)表示参与组成两个转动副的构件,图 1-5(b)表示同时参与一个转动副和一个移动副的构件。

一个具有三个低副的构件称为三副构件,参与组成三个转动副的构件可用三角形表示(如图 1-5(c)所示),为了表明三角形是一个刚性构件,常在三角形的三个角上画上焊接标记或直接在三角形内画上剖面线。如果三个转动副在一条直线上,则可用图 1-5(d)表示。

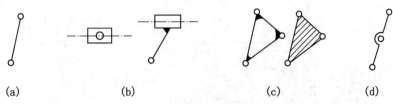

(a)   (b)   (c)   (d)

图 1-5 机构运动简图中构件的表示方法

1.2.3 平面机构运动简图的绘制

绘制平面机构运动简图,首先应了解机构的构造及运动特性,再按如下步骤进行:

1. 分析机构的组成

辨别机构中的机架,确定主动件及从动件的数目。

2. 分析机构的运动

由主动件开始,按照机构运动的传递路线,依次分析构件间的相对运动形式,确定运动副的类型及数目。

3. 选择视图的平面

选择适当的投影面,确定机架、主动件及各运动副间的相对位置,以便清楚地表达各构件间的运动关系。通常情况下,应选择与构件运动平行的平面作为投影面。

4. 绘制机构运动简图

按照适当的比例尺,采用规定的符号和线条,绘制平面机构的运动简图,并用箭头注明原动件及用数字标出构件号。

比例尺是指图样尺寸与机构实际尺寸之比,用 μ 来表示,$\mu = \dfrac{\text{构件实际长度}}{\text{构件图示长度}} \left(\dfrac{\text{m}}{\text{mm}} \right)$。

【例 1-1】 请绘制如图 1-6(a)所示颚式破碎机的机构运动简图。

解 (1)分析机构的组成,如图 1-6(a)所示,颚式破碎机的主体机构主要由机架 1、曲轴 2、动颚 3 和肘板 4 组成。其中,曲轴 2 与带轮固接在一起,是颚式破碎机的原动件,其余构件都是从动件。

(2)分析机构的运动。颚式破碎机的曲轴 2 与机架 1 在 A 点处通过铰链联接,并绕 A 点做回转运动;曲轴 2 上的圆柱销与动颚 3 上的圆柱孔在 B 点处联接,做复杂的平面运动;肘板 4 的左端通过销和孔与动颚 3 在 C 点处联接、右端与机架 1 在 D 点处联接,并绕 D 点摆动。由此,可判断:颚式破碎机在 A、B、C、D 处均构成转动副联接。

弹簧和支承杆仅起到辅助支承作用,其目的是改善机构的受力状况,增加机构的刚性,从运动角度看,有无弹簧和支承杆,都不会改变机构的运动形式。

微课1-3

机构运动
简图的绘制

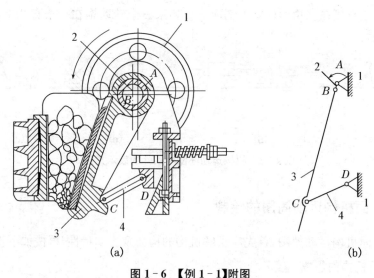

图 1-6 【例 1-1】附图
1—机架；2—曲轴；3—动颚；4—肘板。

（3）选择视图的平面。由于颚式破碎机三个活动构件（曲轴 2、动颚 3 和肘板 4）的运动都位于当前平面，因此，选择这个平面为机构运动简图的视图平面。

（4）绘制机构运动简图。选定适当的比例尺，通过图 1-6(a)中尺寸定出 A、B、C、D 的相对位置，用构件和运动副的规定符号绘制出颚式破碎机的机构运动简图，如图 1-6(b)所示。

1.3 平面机构的自由度

微课1-4

平面机构自由度的计算

在平面机构中，各构件相对于参考系所具有的、独立运动的数目称为机构的自由度，为了使机构中各构件能相对于机架做确定的运动，必须研究机构的自由度和机构具有确定运动的条件。其中，机构的自由度与构件的总数、运动副的类型及数量有关。

对于具有 N 个构件的平面机构来说，除去固定的机架，余下的活动构件数为 $n=N-1$。这 n 个活动构件在未用运动副联接之前，共有 $3n$ 个自由度。假设该平面机构中共有 P_L 个低副和 P_H 个高副，将所有的活动构件、活动构件与机架之间联接起来，便受到 $2P_L+P_H$ 个约束（每个低副引入两个约束，每个高副引入一个约束）。因此，机构中各构件相对于机架的独立运动数，即机构的自由度应为活动构件的自由度总数减去运动副引入的约束总数，即：

动画1-04

自由构件的自由度

$$F=3n-2P_L-P_H \tag{1-1}$$

1.3.1 平面机构具有确定运动的条件

机构的自由度是机构中各构件相对于机架具有的独立运动的数目，在机构中只有原动件才能独立运动（从动件是不能独立运动的），且每个原动件只具有一个独立的运动。因此,平面机构的自由度应与原动件数相等,才能保证平面机构具有确定的运动。

在图 1-6 所示颚式破碎机的机构中,共有三个活动构件($n=3$),包含了四个转动副($P_L=4$),没有高副($P_H=0$),依据上述的自由度计算公式,该机构的自由度为:

$$F=3n-2P_L-P_H=3\times3-2\times4-0=1$$

该机构只有一个原动件(曲轴 2),所以原动件数与机构的自由度相等,该机构具有确定的运动。

如图 1-7(a)所示的机构,$n=4$,$P_L=6$,$P_H=0$,由式(1-1)得到:

$$F=3n-2P_L-P_H=3\times4-2\times6-0=0$$

该机构的自由度等于零,说明它是不能产生相对运动的刚性桁架。同理,图 1-7(b)所示的三角架也是一个刚性桁架,但是对于图 1-7(c)所示的机构,$n=3$,$P_L=5$,$P_H=0$,由式(1-1)得到:

$$F=3n-2P_L-P_H=3\times3-2\times5-0=-1$$

自由度 $F<0$,说明它所受到的约束过多,此时该机构成为超静定桁架。

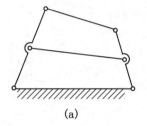 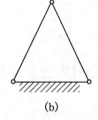 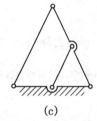

    (a)   (b)   (c)

图 1-7 桁架

如图 1-8 所示的铰链五杆机构,若取构件 1 作为原动件,其自由度为:

$$F=3n-2P_L-P_H=3\times4-2\times5-0=2$$

当构件 1 处于图示位置时,构件 2、3、4 则可能处于实线位置,也可能处于虚线位置。显然,从动件的运动是不确定的,故也不能称其为机构。但如果机构具有两个原动件,即同时给定构件 1、4 的位置,则其余从动件的位置就唯一确定了(如图 1-8 所示的实线状态),此时,该系统可称为机构。

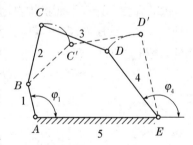

图 1-8 铰链五杆机构

综上所述,机构的自由度 F、原动件的数目与机构的运动特性有着密切的联系:

① 当机构的自由度 $F\leqslant0$ 时,机构蜕化成刚性桁架,构件之间没有相对运动。

② 当机构的自由度 $F>0$,原动件数小于机构的自由度时,机构内各构件之间没有确定的运动;原动件数大于机构的自由度时,机构的薄弱处可能遭到破坏。

由此可见,平面机构具有确定运动的条件是:**机构的自由度 $F>0$,且等于原动件数。**

在分析或设计新机构时,一般可以通过计算自由度来检验所作的运动简图是否满足具有确定运动的条件,以避免机构出现原理错误。如图 1-9(a)所示的构件组合体,

其自由度为:

$$F=3n-2P_{\mathrm{L}}-P_{\mathrm{H}}=3\times3-2\times4-1=0$$

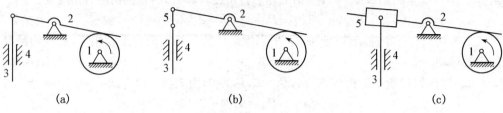

(a)   (b)   (c)

图 1 - 9　构件组合体及其改进措施

说明该组合体不是机构,从动件无法实现预期的运动。此时,可以通过增加活动构件数、减少运动副或将低副变为高副等方法,获得具有一定自由度的机构。

对该组合体的改进方案如图 1 - 9(b)和图 1 - 9(c)所示:前者通过增加一个杆件和一个转动副,后者通过增加一个滑块和一个移动副,经计算,改进后组合体的自由度为:

$$F=3n-2P_{\mathrm{L}}-P_{\mathrm{H}}=3\times4-2\times5-1=1$$

此时,该组合体机构具有确定运动的条件。

1.3.2　计算平面机构自由度时应注意的事项

1. 复合铰链

当三个或三个以上构件在同一处用转动副联接时,就构成**复合铰链**,图 1 - 10(a)所示为三个构件汇交成的复合铰链,图 1 - 10(b)所示为其俯视图。由此可以看出,这三个构件共组成了两个转动副。以此类推,由 K 个构件汇交而成的复合铰链具有 $K-1$ 个转动副。在计算平面机构自由度时,应注意识别复合铰链。在图 1 - 10(c)所示的直线机构中,A、B、D、E 四点均为由三个构件组成的复合铰链,每处应有两个转动副,因此,该机构的自由度为:

$$F=3n-2P_{\mathrm{L}}-P_{\mathrm{H}}=3\times7-2\times10-0=1$$

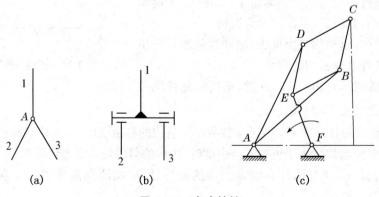

(a)   (b)   (c)

图 1 - 10　复合铰链

2. 局部自由度

机构中常出现一种与输出构件运动无关的独立运动称为局部自由度,在计算机构的自由度时,局部自由度应略去不计。如图 1-11(a)所示的凸轮机构中,滚子 3 绕本身的轴线转动,完全不影响从动件 2 的运动输出,因此,滚子 3 转动的自由度就属于局部自由度。在计算该机构的自由度时,应将滚子 3 与从动件 2 看成一个构件,如图 1-11(b)所示。此时,该机构的自由度为:

$$F = 3n - 2P_L - P_H = 3 \times 2 - 2 \times 2 - 1 = 1$$

动画1-06

滚子凸轮

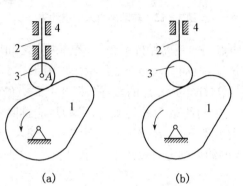

(a)　　　　　　(b)

图 1-11　局部自由度

局部自由度虽不影响机构的运动关系,但可以将滑动摩擦变为滚动摩擦,从而减轻了由于高副接触而引起的摩擦和磨损。因此,在机械中常见具有局部自由度的结构,如滚动轴承、滚轮等。

3. 虚约束

机构的运动不仅与构件和运动副的类型和数量有关,还与转动副间的距离、导路的方向和位置、曲率中心位置等几何条件密切相关。但是,式(1-1)并没有考虑到这些几何条件的影响。在特定几何条件下,对机构自由度不起独立作用的重复约束称为**虚约束**,在计算机构自由度时应排除不计。

平面机构的虚约束主要出现于下列情况:

① 两构件同时在几处构成多个移动副,且各移动副的导路中心线重合或相互平行,则仅有一个移动副起到独立的约束作用,其余的移动副引入的约束为虚约束。如图 1-11(a)所示的凸轮机构中,从动件 2 与机架构成的两个移动副中,就有一个是虚约束。如图 1-12 所示的移动副 A、B 中,其中之一引入的也是虚约束。

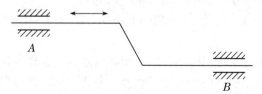

图 1-12　移动副引入的虚约束

　　此外,两构件同时在几处构成多个转动副,且各转动副的轴线重合,则仅有一个转动副起约束作用,其余的转动副引入的约束为虚约束。如图 1-13 所示的两个转动副中,其中之一引入的是虚约束。

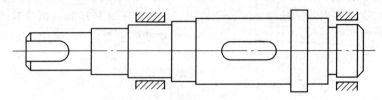

图 1-13　转动副引入的虚约束

　　② 当不同构件上两点间的距离保持不变时,若在两点之间增加一个构件和两个转动副,虽不改变机构的运动,但却引入一个虚约束。如图 1-14(b)所示的机构中,由于 EF 平行且等于 AB 及 CD,杆 5 上 E 点的轨迹与杆 3 上 E 点的轨迹完全重合,因此,由 EF 杆与杆 3 联接点上产生的约束为虚约束。计算时,应排除不计,如图 1-14(a)所示。此时,该机构的自由度为 $F=3n-2P_L-P_H=3\times3-2\times4-0=1$。若不满足上述的几何条件,$EF$ 杆带入的约束则为有效约束,如图 1-14(c)所示。此时机构的自由度为 $F=3n-2P_L-P_H=3\times4-2\times6-0=0$,机构无法产生运动。

动画1-07

虚约束——
机车联动

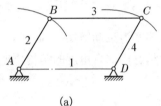

　　　(a)　　　　　　　　　　　(b)　　　　　　　　　　　(c)

图 1-14　平行四边形机构中的虚约束

　　与此相仿,当构件上某点的运动轨迹为一条直线,若在该点铰接一个滑块并使其导路与该直线重合,虽不改变该机构的运动,却引入了一个虚约束。如图 1-15 所示的椭圆仪,B 是连杆 2 的中点,滑块 3 的 C 点(或滑块 4 的 D 点)与连杆 2 的 C 点(或 D 点)的轨迹是重合的,因此,两个滑块中只有一个起独立的约束作用,另一个形成虚约束。

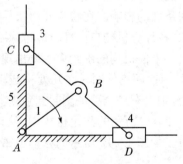

图 1-15　椭圆仪机构中的虚约束

　　③ 两构件间形成多处接触点公法线重合的高副时,如图 1-16 所示的等径凸轮,只考虑一处高副,其余为虚约束。

动画1-08

虚约束——
椭圆仪

　　④ 在原动件和从动件之间用多组完全相同的运动链来传递运动时,只有一组起独立的约束作用,其余各组引入的约束为虚约束。如图 1-17 所示的行星轮机构中,为了受力均衡而采用三个行星轮对称分布,实际上只需一个行星轮即可满足机构的运动要求。此时,每增加一个行星轮(包含两个高副和一个低副),便引入了一组虚约束。

动画1-09

虚约束——
行星齿轮

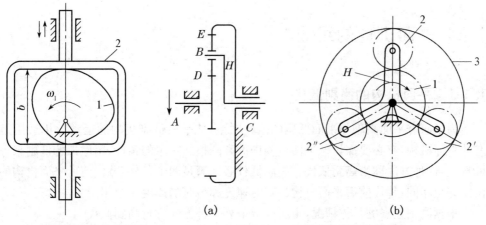

(a)　　　　　　　　　　　　　　　　　(b)

图 1-16　等径凸轮中的虚约束　　　图 1-17　行星轮机构中的虚约束

　　虚约束虽然不影响机构的运动,但却可以增加构件的刚性,改善机构的受力状况,因而在机构设计中被广泛采用。需要注意的是:只有满足特定的几何条件,才能构成虚约束;反之,虚约束就会成为实际的约束,使机构失去运动的可能。因此,在采用虚约束的机构中,对其制造和安装精度都有十分严格的要求。

　　【例 1-2】　请计算如图 1-18(a)所示筛料机构的自由度,并判断该机构是否具有确定的运动。

　　解　(1) 机构分析:① 机构中的滚子是一个局部自由度,可看成是如图 1-18(b)所示的结构;② 从动件与机架间在 E 和 E' 处成两个移动副,且其导路重合,所以其中之一是虚约束;③ BC、CD 和 CG 共三个构件在 C 处用转动副联接,所以此处为复合铰链,有两个转动副(如图 1-18(b)标记所示)。

　　(2) 自由度计算:去除局部自由度和虚约束,按图 1-18(b)所示机构计算自由度,机构中 $n=7$,$P_L=9$,$P_H=1$,其自由度为:

$$F=3n-2P_L-P_H=3\times7-2\times9-1=2$$

　　(3) 判断该机构是否具有确定的运动:由于筛料机构共有两个原动件(AB 杆和凸轮),此时,机构的自由度大于零且等于原动件数,所以该机构具有确定的运动。

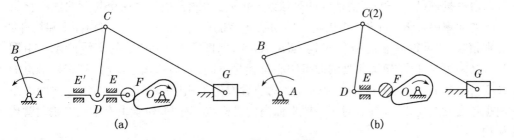

(a)　　　　　　　　　　　　　　　　　(b)

图 1-18　【例 1-2】附图

1.4 平面机构的组成

1.4.1 平面机构的高副低代

为了研究平面高副与平面低副的内在联系,使平面低副机构的运动分析适用于所有的平面机构,有必要探讨把平面机构中的高副根据一定的条件,用虚拟的低副来等效地替代,这种方法称为**高副低代**。高副低代必须满足两个条件:替代前后平面机构的自由度完全相同;替代前后平面机构的瞬时速度和瞬时加速度完全相同。

根据高副元素的具体情况,主要采取下列三种方式进行高副低代。

1. 若高副两元素均为曲线

如图 1-19(a)所示,构件 1 和构件 2 是分别绕 A 点和 B 点回转的两个圆盘,其圆盘的几何中心分别是 K_1 和 K_2,它们在接触点 C 处构成高副。当机构运动时,距离 AK_1、K_1K_2 和 K_2B 均保持不变,因而此机构可全部由低副组成的平面四杆机构 AK_1K_2B 来替代,如图 1-19(a)中虚线所示。此时,平面机构中的高副 C 可以被构件 4 和位于 A、B 的两个低副替代。

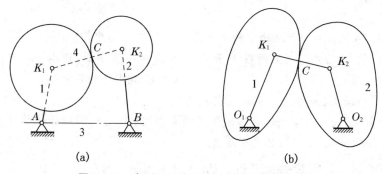

(a)   (b)

图 1-19 高副两元素均为曲线时的高副低代

这种高副低代的方法可以推广至任意曲线轮廓的高副机构,如图 1-19(b)所示,可以通过接触点 C 作两任意曲线的公法线,并在公法线上找到这两个轮廓曲线在接触点处的曲率中心 K_1 和 K_2,再用两个转动副 K_1 和 K_2,将构件 K_1K_2 与构件 1 和构件 2 分别相联,便可得到它的替代机构 $O_1K_1K_2O_2$,如图 1-19(b)中的实线所示。由图 1-19(b)可知:由于轮廓各处的曲率中心位置是不同的,当机构运动时,随着接触点的改变,K_1 和 K_2 相对于构件 1 和构件 2 的位置发生了相应的变化,K_1 和 K_2 之间的距离也随之发生变化。因此,对于一般平面高副机构,在不同的位置上有不同的**瞬时替代机构**。

2. 若高副两元素之一为直线

如图 1-20(a)所示,若两接触轮廓之一是直线时,那么因直线的曲率中心趋于无穷远,所以该转动副演化成移动副,其替代机构如图 1-20(b)所示。

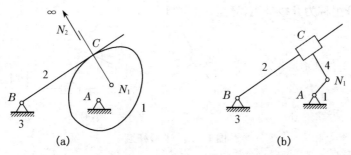

图 1 – 20 若高副两元素之一为直线时的高副低代

3. 若高副两元素之一为点

若两接触轮廓之一为点,那么因为点的曲率半径等于零,所以曲率中心与该点重合,其替代机构如图 1 – 21(b)所示。

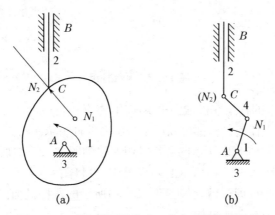

图 1 – 21 若高副两元素之一为点时的高副低代

综上所述,由于每个平面高副具有一个约束,两个平面低副和一个构件也具有一个约束,高副低代前后由式(1 – 1)求得的机构自由度完全相同。由此,在对高副机构进行分析时,可根据高副低代的方法,先将高副机构转化为低副机构,然后再进行机构的结构、运动及受力分析。

1.4.2 平面机构组成原理

任何一个机构都包含机架、原动件和若干从动件,由于每个原动件只有一个自由度,当机构中所有构件都具有确定的运动时,原动件数必与机构的自由度相等,由此可以得出:机构的从动件的自由度总数一定为零。我们可以把机构所有的从动件分解成若干个不可再拆的、自由度为零的运动链——**基本杆组**(简称杆组)。

假设全低副平面杆组由 n 个构件和 P_L 个平面低副组成,那么它们之间必然满足:

$$F = 3n - 2P_L = 0$$

或

$$P_L = \frac{3}{2}n \tag{1-2}$$

由于构件数和运动副数必须是自然数,所以满足上述条件的最简单杆组为:$n = 2$,

$P_L=3$,这类杆组称为Ⅱ级杆组,其型式如图1-22所示。

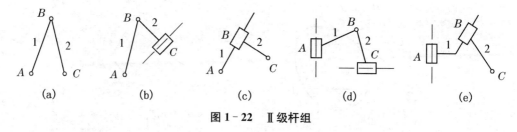

图1-22　Ⅱ级杆组

满足式(1-2)且$n=4$,$P_L=6$的杆组有多种结构,统称为Ⅲ级杆组,其主要型式如图1-23所示。

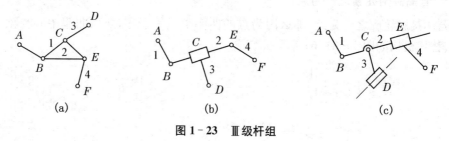

图1-23　Ⅲ级杆组

$n \geqslant 6$的Ⅳ级以上的杆组在机械中很少应用,本书不再讨论。

按照杆组的观点,任何机构都可以用零自由度的杆组依次与原动件和机架联接,如图1-24所示,将图1-24(b)所示的Ⅱ级杆组并接到图1-24(a)所示的原动件1和机架4上,便可以得到图1-24(c)所示的四杆机构;再将图1-24(d)所示的Ⅲ级杆组并接到Ⅱ级杆组和机架上,即可得到如图1-24(e)所示的八杆机构。如此继续运用这种方法,就可以得到更为复杂的机构。

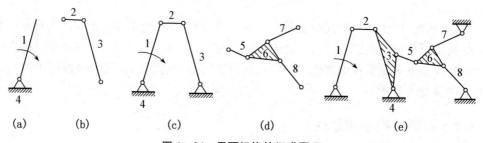

图1-24　平面机构的组成原理

杆组的级别是由杆组的最高级别决定的,如图1-24(e)所示的八杆机构,其所包含的最高级别为Ⅲ级,所以称为Ⅲ级机构。不包含杆组、只具有原动件和机架的机构称为Ⅰ级机构。

平面机构组成原理是:任何机构都可看作是由若干个杆组依次连接于原动件和机架而构成的,即自由度为F的机构是由F个原动件、一个自由度为零的机架和若干个自由度为零的杆组组成。

但要注意的是:在杆组并接时,不能将同一杆组的各个外接运动副联接于同一构件上,否则将起不到增加杆组的作用。

　　利用机构组成原理进行机构创新时,在满足相同工作要求的前提下,机构越简单、杆组的级别越低、构件数和运动副数越少越好。因为机构的级别越高,机构的运动和动力分析也越困难。

1.5　平面机构的结构分析

　　与上述由杆组扩展成机构的过程相反,机构的结构分析就是将已知机构分解为原动件、机架和若干杆组,并确定机构的级别。平面机构结构分析的步骤和要点是:

　　① 去除机构中的局部自由度和虚约束,将机构中的高副全部以低副替代,并用箭头对机构的原动件进行相应的标注。

　　② 从远离原动件的构件开始,先试拆Ⅱ级杆组,若不成,再拆Ⅲ级杆组。当分拆出一个杆组后,第二次拆杆组时,仍须从Ⅱ级杆组开始试拆。以此类推,直至剩下原动件和机架为止。

　　在此过程中,应注意杆组的增减不能改变机构的自由度,每一次拆杆组后,剩余的机构不允许残存只属于一个构件的运动副或只有一个运动副的构件(原动件除外),因为前者将导入虚约束,而后者则产生局部自由度。

　　③ 确定机构的级别。

　　【例 1-3】　请对图 1-25(a)所示的机构进行结构分析。

　　解　(1) 将图 1-25(a)中的高副用转动副来替代,高副低代的过程及结果如图 1-25(b)和图 1-25(c)所示。

　　(2) 依次从远离原动件 1 的构件开始,按下列步骤分离杆组:

　　① 由机架 10 和复合铰链 E 拆下Ⅱ级杆组 8-9;

　　② 依次从剩余的机构中拆下Ⅱ级杆组 6-7、Ⅱ级杆组 4-5 和Ⅱ级杆组 11-3,只剩下原动件 1 和机架 A。

　　至此,分离杆组结束,该机构由机架 A、原动件 1 以及顺次加入的Ⅱ级杆组 11-3、4-5、6-7 和 8-9 组成,属于Ⅱ级机构。其各杆组和原动件的分解如图 1-25(d)所示。

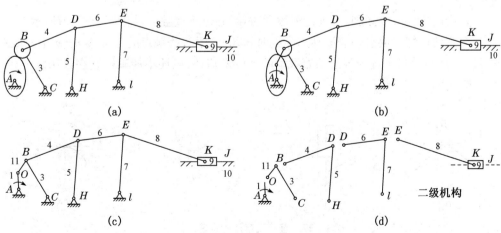

图 1-25　【例 1-3】附图

拓展知识

平面机构运动分析基础——速度瞬心法

在已知平面机构尺寸和原动件运动规律的情况下,有时需要确定机构中其他构件上某些点的轨迹、位移、速度及加速度,以及某些构件的角位移、角速度及角加速度。对于某些构件数目较少的平面机构,利用速度瞬心法求解,则较为简便。

如图 1-26 所示,当任一构件 2 相对于另一构件 1 做平面运动时,在任一瞬时,其相对运动都可以看作是绕某一重合点的转动,即两构件的瞬时等速重合点,该重合点称为**瞬时速度中心**,又称**速度瞬心**。若两构件之一是静止的,则其瞬心称为绝对速度瞬心;若两构件都是运动的,则其瞬心称为相对速度瞬心。构件 i 和构件 j 的相对速度瞬心一般用符号 P_{ij} 或 P_{ji} 来表示。

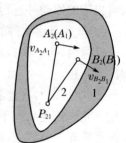

由于发生相对运动的任意两构件之间只能有一个速度瞬心,所以根据排列组合的原理或一个机构是由 k 个构件组成,那么其速度瞬心的总数 N 为:

$$N = \frac{k(k-1)}{2} \qquad (1-3)$$

图 1-26 速度瞬心

当两构件的相对运动已知时,速度瞬心的位置便可直接确定。如图 1-26 所示,已知重合点 A_2 和 A_1、B_2 和 B_1 的相对速度 $v_{A_2A_1}$ 和 $v_{B_2B_1}$ 的方向,则两速度矢量的垂线的交点便是速度瞬心 P_{12}。

在机构中,通常采用以下两种方法来确定速度瞬心的位置:

1. 直接观察法——适用于两构件通过运动副直接联接的场合

① 当两构件用转动副联接时,瞬心位于转动副中心,如图 1-27(a)所示。

② 当两构件组成移动副时,瞬心位于导路的垂直方向的无穷远处,如图 1-27(b)所示。

③ 当两构件组成高副,且进行纯滚动时,瞬心位于接触点,如图 1-27(c)所示。

④ 当两构件组成滑动兼滚动的高副时,瞬心位于过接触点的公法线 n-n 上,如图 1-27(d)所示。只不过因为滑动兼滚动的数值未知,所以还不能确定它在公法线 n-n 上的哪一点。

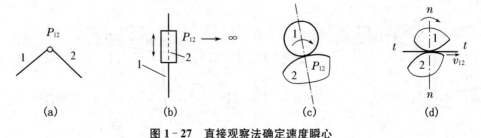

图 1-27 直接观察法确定速度瞬心

2. 三心定理法——适用于两构件不直接联接的场合

当不能直接根据速度瞬心的定义求各构件之间的瞬心时,可以采用三心定理法,即三个彼此做平面运动的构件共有三个速度瞬心,且它们位于同一条直线上。

该定理可运用反证法证明如下:

根据式(1-3),如图 1-28 所示的构件 1、构件 2 和构件 3 共有三个相对速度瞬心 P_{12}、P_{13}、P_{23}。假设 P_{12} 和 P_{13} 分别为构件 1 与构件 2 及构件 1 与构件 3 的相对速度瞬心。欲证明构件 2 与构件 3 之间的相对速度瞬心 P_{23} 应位于 P_{12} 和 P_{13} 的连线上。

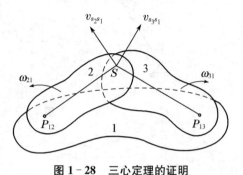

图 1-28　三心定理的证明

如图 1-28 所示,假定相对速度瞬心 P_{23} 不在 P_{12} 和 P_{13} 的连线上,而是位于其他任一点 S 处,则根据相对速度瞬心的定义

$$v_{S_2} = v_{S_3}$$

又假定构件 1 在 S 处的重合点为 S_1,则:

$$v_{S_2} = v_{S_1} + v_{S_2 S_1} , v_{S_3} = v_{S_1} + v_{S_3 S_1}$$

则:

$$v_{S_1} + v_{S_2 S_1} = v_{S_1} + v_{S_3 S_1}$$

即:

$$v_{S_2 S_1} = v_{S_3 S_1}$$

但是,由图 1-28 可见:$v_{S_2 S_1} \perp \overline{P_{12} S}$,$v_{S_3 S_1} \perp \overline{P_{13} S}$,

所以:

$$v_{S_2 S_1} \neq v_{S_3 S_1}$$

即:

$$v_{S_2} \neq v_{S_3}$$

由此,S 不可能是构件 2 与构件 3 之间的相对速度瞬心。只有当它位于直线 $P_{12} \overline{P_{13}}$ 上时,该两重合点的速度向量才可能相等,所以速度瞬心 P_{23} 必位于 $P_{12} \overline{P_{13}}$ 的连线上。至于 P_{23} 在直线 $P_{12} \overline{P_{13}}$ 上哪一点,只有当构件 2 和构件 3 的运动完全已知时才能确定。

【例 1-4】　求如图 1-29(a)所示机构在图示位置时所有速度瞬心的位置。

解　(1)计算该机构速度瞬心的数目:

$$N = \frac{k(k-1)}{2} = \frac{4 \times (4-1)}{2} = 6$$

(2)根据"形成转动副的构件其速度瞬心位于转动副中心位置"的确定方法,可知 A、B、C 分别是速度瞬心 P_{12}、P_{23} 和 P_{14}。

(3)根据"形成移动副的构件其速度瞬心位于导路的垂直方向的无穷远处"的确定方法,可知 P_{34} 必在过 B 点作垂直于 BC 的直线的无穷远处。

(4)根据三心定理,P_{24}、P_{12}、P_{14} 应该在同一条直线上,且 P_{24}、P_{23}、P_{34} 也应该在同一条直线上,所以 P_{24} 必位于这两条直线的交点。

过 B 点作垂直 BC 的直线与 CA 延长线的交点就是 P_{24}。

(5)同理,过 C 点作垂直 BC 的直线与 AB 延长线的交点就是 P_{13}。

所有的速度瞬心位置如图 1-29(b)所示。

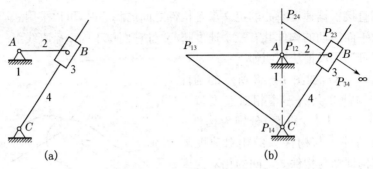

图 1-29 【例 1-4】附图

思考题

1-1 平面高副和平面低副有何区别?

1-2 计算机构的自由度时,应该注意哪些问题?

1-3 请说明平面机构高副低代时应满足的条件。

1-4 请简要叙述平面机构组成原理的内容及结构分析的要领。

1-5 如何确定机构中不相互直接联接的构件间的相对速度瞬心?

1-6 判断题

(1) 凡是两构件直接接触而又相互连接的,都叫运动副。

(2) 固定构件(机架)是机构不可缺少的组成部分。

(3) 机构的自由度数应小于原动件数,否则机构不能成立。

(4) 虚约束对运动不起独立限制作用。

(5) 平面低副机构中,每个转动副和移动副所引入的约束数目是相同的。

(6) 局部自由度与输出构件的运动无关。

1-7 选择题

(1) 两个构件直接接触而形成的_____,称为运动副。

　　A. 可动联接　　　　B. 联接　　　　　C. 接触

(2) 车轮在轨道上转动,车轮与轨道间构成_____。

　　A. 转动副　　　　　B. 移动副　　　　C. 高副

(3) 用简单的线条及规定的符号表示构件和运动副的图形称为_____。

　　A. 机构运动简图　　B. 机构示意图　　C. 机构装配图

(4) 当机构的自由度小于原动件数目时,则_____。

　　A. 机构中运动副及构件被破坏

　　B. 机构运动不确定

　　C. 机构具有确定运动

(5) 若复合铰链处有 4 个构件汇集在一起,则应有_____个转动副。

　　A. 4　　　　　　　　B. 3　　　　　　　C. 2

（6）计算机构自由度时，若计入虚约束，则计算所得结果与机构的实际自由度数目相比_____。

A. 增多了　　　　　　　　　　B. 减少了

C. 不变　　　　　　　　　　　D. 可能增多也可能减少

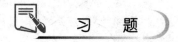

习　　题

1-1　图示分别为抽水唧筒机构和缝纫机下针机构，试绘制其机构运动简图。

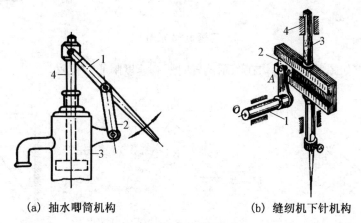

（a）抽水唧筒机构　　　　　　　　（b）缝纫机下针机构

习题 1-1 附图

1-2　请指出图示机构运动简图中的复合铰链、局部自由度和虚约束（如有），并计算各机构的自由度。

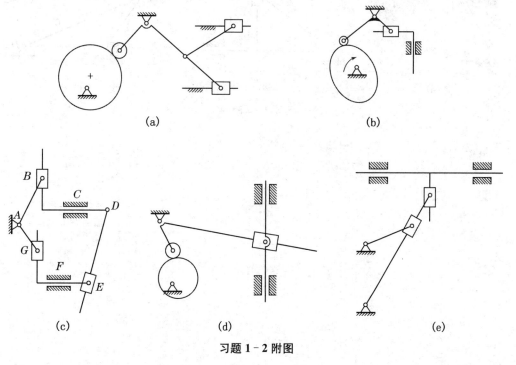

（a）　　　　　　　　　　　　（b）

（c）　　　　　　　（d）　　　　　　　（e）

习题 1-2 附图

1-3 计算图示各平面机构的自由度,将其中的高副(如有)化为低副;确定机构所含杆级的数目,并判定机构的级别(图中机构已用圆弧箭头对原动件进行了标记)。

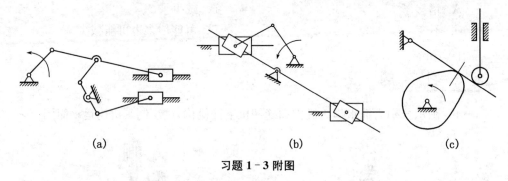

(a)   (b)   (c)

习题 1-3 附图

1-4 求如图所示各机构在图示位置时所有速度瞬心的位置。

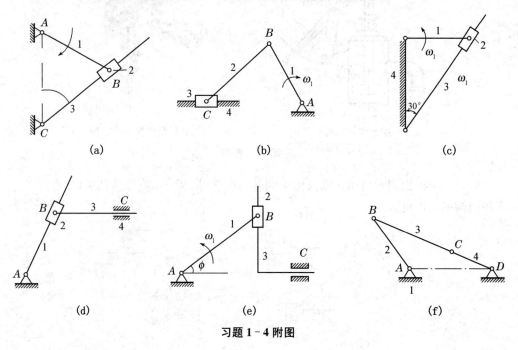

(a)   (b)   (c)

(d)   (e)   (f)

习题 1-4 附图

第 2 章

平面连杆机构及其设计

 学习目标

理解平面四杆机构的基本型式、工作和受力特性;掌握平面四杆机构的基本设计方法。

 单元概述

平面连杆机构是由若干刚性构件通过低副联接而成的平面机构,又称平面低副机构;铰链四杆机构由机架、连架杆和连杆组成,工作时常表现出急回和死点等运动特性;压力角和传动角直接影响其传力特性。本章的重点包括铰链四杆机构的基本形式、运动及传力特性等;难点是平面四杆机构最小传动角的确定,平面四杆机构的设计等。

平面连杆机构具有以下优点:由于低副机构均为面接触,传动时受到单位面积上的压力较小,承载能力强,耐冲击,便于润滑,所以磨损小,寿命长;构件的形状简单,制造方便,易获得较高的精度;两构件之间的接触由构件本身的几何封闭进行约束;平面连杆机构可实现转动、摆动、移动等多种运动轨迹的平面复杂运动。所以平面连杆机构广泛应用于各种机械和仪表中。

平面连杆机构具有以下缺点:在设计上只能近似实现给定的运动规律或轨迹,设计较复杂,且难以实现任意的运动规律;构件做往复运动和平面运动时产生的惯性力难以平衡,易产生动载荷,不适宜用于高速场合;由于连杆机构运动副之间有间隙,且运动必须经过中间构件进行传递,因此,当构件数目较多时,易产生较大的积累误差,同时也使机械效率降低。

平面机构常以其组成的构件数来命名,如由四个构件通过低副联接而成的机构称为四杆机构,而五杆或五杆以上的平面连杆机构称为多杆机构。四杆机构是平面连杆机构的基本形式,其他多杆机构则是在四杆机构的基础之上进行杆组的扩充,本章主要对平面四杆机构进行讨论。

2.1 平面四杆机构的基本形式

2.1.1 铰链四杆机构

1. 铰链四杆机构的基本类型

构件间的运动副均为转动副联接的四杆机构称为铰链四杆机构,它是四杆机构最基本的型式。如图 2-1 所示,固定构件 AD 是**机架**;与机架组成转动副的构件 AB 杆和 CD 杆称为**连架杆**;与机架 AD 相对的构件 BC 称为**连杆**。能绕机架做 360°回转的连架杆称为**曲柄**,只能在小于 360°范围内摆动的连架杆称为**摇杆**。组成转动副的两构件做相对整周转动时,该转动副称为**整转副**,如图 2-1 中的转动副 A 和 B;组成转动副的两构件之间只能做相对摆动时,该转动副称为**摆动副**,如图 2-1 中的转动副 C 和 D。

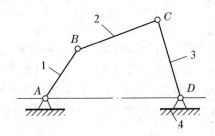

图 2-1 曲柄摇杆机构

铰链四杆机构根据两连架杆的运动形式不同,分为曲柄摇杆机构、双曲柄机构和双摇杆机构。如图 2-2(a)所示,构件 AD 为机架,连架杆为 AB 和 CD,连架杆 AB 与机架 AD 通过整转副 A 联接、做 360°整周转动,AB 为曲柄;连架杆 CD 与机架 AD 通过摆动副 D 联接、做小于 360°的摆动运动,CD 为摇杆,铰链四杆机构 ABCD 为**曲柄摇杆机构**。如图 2-2(b)所示,连架杆 AB 和连架杆 CD 分别与机架 AD 做小于 360°的摆动运动,AB 与 CD 均为摇杆,此时铰链四杆机构 ABCD 为双摇杆机构。如图 2-2(c)所示,连架杆 AB 和连架杆 CD 分别与机架 AD 做 360°的整周转动,AB 与 CD 均为曲柄,此时铰链四杆机构 ABCD 为**双曲柄机构**。

2. 铰链四杆机构存在曲柄的条件

铰链四杆机构存在曲柄的首要条件是**"杆长之和条件"**,即最长杆与最短杆的长度之和小于或等于其余两杆长度之和。

当满足"杆长之和条件"时,最短杆所联接的两个转动副均为整转副,另外两个转动副为摆动副,以图 2-2(a)所示曲柄摇杆机构为例,此时杆 1 为最短杆,杆 1 所联接的两个转动副 A 与 B 是整转副,其余两个转动副 C、D 为摆动副。当最短杆 1 为机架时,连架杆 2 和 4 均为曲柄,此时铰链四杆机构为双曲柄机构;当杆 3 为机架时,杆 3 所联接的转动副 C、D 为摆动副,连架杆 2 和 4 均为摇杆,此时铰链四杆机构为双摇杆机构;当

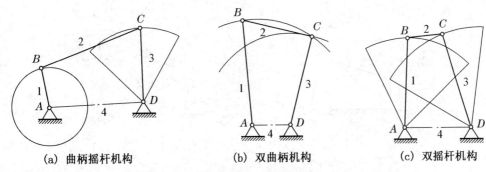

(a) 曲柄摇杆机构　　　(b) 双曲柄机构　　　(c) 双摇杆机构

图 2-2　铰链四杆机构的三种基本型式

杆 2 为机架时,杆 2 所联接的转动副 B 为整转副、C 为摆动副,连架杆 1 为曲柄,连架杆 3 为摇杆,此时铰链四杆机构为曲柄摇杆机构;当杆 4 为机架时,杆 4 所联接的转动副 A 为整转副、D 为摆动副,连架杆 1 为曲柄,连架杆 3 为摇杆,此时铰链四杆机构为曲柄摇杆机构。

上述分析可以归纳为:当满足"杆长之和条件"时,若最短杆为机架,可得到双曲柄机构;若最短杆的相邻杆为机架,可得到曲柄摇杆机构;若最短杆的相对杆为机架,可得到双摇杆机构。

若不满足"杆长之和条件",铰链四杆机构的四个转动副均为摆动副,此时任一构件为机架,该铰链四杆机构都为双摇杆机构。

如果铰链四杆机构中有两个构件长度相等且均为最短,若其余两个构件长度不相等,则不存在整转副;若另两个构件长度也相等,则当两最短构件相邻时,有三个整转副,当两个最短构件相对时,有四个整转副。

2.1.2　含一个移动副的四杆机构

1. 含一个移动副的四杆机构的基本类型

在图 2-3(a)所示的曲柄摇杆机构中,构件 1 为曲柄,构件 3 为摇杆,C 点的轨迹为以 D 为圆心、杆长 CD 为半径的圆弧。先做一同样轨迹的圆弧槽,并将摇杆 3 做成弧形滑块置于槽中滑动,如图 2-3(b)所示。这时,弧形滑块在圆弧槽中的运动完全等同于转动副 C 的运动轨迹,圆弧槽的圆心为摇杆 3 的摆动中心 D,半径为摇杆 3 的长度 CD。将圆弧槽的半径增加至无穷大,其圆心 D 移至无穷远处,则圆弧槽变成直槽,置于其中的滑块 3 做往复直线运动,从而将转动副 D 演化为移动副,曲柄摇杆机构演化为含一个移动副的四杆机构,此时连架杆 AB 是做整周转动的曲柄,连架杆 CD 演化为在机架上做移动的滑块,此机构称为**曲柄滑块机构**,如图 2-3(c)所示,其中 e 为曲柄转动中心 A 至经过 C 点直槽中心线的距离,称为**偏距**。当 $e\neq0$ 时,称为偏置曲柄滑块机构;当 $e=0$ 时,称为对心曲柄滑块机构,如图 2-3(d)所示。曲柄滑块机构在锻压机、空压机、内燃机及各种冲压机器中得到广泛应用。

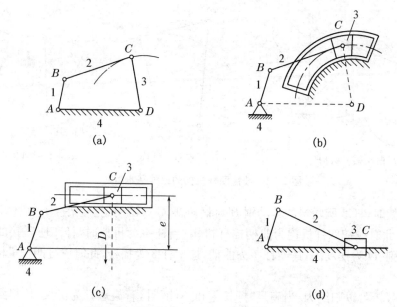

图 2-3 曲柄摇杆机构向曲柄滑块机构的演化

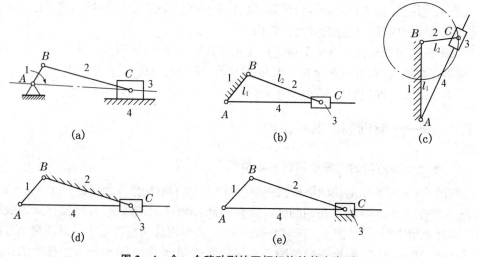

图 2-4 含一个移动副的四杆机构的基本类型

在图 2-4(a)所示曲柄滑块机构中,曲柄 1 两端的转动副 A 与 B 都是整转副;当杆 1 为机架,连架杆 2 以 B 点为转动中心做整周转动,滑块 3 在连架杆 4 上来回移动,连架杆 4 此时为导杆,导杆以铰链中心 A 为圆心,做转动或摆动运动。连架杆中至少有一个构件为导杆的平面四杆机构称为**导杆机构**,当杆 $l_1 < l_2$ 时,为**转动导杆机构**,如图 2-4(b)所示;当杆 $l_1 > l_2$ 时,为**摆动导杆机构**,如图 2-4(c)所示。

当杆 2 为机架时,连架杆 1 与机架 2 在 B 点组成转动副,B 点转动副为整转副,连架杆 1 为曲柄;另一连架杆为滑块 3,滑块 3 与机架 2 在 C 点组成转动副。此时机构为**曲柄摇块机构**,如图 2-4(d)所示。当滑块 3 为机架时,机构为**移动导杆机构**,如图 2-4(e)所示。

2. 曲柄滑块机构存在曲柄的条件

如图 2-5 所示,连架杆 AB 长为 a,连杆 BC 长为 b,偏距为 e。

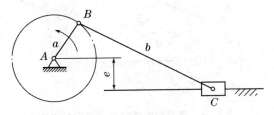

图 2-5　偏置曲柄滑块机构

当 $b-a \geqslant e$ 时,转动副 A 与 B 为整转副。AB 杆与机架在整转副 A 点联接,连架杆 AB 为曲柄,该机构为偏置曲柄滑块机构;当 $e=0$ 时,$b-a \geqslant 0$,可得到对心曲柄滑块机构。

由此,可以总结归纳出偏置曲柄滑块机构具有曲柄的条件:① 最短杆长度＋偏距 $\leqslant$ 连杆长度;② 连架杆为最短杆。

对心曲柄滑块机构具有曲柄的条件为:① 最短杆长度 $\leqslant$ 连杆长度;② 连架杆为最短杆。

2.2　平面四杆机构的急回特性

对于曲柄摇杆机构,如图 2-6 所示,曲柄为原动件,做顺时针匀速定轴转动,摇杆相对于机架做往复摆动运动,曲柄 1 与连杆 2 重叠共线的 AB_1 和拉直共线的 AB_2 分别对应从动件的两个极限位置 C_1D 和 C_2D,当摇杆从 C_1D 摆动到 C_2D 时,曲柄从 AB_1 顺时针转动到 AB_2,转动角度为 α_1,即 $180°+\theta$,摇杆从 C_1D 摆动到 C_2D 为工作行程;当摇杆从 C_2D 摆动到 C_1D 时,曲柄从 AB_2 顺时针转动到 AB_1,转动角度为 α_2,即 $180-\theta$,摇杆从 C_2D 摆动到 C_1D 为空回行程。可见,摇杆左右摆动行程相同,但曲柄转动角度不同,即摇杆工作行程与空回行程所需时间不同,平均速度不同,这种现象称为机构的**急回特性**。

为了表示急回运动的程度,可用**行程速比系数** K 来衡量。行程速比系数 K 为四杆机构从动件 CD 空回行程平均速度与工作行程平均速度的比值;摇杆处于两个极限位置 C_1D 和 C_2D 时,曲柄与连杆共线的两个位置所夹的角 θ 与从动件摇杆对应的极限位置有关,故机构的急回特性也可用 θ 表征,θ 称为**极位夹角**。θ 角越大,K 越大,机构的急回性质越显著。

$$K = \frac{\text{从动件空回行程平均速度}}{\text{从动件工作行程平均速度}} = \frac{C_1C_2/t_2}{C_2C_1/t_1} = \frac{t_1}{t_2} = \frac{180°+\theta}{180°-\theta} \qquad (2-1)$$

或
$$\theta = 180° \frac{K-1}{K+1} \qquad (2-2)$$

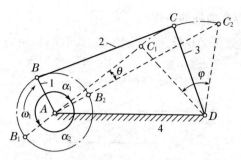

图 2 - 6   具有急回特性的铰链四杆机构

从动件 CD 工作行程与空回行程,即慢行程与快行程,其方向不仅与曲柄的转动方向有关,还与机构尺寸有关。

(1) $K>1(\theta>0°)$,A、D 位于 C_1、C_2 两点连线的同侧,构件尺寸关系为 $a^2+d^2<b^2+c^2$,则摇杆慢行程摆动方向与曲柄转向相同,如图 2-7(a)所示。

(2) $K<1(\theta<0°)$,A、D 位于 C_1、C_2 两点连线的异侧,构件尺寸关系为 $a^2+d^2>b^2+c^2$,则摇杆慢行程摆动方向与曲柄转向相反,如图 2-7(b)所示。

(3) $K=1(\theta=0°)$,A、C_1、C_2 三点共线,构件尺寸关系为 $a^2+d^2=b^2+c^2$,则摇杆无急回特性,如图 2-7(c)所示。

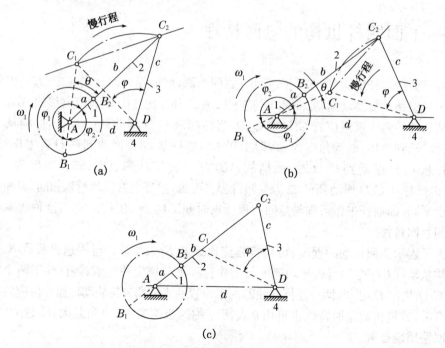

图 2 - 7   铰链四杆机构的不同型式

如图 2-8 所示,曲柄 AB 沿顺时针方向匀速转动,滑块左右极限为 C_1 与 C_2,此时曲柄对应位置为 AB_1 与 AB_2。AB_1 与 AB_2 所夹角即为极位夹角 θ。如图 2-9 所示,对心曲柄滑块机构曲柄 AB 顺时针匀速转动,滑块处于左右极限为 C_1 与 C_2 时,曲柄 AB_1 与 AB_2 共线,此时 $\theta=0°$,$K=1$,机构无急回特性。

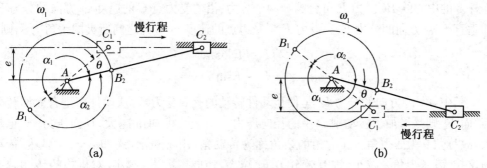

图 2-8　偏置曲柄滑块机构

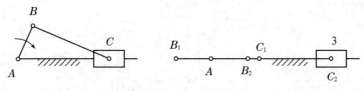

图 2-9　对心曲柄滑块机构

摆动导杆机构如图 2-10 所示,导杆左右极限位置对应曲柄 AB_1 与 AB_2,此时曲柄两位置所夹锐角即为极位夹角 θ,同时极位夹角 $\theta=$ 导杆摆角 φ,摆动导杆机构导杆慢行程方向与曲柄转动方向一致。

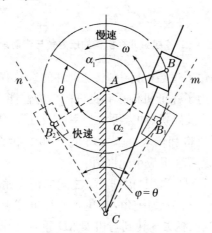

图 2-10　摆动导杆机构

2.3　平面四杆机构的受力特性

2.3.1　压力角与传动角

如图 2-11 所示,铰链四杆机构中,如果不计惯性力、重力、摩擦力,则连杆 BC 是二力构件,由主动件 AB 经过连杆 BC 作用在从动件 CD 上的驱动力 F 的方向将沿着连杆 2 的中心线 BC。力 F 可分解为两个分力:沿着受力点 C 的速度 v_c 方向的分力 F_t 和垂直于 v_c 方向的分力 F_n。设力 F 与受力点的速度 v_c 方向之间所夹的锐角为 α,则:

$$\begin{cases} F_t = F\cos\alpha \\ F_n = F\sin\alpha \end{cases} \qquad (2-3)$$

其中,沿 v_c 方向的分力 F_t 是使从动件转动的有效分力,对从动件产生有效回转力矩,而 F_n 则是增加了转动副 D 中的径向压力。由上式可知:α 越大,径向压力 F_n 也越大,故称角 α 为**压力角**。压力角的余角称为**传动角**,用 γ 表示,$\gamma = 90° - \alpha$。显然,传动角 γ 越大,压力角 α 越小,则有效分力 F_t 越大,径向压力 F_n 越小,对机构的传动越有利。因此,在连杆机构中,常用传动角的大小及其变化情况来衡量机构传力质量的优劣和力的有效利用程度。

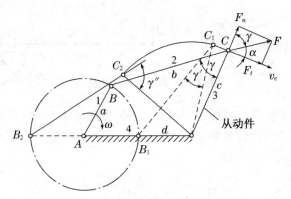

图 2-11 铰链四杆机构的压力角与传动角

机构的压力角与传动角不仅与机构中主、从动件的选取有关,还随构件尺寸和机构所处位置的不同而变化。为了保证机构具有良好的传力性能,对于一般工程机械,通常取 $\gamma_{min} = 40° \sim 50°$;对于颚式破碎机、冲床等大功率机械,最小传动角应该取大一些,$\gamma_{min} \geqslant 50°$;对于小功率的控制机构和仪表,$\gamma_{min}$ 可略小于 40°。因此,必须确定 $\gamma = \gamma_{min}$ 时机构的位置并检验 γ_{min} 的值是否小于最小允许值。

在铰链四杆机构中,当连杆 BC 与摇杆 CD 之间的内夹角 δ 为锐角时,则角 δ 与传动角 γ 相等(如图 2-12(a));若 δ 为钝角,则角 δ 的补角等于传动角 γ,即 $\gamma = 180° - \delta$(如图 2-12(b))。可见,当曲柄 AB 转到与机架 AD 重叠共线和展开共线两位置 AB_1、AB_2 时,传动角将出现极值 γ' 和 γ'',如图 2-11 所示。

这两个值的大小为:$\gamma' = \arccos\dfrac{b^2 + c^2 - (d-a)^2}{2bc}$,$\gamma'' = 180° - \arccos\dfrac{b^2 + c^2 - (d+a)^2}{2bc}$

比较这两个位置时的传动角,可求得最小传动角,即 $\gamma_{min} = \min(\gamma', \gamma'')$。

对于偏置曲柄滑块机构,当主动件为曲柄 AB 时,压力角为滑块 C 点的速度方向与连杆 BC 作用于滑块 C 点的力的作用线之间所夹的锐角 α。

最小传动角出现在曲柄 AB_1 与机架垂直的位置,如图 2-13 所示,即最小传动角为:

$$\gamma_{min} = 90° - \alpha_{max} = \arccos\dfrac{a+e}{b}$$

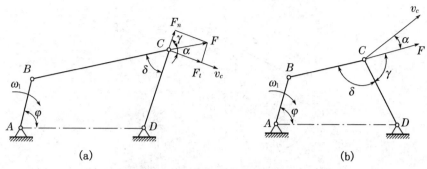

图 2 - 12　铰链四杆机构的传动角

图 2 - 14 所示的导杆机构,由于在任何位置时主动曲柄 AB 通过滑块传给从动导杆 BC 的力的方向,与从动导杆 BC 受力点的速度方向一致,所以压力角 α 与传动角始终不变,压力角 $\alpha = 0°$,传动角 $\gamma = 90°$。

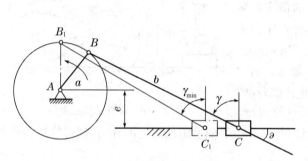

图 2 - 13　偏置曲柄滑块机构的最小传动角

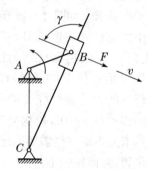

图 2 - 14　摆动导杆机构的传动角

2.3.2　死点

在曲柄摇杆机构中,若摇杆 CD 为主动件,则当连杆 BC 与曲柄 AB 在一条直线上时,会出现传动角 $\gamma = 0°$ 的情况。主动件 CD 通过连杆 BC 作用于从动件 AB 上的力通过其回转中心 A,这时不论连杆 BC 对曲柄 AB 的作用力有多大,都不能使其转动,机构的这种位置称为**死点**,如图 2 - 15 所示。机构在死点位置,会出现从动件转向不定或者卡死不动的现象。曲柄滑块机构中,以滑块为主动件、曲柄为从动件时,连杆与曲柄共线位置即是曲柄滑块机构死点位置。摆动导杆机构中,导杆为主动件、曲柄为从动件时,死点位置是导杆与曲柄垂直的位置。

死点位置对于传力机构的运动是有害的,为了使机构能顺利地通过死点而连续运转,在设计时必须采取适当的措施。消除死点位置对机构传动的不利影响,工程上通常采用以下两种办法:

(1)在曲柄轴上安装飞轮,利用飞轮转动的惯性,使机构冲过死点位置。如单缸内燃机上采用安装飞轮的方法,利用惯性使曲柄转过死点;缝纫机也是借助于与曲柄为同一构件的皮带轮的惯性通过死点的。

(2)利用多组机构错位的办法,使机构顺利通过死点。如多缸内燃机发动机上,其各组活塞连杆机构由于点火时间不同,死点位置相互错开,就是用错位法的例子。又如

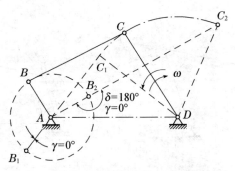

图 2-15 铰链四杆机构的死点位置

机车车轮联动机构,当一个机构处于死点位置时,可借助另一个机构来错开死点。

机构的死点位置并非总是起消极作用,在有些机械中就利用了死点的特性来实现一定的工作要求。如图 2-16 所示的钻床夹紧工件用的连杆式快速夹具,对夹具施加力 F 后,夹具夹紧工件,因机构的铰链中心 B、C、D 处于一条直线上,工件经杆 1 通过连杆 2 传给杆 3 的力将通过杆 3 的回转中心 D,则杆 3 的传动角 $\gamma=0°$,机构处于死点位置,此

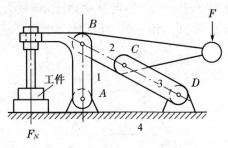

图 2-16 连杆式快速夹具

时夹具卡死不动。当需要取出工件时,只要在手柄上施加向上的外力,就可使机构离开死点位置,从而松脱工件。

又如飞机起落架装置(如图 2-17)的应用,当飞机起落架处于放下机轮的位置时,此时连杆 BC 与从动件 CD 位于一直线上,机构处于死点位置,故机轮着地时产生的巨大冲击力不会使从动件 CD 反转,从而保持支撑状态。

同样,电气设备开关的分合闸机构也利用了死点这一特性,如图 2-18 所示,合闸时机构处于死点位置,此时触头接合力和弹簧拉力 F 对构件 CD 产生的力矩无论多大,也不能推动构件 AB 转动而分闸。当超负荷需要分闸时,通过控制装置产生较小的力来推动构件 AB 使机构离开死点位置,便能转动构件 CD 从而达到分闸的目的,如图 2-18 中虚线所示。

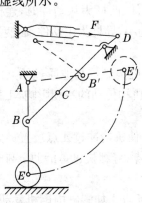

图 2-17 飞机起落架   **图 2-18 分合闸机构**

2.4　平面四杆机构的设计

2.4.1　实现连杆给定位置的平面四杆机构的运动设计

1. 已知连杆两个位置

如图 2-19 所示，若已知连杆 BC 的长度 l_{BC} 以及它所处的两个位置 B_1C_1 和 B_2C_2，要求设计一铰链四杆机构。

由于连杆上的 B 点和 C 点分别与曲柄上的 B 点和摇杆上的 C 点重合，从铰链四杆机构的运动特点可知，B 点的运动轨迹是以曲柄的固定铰链中心 A 为圆心的一段圆弧，C 点的运动轨迹是以摇杆的固定铰链中心 D 为圆心的一段圆弧，而在圆内，弦的垂直平分线必通过圆心，所以可以将四杆机构的设计转化为已知圆弧上的点求圆心的几何问题。

根据上述分析，设计步骤如图 2-19 所示：

① 选取比例尺 μ_1，按 $BC=\dfrac{l_{BC}}{\mu_1}$ 及给定的连杆位置作 B_1C_1 和 B_2C_2。

② 分别作线段 B_1B_2 及 C_1C_2 的中垂线 b_{12} 和 c_{12}。

③ 分别在 b_{12} 和 c_{12} 上取适当的点 A 和 D，此两点即为所求铰链四杆机构的固定铰链中心，AB_1C_1D 即为所求的铰链四杆机构。

此时的圆心 A、D 可以为中垂线 b_{12} 和 c_{12} 上的任意一点，故有无穷多解。在实际设计中，还需要通过给出辅助条件来最终确定。

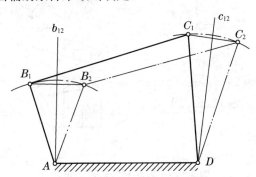

图 2-19　已知连杆两个位置的铰链四杆机构设计

2. 已知连杆三个位置

如图 2-20 所示，若已知连杆 BC 的长度 l_{BC} 以及它所处的三个位置 B_1C_1、B_2C_2、B_3C_3，要求设计一铰链四杆机构。设计步骤如图 2-20 所示：

① 选取比例尺 μ_1，按 $BC=\dfrac{l_{BC}}{\mu_1}$ 及给定的连杆位置作 B_1C_1、B_2C_2 和 B_3C_3。

② 分别作线段 B_1B_2 及 B_2B_3 的中垂线 b_{12}、b_{23}，C_1C_2、C_2C_3 的中垂线 c_{12}、c_{23}。

③ b_{12}、b_{23} 的交点为固定铰链中心 A，c_{12}、c_{23} 的交点为固定铰链中心 D。

AB_1C_1D 即为所要求的铰链四杆机构。

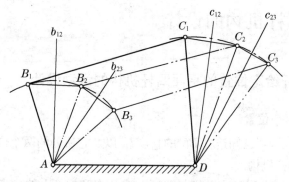

图 2 - 20　已知连杆三个位置的铰链四杆机构的设计

【例 2 - 1】　如图 2 - 21(a)所示,试设计一砂箱翻转机构,翻台在实线位置造型,在虚线位置起模,机架在水平位置 X - X 线上。

解　砂箱翻转机构的运动是平面运动,所以可将翻台看成是一个连杆,按翻台的两个给定位置设计四杆机构,即按照给定的连杆的两个位置设计平面四杆机构。

设计步骤:在翻台上选定 BC 作为连杆长度,按照翻台的两个给定位置绘制 B_1C_1 和 B_2C_2,分别作线段 B_1B_2 及 C_1C_2 的中垂线 b_{12} 和 c_{12},b_{12} 和 c_{12} 与 X - X 线的两交点 A、D 即为固定铰链中心,AB_1C_1D 即为所要求的铰链四杆机构,如图 2 - 21(b)所示。

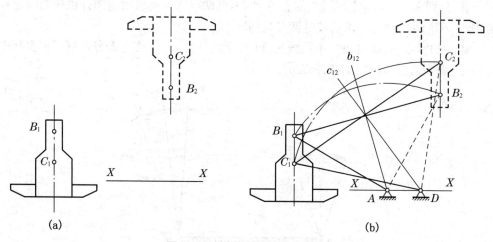

图 2 - 21　砂箱翻转机构的设计

2.4.2　实现给定两连架杆对应位置的平面四杆机构的运动设计

1. 实现给定两连架杆对应位置的曲柄摇杆机构的设计

如图 2 - 22(a)所示,已知机架 AD 的长度 l_{AD},两连架杆的两组对应角位移分别为 φ_{12} 和 ψ_{12},以及 φ_{13} 和 ψ_{13},即当连架杆 1 上某一直线 AE 由 AE_1 分别转过角 φ_{12} 和 φ_{13} 而到达 AE_2 和 AE_3 时,另一连架杆 3 上某一直线 DF 由 DF_1 分别转过角 ψ_{12} 和 ψ_{13} 到达 DF_2 和 DF_3,其中因两连架杆角位移的对应关系,只与各构件的相对长度有关。因此,

在设计时,如果机架 AD 长度未知,可以根据具体工作情况,适当选取机架 AD 的长度,来设计实现两连架杆运动要求的铰链四杆机构。

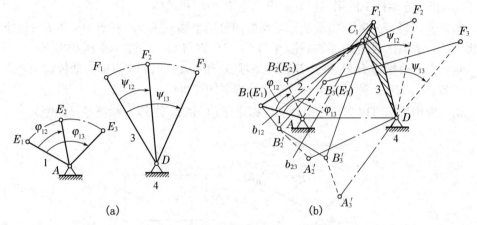

图 2‑22　实现给定两连架杆对应位置的曲柄摇杆机构的设计

铰链四杆机构的设计采用转换机架法,如图 2‑22(b)所示,设计步骤如下:

第一步　分别由 A、D 引出任意射线 AE_1 和 DF_1,作为两连架杆的第一位置线,再根据给定的对应角位移 φ_{12} 和 φ_{13} 作出连架杆 1 的第二位置和第三位置 AE_2 和 AE_3;ψ_{12} 和 ψ_{13} 作出连架杆 3 的第二位置和第三位置 AF_2 和 AF_3。

第二步　在连架杆 1 上取 AB_1、AB_2 和 AB_3 分别与 AE_1、AE_2 和 AE_3 重合。

第三步　取 DF_1 为机架,刚化四边形 AB_2F_2D 和 AB_3F_3D,并绕 D 点逆时针转动,使 DF_2 和 DF_3 分别与 DF_1 重合,此时原来对应于 DF_2 和 DF_3 的 AB_2 和 AB_3 分别到达 $A_2'B_2'$ 和 $A_3'B_3'$,由于连杆长度不变,三个位置时的 $B_1C_1 = B_2C_2 = B_3C_3$,以连架杆 3 为机架时,$B_1C_1 = B_2'C_1 = B_3'C_1$,$B_1$、$B_2'$ 和 B_3' 成为 C_1D,作为机架时,BC 杆以 C_1 点为转动中心工作时的三个不同位置,从而将确定 C 点位置的问题转化为已知 AB 相对于 DF_1 三个位置的设计问题。

第四步　分别作 B_1B_2' 和 $B_2'B_3'$ 的中垂线,两中垂线的交点即为铰链中心 C_1。

第五步　AB_1C_1D 即为满足给定运动要求的铰链四杆机构。

在图解法设计过程中,利用转换机架法,将连架杆 CD 作为机架求解 C 点,此时仅需要确定以 C 点为固定铰链中心转动的 B 点的不同位置即可,因此,为了减少设计过程中产生的线条,可以将刚化四边形 $ABCD$ 绕 D 点旋转改为刚化三边形 BCD 或线段 BD 绕 D 点旋转;由于机架长度和动铰链中心 B 的位置在设计过程中是根据工作情况进行适当的选取,选取结果不唯一,因此,实现两连架杆两组对应角位移的铰链四杆机构有无穷多个。

2. 实现给定两连架杆对应位置的曲柄滑块机构的设计

在曲柄滑块机构设计时,为了实现给定曲柄与滑块对应位移的运动,也可以采用转换机架法。

已知两连架杆的两组对应位移分别为 φ_{12} 和 s_{12} 以及 φ_{13} 和 s_{13},如图 2‑23(a)所示,试设计实现此运动要求的含一个移动副的四杆机构。

设计步骤如下(如图 2 - 23(b)所示):

第一步 任取一线段 AB_1 作为连架杆 1 的第一个位置,再根据给定的对应角位移 φ_{12} 和 φ_{13} 作出连架杆 1 的第二位置和第三位置 AB_2 和 AB_3。

第二步 将 B_2 和 B_3 沿滑块移动反方向分别平移 s_{12} 和 s_{13},得点 B'_2 和 B'_3(此处即为将 B_2C_2 与 B_3C_3 刚化并平移,使 C_2 与 C_3 点分别与 C_1 点重合,得 B'_2 和 B'_3)。

第三步 分别作 $B_1B'_3$ 和 $B'_2B'_3$ 的中垂线 b_{13} 和 b_{23},它们的交点即为动铰链中心 C_1。

第四步 AB_1C_1 便是所求含一个移动副的四杆机构。

由上面图解法可以求得连架杆 AB 和连杆 BC 的长度,以及滑块导路偏距 e。

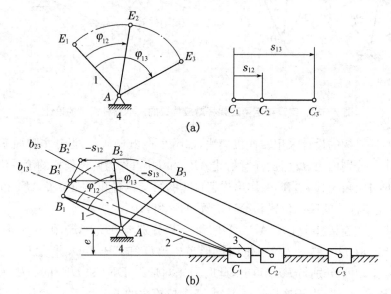

图 2 - 23 实现给定两连架杆对应位置的曲柄滑块机构的设计

2.4.3 实现给定行程速比系数 K 的平面四杆机构的运动设计

1. 实现给定行程速比系数 K 的曲柄摇杆机构的设计

已知行程速比系数 K、摇杆 CD 的长度 l_{CD}、最大摆角 φ,用图解法设计此曲柄摇杆机构。

设计该曲柄摇杆机构的关键是确定固定铰链 A 的位置,曲柄摇杆机构中摇杆处于左右极限位置时,曲柄与连杆处于重叠共线与拉直共线两个位置。且曲柄在此两位置时所夹角为极位夹角 θ,同时对于圆上同一段圆弧,圆心角是其圆周角的两倍。为了完成给定行程速比系数 K 的平面四杆机构的设计,可以利用曲柄摇杆机构的工作特性与圆周角、圆心角的几何关系。

设计步骤如下:

第一步 由 $\theta=180°\dfrac{K-1}{K+1}$ 计算出机构极位夹角 θ。

第二步 任取适当的长度比例尺 μ_L,求出摇杆的尺寸 CD,根据摆角作出摇杆的两个极限位置 C_1D 和 C_2D。

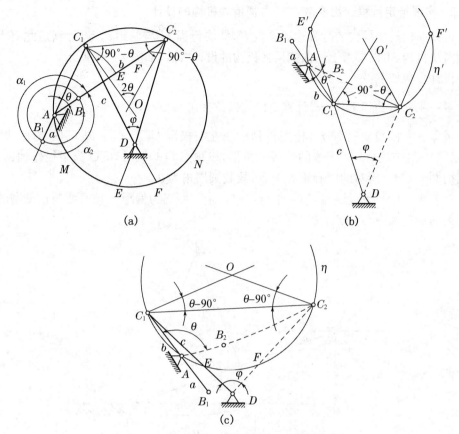

图 2‑24 具有急回特性的铰链四杆机构的设计

第三步 连接 C_1C_2 为底边,作 $\angle C_1C_2O = \angle C_2C_1O = 90° - \theta$ 的等腰三角形,以顶点 O 为圆心,C_1O 为半径作辅助圆,此辅助圆上 C_1C_2 所对的圆心角等于 2θ,故其圆周角为 θ。

第四步 在辅助圆上任取一点 A,连接 AC_1、AC_2,即能求得满足 K 要求的四杆机构。

$$l_{AB} = \mu_L (AC_2 - AC_1)/2, \quad l_{BC} = \mu_L (AC_2 + AC_1)/2$$

A 点只能在圆弧 C_1ME 与 C_2NF 上取,否则所得机构不能满足摇杆摆角要求,另外由于 A 点是任意取的,所以有无穷解,只有加上辅助条件,如机架 AD 长度或位置,或最小传动角等,才能得到唯一确定解。

如图 2‑24(a)所示,在此曲柄摇杆机构中,摇杆慢行程摆动方向与曲柄转向一致,如果需要摇杆慢行程摆动方向与曲柄转向相反,则需要将辅助圆作到远离点 D 一侧,如图 2‑24(b)所示,此时两极限位置的摇杆延长使之与圆交于 E' 和 F',圆弧 C_1E' 与 C_2F' 上任一点都可作为 A。

当 $\theta \geqslant 90°$ 时,如图 2‑24(c)所示,在 C_1C_2 线远离点 D 的一侧作 $\angle C_1C_2O = \angle C_2C_1O = \theta - 90°$,得 C_1O 和 C_2O 的交点 O,以 O 为圆心,OC_1 为半径作圆。若两极限位置的摇杆与圆交于 E 和 F 两点,则圆弧 C_1E 或 C_2F 上各点均可作为 A。

2. 实现给定行程速比系数 K 的曲柄滑块机构的设计

已知曲柄滑块机构的行程速比系数 K，滑块行程 H 与偏距 e。设计满足此要求的曲柄滑块机构，可以参考上述曲柄摇杆机构的设计方法，如图 2-25 所示。

设计步骤如下：

第一步　由 $\theta = 180° \dfrac{K-1}{K+1}$ 计算出机构极位夹角 θ。

第二步　由滑块行程 H，作图得到滑块左右极限 C_1 与 C_2。以 C_1C_2 为底边，作 $\angle C_1C_2O = \angle C_2C_1O = 90° - \theta$ 的等腰三角形，以顶点 O 为圆心，C_1O 为半径作辅助圆，此辅助圆上 C_1C_2 所对的圆心角等于 2θ，故其圆周角为 θ。

第三步　作一条直线与 C_1C_2 平行，且与 C_1C_2 距离为偏距 e，该直线与辅助圆的交点即为曲柄转动中心 A 点。

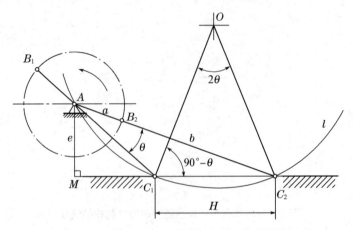

图 2-25　具有急回特性的偏置曲柄滑块机构的设计

3. 实现给定行程速比系数 K 的摆动导杆机构的设计

已知机架 AD 的长度和行程速比系数 K，设计满足该要求的摆动导杆机构。

由摆动导杆机构的运动特性可知，导杆的左右极限位置与曲柄上的 B 点的轨迹圆相切，且极位夹角 θ 与导杆的摆角 φ 相等，如图 2-26 所示。

设计步骤如下：

第一步　由 $\theta = 180° \dfrac{K-1}{K+1}$ 计算出机构极位夹角 θ。

第二步　选定比例尺 μ_1，作机架 AD，由 D 点作射线 Dm 与 Dn，且 $\angle mDA = \angle nDA = \dfrac{\theta}{2}$，射线 Dm 和 Dn 分别为导杆的两极限位置。

第三步　过点 A 分别作 Dm 与 Dn 的垂线 AB_1 及 AB_2，则曲柄长度 $a = \mu_1 \times AB_1 = \mu_1 \times AB_2$。

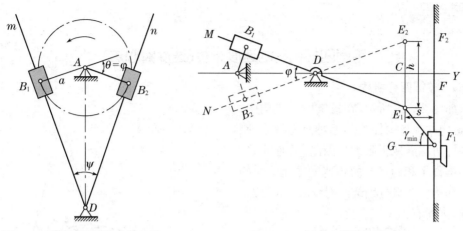

图 2-26 摆动导杆机构的设计   **图 2-27** 插床主体机构的设计

【**例 2-2**】 已知插床主体机构运动简图,如图 2-27 所示。已知机构行程速比系数 $K=1.5$,插刀行程 $h=400$ mm,机架 AD 的长度 $l_{AD}=500$ mm,插刀的导路中心 F_1F_2 至摆杆极限位置端点的距离 $s=260$ mm,许用最小传动角 $\gamma_{min}=50°$,试设计此插床主体机构。

解 此插床主体机构是摆动导杆机构与摇杆滑块机构的组合。

第一步 根据行程速比系数 K 算出极位夹角 θ

$$\theta=180°\times\frac{K-1}{K+1}=180°\times\frac{1.5-1}{1.5+1}=36°$$

第二步 取比例尺 $\mu_1=\dfrac{20\ mm}{1\ mm}$,作机架 AD,即 $AD=\dfrac{500}{20}=25$ mm

第三步 根据摆动导杆机构极位夹角 $\theta=$ 导杆摆角 φ,作 $\angle MDA=\angle NDA=\dfrac{\varphi}{2}$,可以得到导杆极限位置 ND、MD。

第四步 过 A 点分别作 MD 与 ND 的垂直线 AB_1 与 AB_2,AB_1 与 AB_2 相等,即为曲柄 AB,曲柄 AB 实际长度 $l_{AB}=AB_1\times\mu_1=160$ mm。

第五步 在 AD 延长线上下两侧分别作 AD 平行线 1 与 2,且平行线 1 与 2 分别与 MD 延长线交于 E_1 点,与 ND 延长线交于 E_2 点,E_1 与 E_2 连线与 AD 延长线交于 C 点。

第六步 过 C 点在 AD 延长线上量取 $CF=\dfrac{s}{\mu_1}=\dfrac{260}{20}=13$ mm,过 F 点作垂直于 AD 延长线的 F_1F_2,F_1F_2 即为插刀导路中心。

第七步 因传动角 γ 在摇杆 DE 处于两极限位置 DE_1 与 DE_2 时最小,作 $\angle E_1F_1G=50°$,得连杆 EF,即 $l_{EF}=\mu_1\times E_1F_1=400$ mm。

平面四杆机构的速度分析(速度瞬心法)

1. 铰链四杆机构

如图 2-28 所示,在铰链四杆机构中,P_{13} 是构件 1 和构件 3 的相对速度瞬心(刚体构件可以看成无限大),因此,可通过 P_{13} 求出构件 1 和构件 3 的角速度之比。而构件 1 和构件 3 又分别绕绝对瞬心 P_{14} 和 P_{34} 转动,因此有:

$$v_{P_{13}} = \omega_1 l_{P_{13}P_{14}} = \omega_3 l_{P_{13}P_{34}}$$

或

$$\frac{\omega_1}{\omega_3} = \frac{l_{P_{13}P_{34}}}{l_{P_{13}P_{14}}}$$

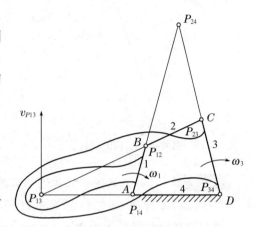

图 2-28　铰链四杆机构的速度瞬心

该式表明:两构件的角速度与其绝对速度瞬心至相对速度瞬心的距离成反比,若 P_{13} 在 P_{14} 和 P_{34} 的同一侧,则 ω_1 和 ω_3 方向相同;若 P_{13} 在 P_{14} 和 P_{34} 之间,则 ω_1 和 ω_3 方向相反。如果已知其中一个构件的角速度,可求出另一构件的角速度的大小及方向。

2. 曲柄滑块机构

如图 2-29 所示的曲柄滑块机构,若各杆的长度和相对位置已知,原动件(曲柄 1)的角速度为 ω_1,可以求出图示位置滑块 3 的线速度 v_3。

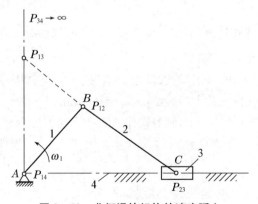

图 2-29　曲柄滑块机构的速度瞬心

首先,可以根据三心定理求出构件 1 和构件 3 相对速度瞬心 P_{13};

其次,滑块 3 做直线移动,其上各点的线速度相等,因此,可将 P_{13} 看成是滑块上的一点,根据速度瞬心的定义,可得:$v_3 = v_{P_{13}} = \omega_1 l_{AP_{13}}$,其方向向左。

思 考 题

2-1　铰链四杆机构存在曲柄的条件是什么？曲柄是否一定是最短杆？

2-2　双摇杆机构的四个构件长度应满足什么条件？

2-3　铰链四杆机构可以通过哪几种方式演变成其他型式的四杆机构？试说明曲柄摇块机构是如何演变而来的？

2-4　铰链四杆机构中的急回特性的含义是什么？什么条件下机构才具有急回特性？

2-5　当极位夹角为 0°时，行程速比系数等于多少？请画出这个曲柄摇杆机构？

2-6　平面连杆机构的压力角和传动角有什么样的关系？它们的大小对连杆机构的工作有何影响？偏置曲柄滑块机构的最小传动角发生在什么位置？

2-7　曲柄摇杆机构在何位置上的压力角最大？在何位置上传动角最大？（分别以曲柄或摇杆原动件进行讨论）

2-8　铰链四杆机构有可能存在死点位置的机构有哪些？它们存在死点的条件是什么？

2-9　判断题

(1) 铰链四杆机构中，其中有一杆必为连杆。

(2) 常把曲柄摇杆机构中的曲柄和连杆称为连架杆。

(3) 铰链四杆机构中，能绕铰链中心做整周旋转的杆件是摇杆。

(4) 反向双曲柄机构中的两个曲柄长度不相等。

(5) 在铰链四杆机构的三种基本形式中，最长杆件与最短杆件的长度之和必定小于其余两杆长度之和。

(6) 在实际生产中，机构的死点位置对工作都是有害无益的，处处都要考虑克服。

(7) 牛头刨床中刀具的退刀速度大于其切削速度，是应用了急回特性原理。

(8) 在铰链四杆机构中，压力角 α 越大，有害分力越小，机构的传力性能越好，效率越高。

(9) 若曲柄摇杆机构中存在死点位置，则该死点位置不会随着原动件的改变而消失。

(10) 极位夹角越大，机构的急回特性就越显著。

2-10　选择题

(1) 铰链四杆机构中，不与机架直接联接，且做平面运动的杆件称为_____。

　　A. 摇杆　　　　　B. 连架杆　　　　C. 连杆　　　　D. 曲柄

(2) 雷达天线俯仰角摆动机构采用的是_____机构。

　　A. 双摇杆　　　　B. 曲柄摇杆　　　C. 双曲柄　　　D. 曲柄滑块

(3) 平行双曲柄机构中的两曲柄_____。

　　A. 长度相等，旋转方向相同

　　B. 长度不等，旋转方向相同

　　C. 长度相等，旋转方向相反

（4）曲柄摇杆机构中，曲柄做等速转动时，摇杆摆动时空回行程的平均速度大于工作行程的平均速度，这种性质称为_____。

    A. 死点位置

    B. 急回特性

    C. 机构的运动不确定性

（5）在下列铰链四杆机构中，若以 BC 杆件为机架，则能形成双摇杆机构的是_____。

    ① $AB=70$ mm，$BC=60$ mm，$CD=80$ mm，$AD=95$ mm

    ② $AB=80$ mm，$BC=85$ mm，$CD=70$ mm，$AD=55$ mm

    ③ $AB=70$ mm，$BC=60$ mm，$CD=80$ mm，$AD=85$ mm

    ④ $AB=70$ mm，$BC=85$ mm，$CD=80$ mm，$AD=60$ mm

    A. ①、②、③   B. ②、③、④   C. ①、②、④   D. ①、②、③、④

（6）曲柄摇杆机构中，以_____为主动件，连杆与_____处于共线位置时，该位置称为死点位置。

    A. 曲柄、摇杆   B. 摇杆、曲柄   C. 机架、摇杆   D. 曲柄、机架

（7）行程速比系数 K 与极位夹角 θ 的关系：$K=$_____。

    A. $\dfrac{180°+\theta}{180°-\theta}$ B. $\dfrac{180°-\theta}{180°+\theta}$ C. $\dfrac{\theta-180°}{\theta+180°}$ D. $\dfrac{\theta}{\theta-180°}$

（8）曲柄滑块机构最小传动角 γ_{min} 出现在曲柄与_____垂直的位置。

    A. 连杆   B. 机架（导路）   C. 摇杆

（9）当曲柄摇杆机构出现死点位置时，可在从动曲柄上_____使其顺利通过死点位置。

    A. 加设飞轮   B. 减少阻力   C. 加大主动力

（10）在曲柄摇杆机构中，若以摇杆为主动件，则在死点位置时，曲柄的瞬时运动方向是：_____。

    A. 按原运动方向   B. 按原运动方向的反方向 C. 不确定的

（11）平面四杆机构中，压力角与传动角的关系为_____。

    A. 压力角增大则传动角减小

    B. 压力角增大则传动角也增大

    C. 压力角与传动角始终相等

（12）在曲柄摇杆机构中，为提高机构的传力性能，应该_____。

    A. 增大传动角 γ B. 增大压力角 α C. 增大极位夹角 θ

习 题

2-1 图示四杆机构中，已知 $a=62$ mm，$b=152$ mm，$c=122$ mm，$d=102$ mm。取不同构件为机架，可得到什么类型的铰链四杆机构？

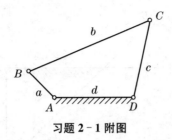

习题 2-1 附图

2-2　已知图示机构中，$l_{AB}=82$ mm，$l_{BC}=50$ mm，$l_{CD}=96$ mm，$l_{AD}=120$ mm。问：

(1) 此机构中，当取构件 AD 为机架时，是否存在曲柄？如果存在，指出是哪一构件？（必须根据计算结果说明理由）

(2) 当分别取构件 AB、BC、CD 为机架时，各将得到什么机构？

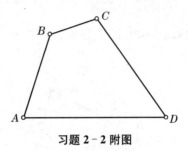

习题 2-2 附图

2-3　如图所示铰链四杆机构，已知各构件的长度 $l_{AB}=50$ mm，$l_{BC}=110$ mm，$l_{CD}=80$ mm，$l_{AD}=100$ mm。

(1) 该机构是否有曲柄？如有，请指出是哪个构件（必须根据计算结果说明理由）；

(2) 当分别取构件 AB、BC、CD 为机架时，将各得到什么机构？

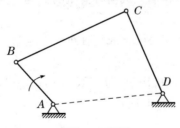

习题 2-3 附图

2-4　已知铰链四杆机构各构件的长度，试问：

(1) 这是铰链四杆机构基本形式中的何种机构？

(2) 若以 AB 为原动件，此机构有无急回特性？为什么？

(3) 当以 AB 为原动件时，此机构的最小传动角出现在机构何位置（在图上标出）？

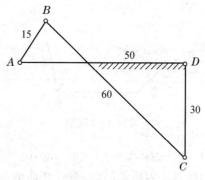

习题 2-4 附图

2-5　如图所示的铰链四杆机构中,各杆的长度为 $l_1=28$ mm, $l_2=52$ mm, $l_3=50$ mm, $l_4=72$ mm,试求:

(1) 当取杆 4 为机架时,该机构的极位夹角 θ、杆 3 的最大摆角 ϕ、最小传动角 γ_{min} 和行程速比系数 K。

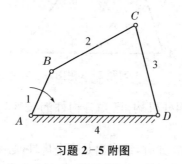

习题 2-5 附图

(2) 当取杆 1 为机架时,将演化成何种类型的机构? 为什么? 并说明这时 C、D 两个转动副是整转副还是摆转副?

(3) 当取杆 3 为机架时,又将演化成何种机构? 这时 A、B 两个转动副是否仍为整转副?

2-6　在图示的曲柄摇杆机构中, $l_{AB}=15$ mm, $l_{AD}=130$ mm, $l_{CD}=90$ mm,试证明连杆长度只能限定在 55～205 mm 内。

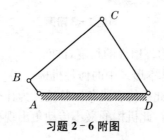

习题 2-6 附图

2-7　请画出各机构的压力角和传动角(箭头标注的构件为原动件)。

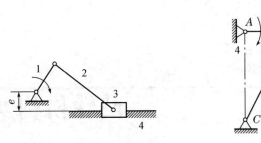

习题 2-7 附图

2-8 如图所示的偏置曲柄滑块机构,已知行程速度变化系数 $K=1.5$,滑块行程 $h=50$ mm,偏距 $e=20$ mm,试用图解法求:

(1) 曲柄长度 l_{AB} 和连杆长度 l_{BC};

(2) 曲柄为原动件时机构的最大压力角 α_{max} 和最小传动角 γ_{max};

(3) 当滑块为原动件时,机构的死点位置。

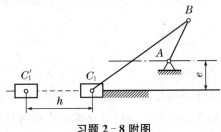

习题 2-8 附图

2-9 如图所示一偏置曲柄滑块机构,曲柄 AB 为原动件,长度为 $l_{AB}=25$ mm,偏距 $e=10$ mm,已知最大压力角 $\alpha_{max}=30°$。试求:

(1) 滑块行程 H;

(2) 机构的极位夹角 θ 和行程速比系数 K。

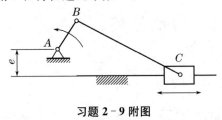

习题 2-9 附图

2-10 设计一摆动导杆机构。已知机架的长度 $l_{AD}=100$ mm,行程速比系数 $K=1.4$,求曲柄的长度。

第 3 章

凸轮机构及其设计

了解凸轮机构的分类及其应用,理解凸轮机构的工作过程及其原理、从动件的基本运动规律及其特点,掌握平面凸轮机构的轮廓曲线的绘制方法,能对凸轮机构的基本参数进行正确选择。

凸轮机构由凸轮、从动件和机架三部分组成,结构简单、紧凑,只要设计出适当的凸轮轮廓曲线,就可以使从动件实现任意的运动规律。在自动机械中,凸轮机构常与其他机构配合使用,充分发挥各自的优势,扬长避短。由于凸轮机构是高副机构,易于磨损,磨损后会影响运动规律的准确性,因此,只适用于传递动力不大的场合。本章的重点包括从动件基本运动规律的特点,凸轮的压力角、基圆半径的选择,以及盘形凸轮轮廓曲线的设计等;难点为反转法设计平面凸轮的轮廓曲线等。

3.1 凸轮机构的应用及分类

3.1.1 凸轮机构的应用

如前两章所述,平面低副机构大多只能近似实现给定的运动规律,而且设计过程较为复杂。若要求从动件的位移 s、速度 v 和加速度 a 严格地按预定的规律进行变化,尤其当原动件做连续转动而从动件必须做间歇运动时,则以采用凸轮机构最为简便。凸轮机构通过凸轮与从动件的高副接触,结构简单、设计方便,即使在现代化程度很高的自动机械中,其作用也是不可替代的。

如图 3-1 所示,某进、出料机构的工作原理为:送料盘 7 从输料带 10 上取得工料,并与抓料机械手 6 反向同步放置于进料工位 I,经顶料操作(如图 3-2)后,工料被抓料机械手 6 送至工位 II 后落下。抓料机械手 6 的开闭由机械手开合凸轮(图中虚线所示)1 控制,该凸轮的轮廓线是由两个半径不同的圆弧组成,抓料机械手 6 的夹紧动作需要依靠弹簧的作用力。与进、出料机构相配合的顶料机构(如图 3-2)包括由两个凸轮组合而成的顶料和接料机构,首先通过平面槽凸轮机构 1 将工料顶起,然后由圆柱凸轮机构 5 控制接料杆 4 的动作,完成接料工作。

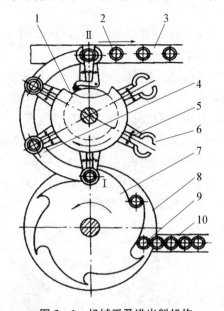

图 3-1　机械手及进出料机构

1—机械手开合凸轮;2—输出工料;3—输送带;

4—托板;5—弹簧;6—抓料机械手;7—送料盘;

8—托盘;9—输入工料;10—输料带;

Ⅰ—进料工位;Ⅱ—出料工位。

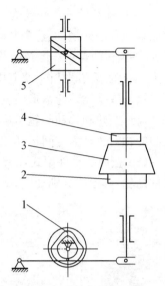

图 3-2　顶料和接料机构

1—槽凸轮机构;2—顶料杆;

3—工料;4—接料杆;

5—圆柱凸轮机构。

3.1.2　凸轮机构的分类

　　凸轮机构的应用十分广泛,其类型也很多。根据凸轮的形状、从动件的型式、锁合方式等,凸轮机构可以有以下几种分类方法:

　　(1) 按照凸轮形状,凸轮机构可分为盘形凸轮、移动凸轮和圆柱凸轮,其形式分别如图 3-3(a)、图 3-3(b)和图 3-3(c)所示。

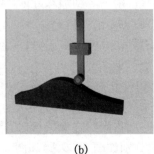
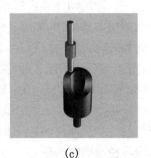

(a)　　　　　　　　　　(b)　　　　　　　　　　(c)

图 3-3　凸轮的分类(按凸轮形状)

盘形凸轮

移动凸轮

圆柱凸轮

① 盘形凸轮——凸轮为一径向尺寸发生变化的盘形构件,绕固定轴线转动;从动件在垂直于回转轴的平面内做直线移动或摆动,这种类型是凸轮机构最基本的形式,应用最为广泛。

② 移动凸轮——凸轮为一有曲面的沿直线往返移动的构件,在其作用下,从动件可做直线移动或摆动,这类凸轮在机床上应用较多。

③ 圆柱凸轮——圆柱凸轮可以看成是将移动凸轮卷成圆柱体而演化成的,此时凸轮为一有沟槽的圆柱体,绕其中心轴做回转运动;从动件在与凸轮轴线平行的平面内做直线移动或摆动。与盘形凸轮相比,圆柱凸轮的行程较长,常用于自动机床。

盘形凸轮和移动凸轮与从动件之间的相对运动为平面运动,而圆柱凸轮与从动件之间的相对运动为空间运动,所以前两者属于平面凸轮机构,后者属于空间凸轮机构。

(2) 按照从动件型式,凸轮机构可分为尖顶从动件凸轮、滚子从动件凸轮和平底从动件凸轮,其形式分别如图 3-4(a)、图 3-4(b)和图 3-4(c)所示。

(a)　　　　(b)　　　　(c)　　　　(d)

图 3-4　凸轮的分类(按从动件形式)

滚子凸轮

平底凸轮

摆动凸轮

① 尖顶从动件凸轮——尖顶能与任意复杂的凸轮轮廓保持接触,从而使从动件实现预期的运动规律,但因尖顶极易磨损,故只适宜于传力不大的低速凸轮机构。

② 滚子从动件凸轮——从动件上的滚子与凸轮之间为滚动摩擦,所以磨损较小,可用来传递较大的动力,应用最为广泛。

③ 平底从动件凸轮——凸轮对从动件的作用力始终垂直于从动件的底边(不计摩擦时),故受力比较平稳,且凸轮与平底的接触面间易形成油膜,润滑良好,常用于高速传动中。

以上三种从动件亦可按相对机架的运动形式分为往复直线运动的直动从动件和往复摆动的摆动从动件(如图 3-4(d))。

此外,按从动件导路与凸轮转轴相对位置,又可以分为对心凸轮机构(如图 3-4(a)和图 3-4(c))和偏置凸轮机构(如图 3-4(b))。

(3) 按照锁合形式,凸轮机构可分为力锁合凸轮和形锁合凸轮。力锁合凸轮(如图 3-5(a))利用从动件的重力或弹簧力或其他外力使从动件与凸轮保持接触;形锁合凸轮依靠凸轮和从动件的特殊几何形状而始终保持接触,形锁合凸轮又可分为凹槽锁合凸轮和等径或等宽凸轮,其形式分别如图 3-5(b)和图 3-5(c)所示。

(a)

(b)

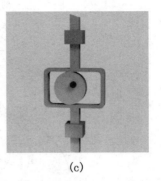
(c)

图 3－5　凸轮的分类(按锁合形式)

① 凹槽锁合凸轮——使凹槽两侧面间的距离等于滚子的直径,故能保证滚子始终与凸轮保持接触,因此,这种凸轮只能采用滚子从动件的形式。

② 等宽凸轮——如图 3－5(c)所示,与等宽凸轮的轮廓线相切的任意两平行直线间的距离处处相等且等于框形从动件的内壁宽度,故能使凸轮始终与从动件保持接触。

形锁合凸轮可免除力锁合凸轮的附加阻力,从而减小驱动力和提高效率,其缺点是机构的外廓尺寸较大,设计较为复杂。

3.2　平面凸轮机构的工作过程及运动规律

3.2.1　平面凸轮机构的工作过程和运动参数

图 3－6(a)为一对心直动尖顶从动件盘形凸轮机构,以凸轮轮廓的最小向径 r_b 为半径所作的圆称为基圆,r_b 为基圆半径,凸轮以等角速度 ω_1 顺时针转动。在图示位置,从动件的尖顶与 A 点接触,A 点是基圆与开始上升的轮廓曲线的交点,此时,从动件的尖顶离凸轮轴最近。凸轮转动时,向径逐渐增大,从动件被凸轮的轮廓推向上,到达向径最大的 B 点时,从动件距凸轮轴心最远,这一过程称为**推程**。与之对应的凸轮转角 δ_t 称为**推程运动角**,从动件上升的最大位移 h 称为**行程**。当凸轮继续转过 δ_s 时,由于轮廓 BC 段为一向径不变的圆弧,故从动件停留在最远处保持不动,此过程称为**远停程**(或远休止),对应的凸轮转角 δ_s 称为**远停程角**(或远休止角)。当凸轮又继续转过 δ_h 角时,凸轮的向径由最大减至 r_b,从动件从最远处回到基圆上的 D 点,此过程称为**回程**,对应的凸轮转角 δ_h 称为**回程运动角**。当凸轮继续转过 δ'_s 角时,由于轮廓 DA 段也为向径不变的基圆圆弧,故从动件继续停在距轴心最近处保持不动,此过程称为**近停程**(或近休止),对应的凸轮转角 δ'_s 称为**近停程角**(或近休止角)。此时,$\delta_t + \delta_s + \delta_h + \delta'_s = 2\pi$,凸轮刚好转过一圈,机构完成一个工作循环,从动件则完成一个"升—停—降—停"的运动循环。

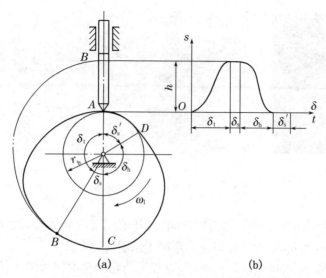

图 3-6 凸轮机构的工作过程及从动件的位移线图

以从动件的位移 s 为纵坐标,对应凸轮的转角 δ 为横坐标,将凸轮转角与对应的从动件位移之间的函数关系用曲线表达出来的图形称为从动件的位移线图,如图 3-6(b)所示。由于大多数凸轮均做等角速度转动,其转角与时间成正比,因此,该位移线图的横坐标也代表时间 t。在此基础上,通过微分运算,还可作出从动件的速度线图和加速度线图,它们统称为从动件的运动线图。

由上述分析可知,从动件的运动规律完全取决于凸轮的轮廓形状。工程中,从动件的运动规律通常是根据凸轮的使用要求确定的。因此,在机械设计过程中,可以按照机构所执行的工作任务,选择恰当的从动件运动规律,再据此设计出相应的凸轮轮廓曲线,就能实现预期的生产要求。

3.2.2 平面凸轮机构从动件基本运动规律

所谓从动件的运动规律,是指从动件的位移 s、速度 v、加速度 a 随凸轮转角 δ(或时间 t)的变化规律。平面凸轮机构基本的从动件运动规律有等速运动规律、等加速等减速运动规律、简谐运动规律(余弦加速度运动规律)和摆线运动规律(正弦加速度运动规律)等。

1. 等速运动规律

在平面凸轮机构中,从动件推程或回程的运动速度为常数的运动规律,称为等速运动规律。其运动线图如图 3-7 所示。这种运动规律的特点是:从动件在推程(或回程)开始和终止的瞬间,速度发生突变,其加速度和惯性力在理论上为无穷大,此时就会使得平面凸轮机构产生强烈的冲击、噪声和磨损,这种冲击为**刚性冲击**。因此,等速运动规律只适用于低速、轻载的场合。

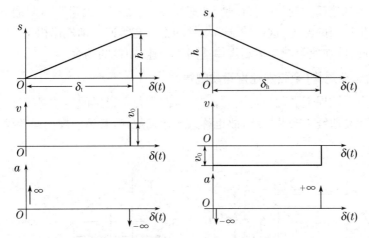

图 3‑7　从动件等速运动规律的线图

2. 等加速等减速运动规律

在平面凸轮机构中,从动件在一个行程 h 中,前半行程做等加速运动,后半行程做等减速运动,这种运动规律,称为**等加速等减速运动规律**,通常情况下,加速度和减速度的绝对值相等(工作需要时,二者也可以不等),其运动线图如图 3‑8 所示。

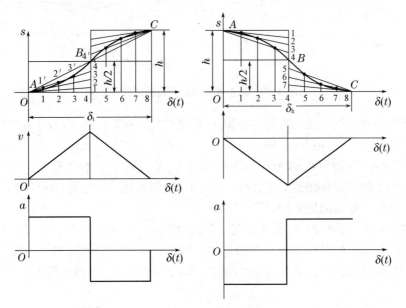

图 3‑8　从动件等加速等减速运动规律的线图

等加速等减速运动规律位移线图绘制方法为:在纵坐标上将升程 h 分成两等份,在横坐标上,将与升程 h 对应的凸轮转角 δ_t 也分成相等的两部分,再将每一部分分为若干等份(图 3‑8 中为四等份),横坐标和纵坐标的等分点均标注为 1、2、3、4;把坐标原点 0 与纵坐标上的 1、2、3、4 进行连接,得到连线 01、02、03、04,它们分别与由横坐标上的点 1、2、3、4 所作的垂线相交,将这些交点 $1'$、$2'$、$3'$、$4'$ 连接成光滑曲线,即可得到等加速段位移线图。等减速段的位移线图可用同样的方法画出,但是弯曲的方向相反。

等加速等减速运动规律的特点是:加速度在 A、B、C 三处发生有限的突变,因而会在机构中产生有限的冲击,这种冲击为**柔性冲击**。与等速运动规律相比,其冲击程度大为减小。因此,等加速等减速运动规律适用于中速、中载的场合。

3. 简谐运动规律(余弦加速度运动规律)

当一质点在圆周上做匀速运动时,它在该圆直径上投影的运动规律称为简谐运动。因其加速度运动曲线为余弦曲线,故也称余弦运动规律,其运动规律运动线图如图3-9所示。

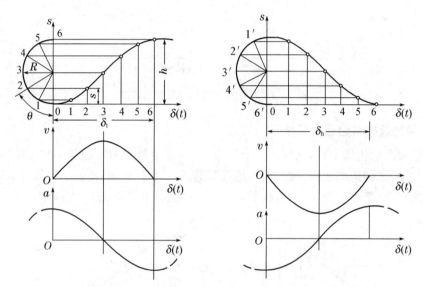

图 3-9 从动件简谐运动规律的线图

简谐运动规律位移线图绘制方法为:以从动件的升程 h 作为直径,在纵坐标左侧画半圆并分成若干等份(图3-9中为六等份),标注为1、2、3、4、5、6。在横坐标上,将与升程 h 对应的凸轮转角 δ_t 也分成相等的六部分,并过各点分别作垂直于横坐标的垂线。将圆周上的各点投影到上述垂线上,得到相应的垂足。用光滑的曲线将其连接,即可得到加速段简谐运动规律的位移线图。

简谐运动规律的特点是:加速度在行程的始末两点发生有限的突变,故存在柔性冲击,只适用于中速、中载的场合。但当从动件做无停歇的“升—降—升”连续往复运动时,则可得到连续的余弦曲线,运动中完全消除了柔性冲击,这种情况下,可用于高速传动。

4. 摆线运动规律(正弦加速度运动规律)

当一圆沿纵轴做匀速纯滚动时,圆周上某定点 A 的运动轨迹为一摆线,而定点 A 运动时在纵轴上投影的运动规律即为**摆线运动规律**。因其加速度按正弦曲线变化,故又称正弦加速度运动规律,其运动规律运动线图如图3-10所示。从动件按正弦加速度规律运动时,在全行程中没有速度和加速度的突变,因此不产生冲击,适用于高速场合。

3.2.3　平面凸轮机构从动件组合运动规律

有时为了获得更好的运动特性,还可以把上述四种基本运动组合起来加以应用。组合时,两条曲线在拼接处必须保持连续。如图 3 - 11 所示,"等加速—等速—等减速"组合运动规律就可以满足这一要求。此时,加速度线图是不连续的,因此,还存在柔性冲击。

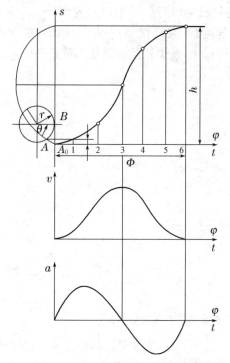

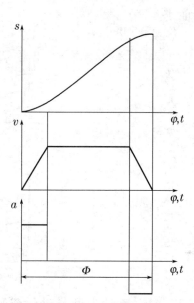

图 3 - 10　从动件摆线运动规律的线图　　　　图 3 - 11　凸轮机构从动件组合运动规律的线图

在选择从动件的运动规律时,除了要考虑刚性冲击和柔性冲击外,还应对各种运动规律所具有的最大速度 v_{max} 和最大加速度 a_{max} 及其影响加以比较。

(1) 最大速度 v_{max} 越大,则动量 mv 越大。当从动件突然被阻止时,过大的动量会导致极大的冲击力,从而可能导致设备或人员安全事故。因此,当从动件质量较大时,为了减小动量,应尽量选择最大速度 v_{max} 值较小的运动规律。

(2) 最大加速度 a_{max} 越大,则惯性力越大,作用于高副接触处的应力就越大,机构的强度和耐磨性要求也就相应越高。对于高速凸轮,为了减小惯性力的危害,应尽量选择最大加速度 a_{max} 值较小的运动规律。

3.3　盘形凸轮轮廓曲线设计(图解法)

根据机器的工作要求,在确定了凸轮机构的类型及从动件的运动规律、凸轮的基圆半径和凸轮的转动方向后,便可开始凸轮轮廓曲线的设计了。凸轮轮廓曲线的设计方法有图解法和解析法。图解法简单、直观,但精确度有限,只适用于一般场合;对高速和高精度的凸轮,则须用解析法进行设计,本章主要介绍图解法的设计原理及方法。

3.3.1 图解法设计凸轮机构的原理

如图 3-12 所示,图解法绘制凸轮轮廓曲线的原理是利用"反转法",即在整个凸轮机构(凸轮、从动件、机架)上加一个与凸轮角速度 ω 大小相等、方向相反的公共角速度"$-\omega$",于是凸轮处于相对静止状态,而从动件则与机架(导路)一起以角速度"$-\omega$"绕凸轮轴转动,且从动件仍按原来的运动规律相对导路移动(或摆动)。此时从动件的尖顶始终与凸轮轮廓保持接触,所以从动件在反转行程中,其尖顶的运动轨迹就是凸轮的轮廓曲线。

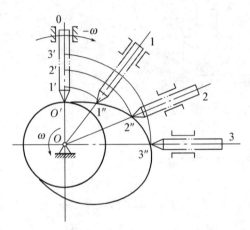

图 3-12 "反转法"设计凸轮轮廓曲线的原理

3.3.2 对心直动尖顶从动件盘形凸轮轮廓曲线设计

一对心直动尖顶从动件盘形凸轮,沿逆时针方向回转,其基圆半径 $r_b = 30$ mm,若从动件的运动规律见表 3-1 所示,试设计该凸轮的轮廓曲线。

表 3-1 对心直动尖顶从动件盘形凸轮的运动规律

凸轮转角	0°～180°	180°～300°	300°～360°
从动件的运动规律	等速上升 30 mm	等加速等减速下降回到原处	停止不动

根据上述反转法的设计原理,该凸轮轮廓曲线可按如下步骤进行:

第一步 选取适当的比例尺,绘制位移线图。

首先,选取适当的长度比例尺在纵坐标上绘制行程,再选取适当的角度比例尺在横坐标上量出相应的长度分别代表推程运动角 180°、回程运动角 120°和近停程角 60°。绘制该凸轮机构的运动位移线图,在横坐标上每 30°取一等分点(如图 3-13(a)所示,本凸轮机构共有 10 个等分点,近停程无需取等分点),过等分点分别作垂直于横坐标的垂线,这些垂线与位移曲线相交所得的线段 $11', 22', 33', \cdots$,即代表相应位置的从动件的位移量。

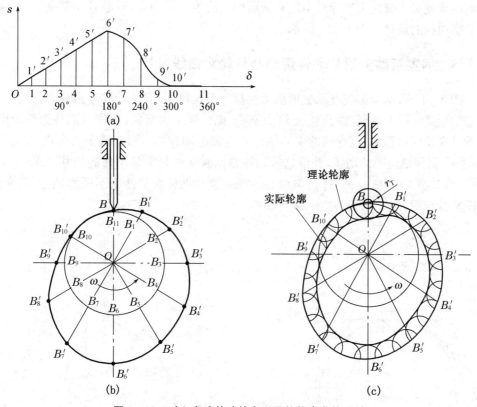

图 3 - 13 对心直动从动件盘形凸轮轮廓曲线设计

第二步 作基圆,取等分点。

如图 3 - 13(b)所示,任取一点 O 为圆心,以点 B 为从动件尖顶的最低点,根据长度比例尺绘制基圆。从 B 点开始,按照"$-\omega$"方向,分别取推程运动角、回程运动角和近停程角,并分成与图 3 - 13(a)对应的相同等分,得到等分点 $B_1,B_2,\cdots,B_{10},B_{11}$ 与 B 点重合。

第三步 绘制凸轮轮廓曲线。

连接 OB_1 并在其延长线上取 $B_1B_1'=11'$得点 B_1',同样在 OB_2 延长线上取 $B_2B_2'=22'$,……,直到 B_9 点,点 B_{10} 与基圆上点 B_{10}' 重合。将 $B_1',B_2',\cdots,B_{10}'$ 联接为光滑曲线,即得所求的凸轮轮廓曲线,如图 3 - 13(b)所示。

若采用滚子从动件,则首先取滚子中心为参考点,把该点看成尖顶从动件的尖顶,按照上述方法绘制出凸轮的轮廓曲线(此时为理论轮廓曲线)。再以该轮廓曲线上各点为圆心,以滚子半径 $r_{\rm T}$ 为半径,画一系列的滚子,最后作这些滚子的内包络线,这便是滚子从动件盘形凸轮机构的实际轮廓曲线(或称工作轮廓曲线),如图 3 - 13(c)所示。

若采用平底从动件,其轮廓曲线的求法与滚子从动件类似。首先,取平底与导路的交点 B_0 作为参考点,把它看作尖顶,运用尖顶从动件凸轮的设计方法求出参考点反转后的一系列位置 $B_1,B_2,B_3,\cdots$;其次过这些点画出一系列平底,得到一直线族;最后作此直线族的包络线,便可得到平底凸轮的实际轮廓曲线。由于平底上与实际轮廓曲线相切的点是随机构位置变化的,为了保证所有位置平底都能与轮廓曲线相切,平底左右两侧的宽度必须分别大于导路至左右最远切点的距离 b' 和 b''，对心直动平底从动件凸轮轮廓曲线的设计如图 3-14 所示。

3.3.3 偏置直动尖顶从动件盘形凸轮轮廓曲线设计

图 3-15 所示为偏置直动尖顶从动件盘形凸轮机构，其从动件导路偏离凸轮回转中心的距离 e 称为偏距，以凸轮轴 O 为圆心，以偏距 e 为半径，所作的圆称为偏距圆。从动件在反转过程中，其导路的中心线始终与偏距圆相切。过基圆上各分点 A'_1，A'_2，A'_3，…分别作偏距圆的切线，并沿这些切线自基圆向外量取从动件的位移 $AA'_1 = 11'$，$AA'_2 = 22'$，$AA'_3 = 33'$，…。这是与对心直动尖顶从动件盘形凸轮不同的地方，其余的作图步骤与图 3-13(b) 的作法完全相同。

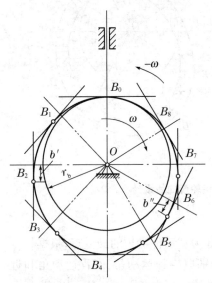

图 3-14 对心直动平顶从动件盘形
凸轮轮廓曲线设计

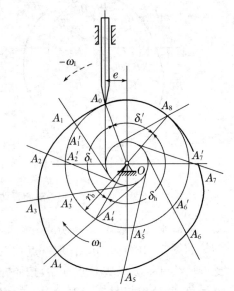

图 3-15 偏置直动尖顶从动件盘形
凸轮轮廓曲线设计

3.4 平面凸轮机构基本参数的确定

在运用图解法对盘形凸轮机构的轮廓曲线进行设计的过程中，其基圆半径 r_b、直动从动件的偏距 e 和滚子半径 r_T 都是预先给定的。本节将从凸轮机构的传动效率、运动是否失真、结构是否紧凑等方面，对这些基本参数加以研究和讨论。

3.4.1 平面凸轮机构压力角的确定

1. 平面凸轮机构压力角与自锁的关系

在图 3-16 所示的凸轮机构中，F_Q 为作用在从动件上的载荷。凸轮和从动件在 B

点接触,当不考虑摩擦时,凸轮作用于从动件上的驱动力 F_n 是沿轮廓线上 B 点的法线 n-n 方向传递的。将力 F_n 分解为 F' 和 F'' 两个分力,其中 F' 能推动从动件克服载荷 F_Q 及导路间的摩擦力向上移动,是有效分力;F'' 垂直于运动方向,它使从动件紧压在导路上而产生摩擦力,是有害分力。F' 和 F'' 的大小分别为:

$$F' = F_n \cos\alpha, \quad F'' = F_n \sin\alpha.$$

$$\begin{cases} F' = F_n \cos\alpha \text{(有效分力)} \\ F'' = F_n \sin\alpha \text{(有害分力)} \end{cases} \tag{3-1}$$

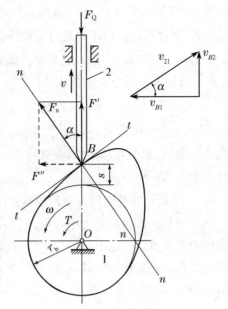

图 3-16　平面凸轮机构的压力角

式中的 α 是凸轮对从动件的法向力 F_n 的方向与从动件上受力点的速度 v 之间所夹的锐角,称为从动件在该位置时的**压力角**。由式(3-1)可知:压力角 α 越大,有害分力 F'' 越大,有效分力 F' 越小,对传力越不利,机构的效率越低。当压力角大到一定程度时,不论作用力 F_n 有多大,都不能推动从动件运动,即机构产生自锁现象。因此,压力角的大小是衡量凸轮机构传力性能好坏的重要参数之一。

2. 平面凸轮机构压力角与基圆半径的关系

如图 3-16 所示,在从动件与凸轮的接触点 B 处,假设凸轮上 B 点的速度为 v_{B1},方向垂直于 OB;从动件上 B 点的速度方向沿导路方向、垂直于 OB。其中,$v_{B1} = \omega(r_b + s)$;$v_{B2} = v$。由于凸轮和从动件始终保持接触,所以从动件与凸轮在 B 点的相对速度为 v_{21}(沿切线 t-t 方向),且满足:$v_{B2} = v_{B1} + v_{21}$,由速度三角形可得:

$$\tan\alpha = \frac{v_{B2}}{v_{B1}} = \frac{v}{\omega(r_b + s)} \tag{3-2}$$

当给定平面凸轮从动件的运动规律后,ω、s 和 v 均为已知。由式(3-2)可知:增大基圆半径 r_b,可以减小压力角 α,从而改善机构的传力性能,但凸轮的外廓尺寸也将随之增大。所以考虑到凸轮尺寸的影响,压力角并非越小越好。

平面凸轮压力角的大小应根据传力性能和凸轮尺寸要求进行综合考量,其选择的原则是:在传力许可的条件下,尽量取较大的压力角,即选择较小的基圆半径 r_b。为了保证凸轮机构工作可靠,通常把最大压力角限制在一定的数值之内,该数值称为许用压力角,用 $[\alpha]$ 表示,$\alpha_{max} \leqslant [\alpha]$。根据实践经验和分析,许用压力角 $[\alpha]$ 推荐如下:

① 直动从动件在推程时,$[\alpha] = 30° \sim 38°$。对于滚子从动件凸轮,当润滑和支承刚性较好时,可取上述值的上限,否则取下限。

② 摆动从动件在推程时,$[\alpha] = 35° \sim 45°$。

③ 回程时,特别是对于力锁合型凸轮机构,从动件在由弹簧力或重力作用下返回,无自锁问题,因此,许用压力角 $[\alpha] = 70° \sim 80°$。

④ 对于平底从动件凸轮机构,凸轮对从动件的法向作用力始终与从动件的速度方

向平行,故压力角恒等于 0°,机构的传力性能最好。

3. 平面凸轮机构压力角与从动件位置的关系

如图 3-17 所示,当对心从动件倾斜一个 β 角时,即成为偏置从动件凸轮机构。以 α 和 α' 分别表示对心和偏置从动件的压力角,则从动件倾斜前后的压力角有如下关系:

$$\alpha' = \alpha \pm \beta \tag{3-3}$$

式(3-3)中,正负号取决于从动件速度 v 与凸轮圆周速度 u 之间夹角的大小。夹角为钝角时,取正号,反之则取负号,即 u 与 v 夹锐角时压力角减小,u 与 v 夹钝角时则压力角增大。

4. 平面凸轮机构压力角的校核

平面凸轮机构的最大压力角 α_{max} 一般出现在理论轮廓线上较陡或从动件获得较大速度时那个点的轮廓附近。校核压力角时可在此选若干个点,然后作这些点的法线和相应的从动件运动方向线,量出它们之间的夹角,检验是否满足 $\alpha_{max} \leqslant [\alpha]$ 的要求。图 3-18 所示是用角度尺测量压力角的简易方法。

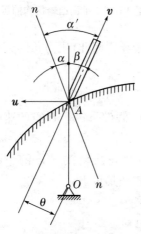

图 3-17 平面凸轮机构压力角与
从动件位置的关系

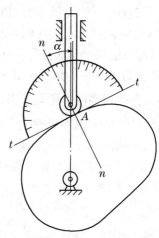

图 3-18 用角度尺测量凸轮
的压力角

若最大压力角 α_{max} 超过许用值较多,则应适当加大凸轮的基圆半径,再重新设计凸轮的轮廓曲线;如不便加大凸轮的尺寸,可采用偏置的办法重新设计凸轮轮廓曲线。

【例 3-1】 如图 3-19(a)所示的凸轮机构中,已知偏心圆盘为凸轮实际轮廓,其余尺寸如图,$\mu = 0.001$ m/mm。求:(1)基圆半径 r_b;(2)图示位置凸轮机构的压力角 α;(3)凸轮由图示位置转 60° 后,从动件的移动距离 s。

解 第一步 如图 3-19(b)所示,以 O 为圆心,以 OB 为半径,作圆;延长 OA 与该圆相交于 B_0。$\overline{AB_0}$ 即为该凸轮机构的基圆半径 r_b。

第二步 延长 OB 直线与从动件的导路方向所夹的锐角为凸轮机构的压力角 α。

第三步 延长 AB 直线并绕 A 点沿逆时针方向(与凸轮转向相反)旋转 60° 与第(1)所作的圆相交于 B_1;再以 A 为圆心,以 AB_1 半径,作圆弧与第(1)所作的圆相交于

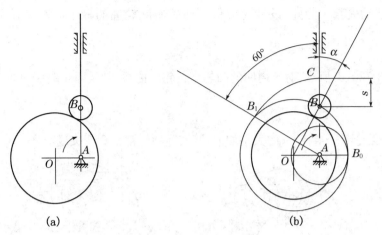

图 3-19 【例 3-1】附图

C 点，BC 即为凸轮自图示位置转 $60°$ 后，从动件的移动距离 s。

3.4.2 平面凸轮机构基圆半径的确定

基圆半径 r_b 是平面凸轮机构的主要参数，它对凸轮机构的结构尺寸、运动和受力性能都有非常重要的影响。如果对凸轮机构的尺寸没有特别严格的要求，可将基圆半径选大一些，以利于改善机构的传力性能减轻磨损且减小凸轮轮廓曲线的制造误差。

(1) 如果要求凸轮尺寸紧凑，可将凸轮与轴做成一体(凸轮轴)，此时基圆半径应略大于轴的半径：

$$r_b = r + r_T + (2 \sim 5) \text{mm} \tag{3-4}$$

(2) 如果需要单独制造凸轮，然后再装配在轴上，则凸轮的基圆半径为：

$$r_b = (1.5 \sim 2)r + r_T + (2 \sim 5) \text{mm} \tag{3-5}$$

两式中　r——轴的半径(mm)

　　　　r_T——从动件滚子的半径(mm)

若为尖顶从动件凸轮机构，则上两式中 r_T 可忽略不计。这是一种较为简便、实用的确定方法。确定基圆半径 r_b 后，再对所设计的凸轮机构轮廓的压力角进行校核。

3.4.3 平面凸轮机构滚子半径的确定

对于滚子或平底从动件凸轮机构，如果滚子或平底的尺寸选择不当，将无法保证凸轮的实际轮廓能准确地实现预期的运动规律，这就会造成运动失真现象。若外凸的凸轮理论轮廓曲线的最小曲率半径为 ρ_{min}，从动件滚子的半径为 r_T：

(1) 当 $\rho_{min} > r_T$ 时，则有 $\rho_{bmin} = \rho_{min} - r_T > 0$，实际轮廓为一光滑曲线(如图 3-20(a))。

(2) 当 $\rho_{min} < r_T$ 时，则有 $\rho_{bmin} = \rho_{min} - r_T < 0$，按照包络原理画出的实际轮廓将出现交叉现象(如图 3-20(b))，相交部分的轮廓曲线在实际制造时将被切去，致使局部无法实现预期的运动规律。

(3) 当 $\rho_{min} = r_T$ 时，则有 $\rho_{bmin} = \rho_{min} - r_T = 0$，凸轮实际轮廓就会产生尖点(如图 3-20(c))，这样的凸轮在工作时，尖点处的接触应力很大，易于磨损，当凸轮工作一段时间后

也会引起运动失真。为此,设计时应保证凸轮实际轮廓的最小曲率半径不小于 3~5 mm,即:

$$\rho_{bmin} = \rho_{min} - r_T \geqslant (3 \sim 5) mm \qquad (3-6)$$

如图 3-20(d)所示,对于内凹的凸轮理论轮廓曲线,其实际轮廓线的曲率半径 ρ_{bmin} 为:

$$\rho_{bmin} = \rho_{min} + r_T \qquad (3-7)$$

此时,无论滚子半径 r_T 的大小如何,其实际廓线都不会变尖或交叉。

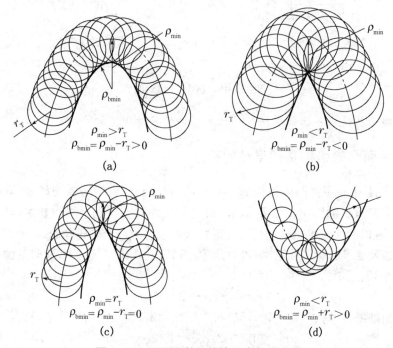

图 3-20　平面凸轮机构滚子半径的确定

对于平底从动件凸轮机构,则要选取足够的平底长度,以保证平底始终能与凸轮轮廓接触。

平面凸轮机构的速度分析(速度瞬心法)

【例 3-2】　如图 3-21 所示,平底从动件凸轮机构中,各构件的尺寸已知,凸轮的转动角速度为 ω_1,试求图示位置从动件 2 的线速度 v_2。

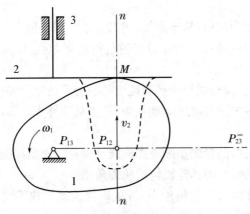

图 3－21　【例 3－2】附图

解　第一步　根据速度瞬心的定义,利用直接观察法,可以判断出 P_{13} 位于凸轮的回转中心处,P_{23} 位于与凸轮从动件导路相垂直的无穷远处,P_{12} 应当位于凸轮与平底从动件接触点 M 处的公法线上。

第二步　过 M 点作凸轮轮廓与平底从动件的公法线 n－n,再过 P_{13} 作从动件导路方向的垂线 $P_{13}P_{23}$,两条直线的交点即为凸轮 1 与平底从动件 2 的相对速度瞬心 P_{12}。

由此,可得到:

$$v_2 = \overline{P_{13}P_{12}} \cdot \omega_1$$

思 考 题

3－1　什么是凸轮机构传动中的刚性冲击和柔性冲击?

3－2　滚子从动件盘形凸轮机构中凸轮的理论轮廓曲线与实际轮廓曲线存在怎样的关系?两者是否相似?

3－3　什么是凸轮机构的压力角?为什么要规定许用压力角?

3－4　对于直动从动件盘形凸轮机构,欲减小推程压力角,有哪些常用的措施?

3－5　什么情况下,凸轮机构可能会出现运动失真的现象?当出现运动失真现象时,应考虑哪些方法来消除?

3－6　用作图法求出下列各凸轮从如图所示的位置转到 B 点而从动件接触时凸轮的转角。

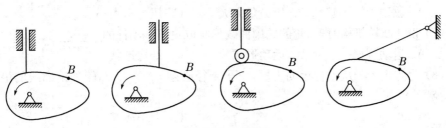

思考题 3－6 附图

3-7 判断题

(1) 凸轮机构为高副机构,易于磨损,所以通常多用于传力不大的控制机构。

(2) 凸轮机构的优点是只需设计适当的凸轮轮廓,便可使从动件得到所需的运动规律。

(3) 凸轮机构中,从动件做等速运动规律的原因是凸轮做等速转动。

(4) 凸轮机构的等加速等减速运动规律,是指从动件先做等加速上升,然后再做等减速下降。

(5) 滚子从动件盘形凸轮的实际轮廓曲线是理论轮廓曲线的等距曲线。

(6) 平底直动从动件盘形凸轮机构的压力角始终等于零。

(7) 在直动从动件盘形凸轮机构中,若从动件运动规律不变,增大基圆半径,则压力角将减小。

(8) 在滚子直动从动件盘形凸轮机构中,改变滚子的大小对从动件的运动规律无影响。

3-8 选择题

(1) 与连杆机构相比,凸轮机构最大的缺点是_____。

    A. 惯性力难于平衡   B. 点、线接触,易磨损

    C. 设计较为复杂   D. 不能实现间歇运动

(2) 在从动件运动规律不变的情况下,对于直动从动件盘形凸轮机构,若缩小凸轮的基圆半径,则压力角_____。

    A. 保持不变   B. 减小   C. 增大   D. 不确定

(3) 凸轮机构中从动件做等加速等减速运动时,将产生_____冲击。

    A. 刚性   B. 柔性

    C. 无刚性也无柔性   D. 挠性

(4) 理论廓线相同而实际廓线不同的两个对心直动滚子从动件盘形凸轮,其推杆的运动规律是_____。

    A. 相同的   B. 不相同的   C. 相似   D. 不确定

(5) 对于转速很高的凸轮机构,为了减小冲击,其推杆的运动规律最好采用_____。

    A. 等速运动   B. 等加等减速运动

    C. 正弦加速度运动   D. 余弦加速度运动

(6) 凸轮机构若发生自锁,则其原因是_____。

    A. 驱动力矩不够   B. 压力角太大   C. 压力角太小

(7) 设计凸轮机构时,凸轮的轮廓曲线形状取决于从动件的_____。

    A. 运动规律   B. 运动形式   C. 结构形状

(8) 为防止滚子从动件运动失真,滚子半径必须_____凸轮理论廓线的最小曲率半径。

    A. 小于   B. 大于   C. 大于或等于

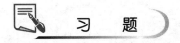

习　题

3-1　试标出如图所示凸轮运动位移线图中的行程 h、推程运动角 δ_t、远停程角 δ_s、回程运动角 δ_h 和近停程角 δ_s'。

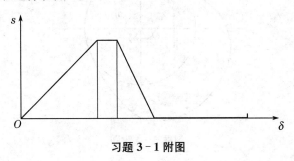

习题 3-1 附图

3-2　凸轮机构中,已知从动件的速度曲线如图所示,它由 4 段直线组成。试求:

(1) 试画出从动件的加速度曲线图;

(2) 判断哪几个位置有冲击存在,是柔性冲击还是刚性冲击?

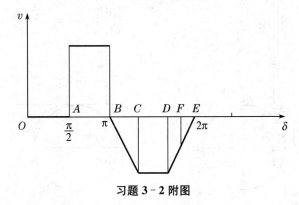

习题 3-2 附图

3-3　设计一尖顶对心直动从动件盘形凸轮机构。已知凸轮顺时针匀速转动,基圆半径 $r_{min}=40$ mm,从动件升程 $h=120$ mm,从动件的运动规律如表中所示。试用作图法绘出其运动线图 $s\text{-}t$、$v\text{-}t$、$a\text{-}t$,并绘出凸轮的轮廓。

习题 3-3 附表

$\delta(°)$	0～90	90～180	180～240	240～360
运动规律	等速上升	停止	等加速等减速下降	停止

3-4　在图示的凸轮机构中,试画出凸轮从图示位置转过 60°后从动件的位置及从动件的位移 s。

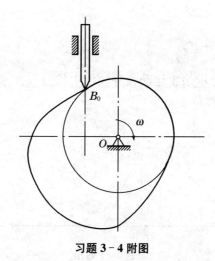

习题 3-4 附图

3-5 图示为两种不同从动件形式的凸轮机构,若它们具有完全相同的实际轮廓曲线,试指出这两种机构的从动件的运动规律是否相同,并在图中画出它们在图示位置的压力角。

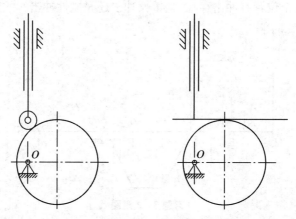

习题 3-5 附图

3-6 在图示凸轮机构中,已知凸轮的实际轮廓为一偏心圆盘,试求(写出作图步骤,保留各作图线):

(1) 基圆半径 r_b;

(2) 图示位置凸轮机构压力角 α;

(3) 凸轮由图示位置转 $90°$ 后,推杆移动距离 s。

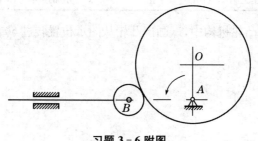

习题 3-6 附图

3-7　在图示凸轮机构中,已知偏心圆凸轮半径 $R=50$,图中 $OA=22$,$AC=80$,凸轮 1 的角速度 $\omega_1=10$ rad/s,逆时针转动,试用速度瞬心法求从动件 2 的角速度 ω_2。

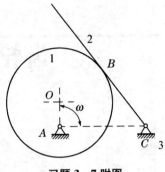

习题 3-7 附图

3-8　在图示圆形凸轮机构中,已知偏心圆的半径 $R=50$,图中 $AO=20$,凸轮的角速度 $\omega_1=10$ rad/s,试求当 $\alpha=0°$、$45°$和 $90°$时,从动件 2 的速度 v_2。

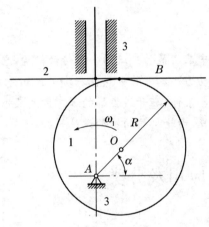

习题 3-8 附图

第 4 章

齿轮机构及其设计

学习目标

　　了解齿轮机构的应用、分类及齿廓的切制原理等,理解渐开线齿廓啮合的基本原理、传动过程及其特点,掌握齿轮机构的受力分析、强度计算及其结构设计。

单元概述

　　齿轮机构是现代机械中应用最为广泛的一种传动机构,它通过轮齿的啮合,传递空间任意两轴之间的运动和动力。本章的重点包括渐开线齿廓及其啮合原理、渐开线齿轮的基本参数及其正确啮合条件、渐开线齿廓的加工方法及根切现象等;难点包括齿轮机构的受力分析及强度计算、齿轮机构的结构设计等。

4.1　齿轮机构的应用及分类

4.1.1　齿轮机构的应用及其特点

微课4-1

齿轮机构的
应用及分类

　　齿轮机构在机械中占据极其重要的地位,世界上第一个利用齿轮做成的机械装置就是钟表。如图 4-1 所示,机械表的主传动系统一般都采用齿轮机构,齿轮除了能把能源装置的力矩输送至擒纵调速器,以维持振动系统做不衰减的振动外,还把擒纵轮的转角按一定的比例关系传递到秒轮、分轮和时轮,使指针机构指示出正确的时刻、日期或星期。

图 4-1　机械表机芯的齿轮机构

以图 4-2 所示的双钻孔夹具为例,当搬动操作手柄时,齿轮的转动带动齿条(轴套)平移,使钻头进给。由于扇形齿轮的啮合作用,使另一套机构同时动作,故可同时钻出互成 90°的双孔来。

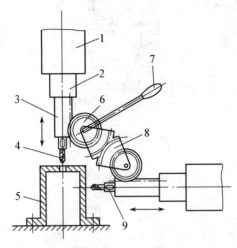

图 4-2 双钻孔夹具机构

1—传动头;2—轴外套;3—带齿条的轴套;4—钻头;5—工件;
6—齿轮;7—操作手柄;8—扇形齿轮;9—钻夹。

齿轮机构是通过轮齿的啮合来实现传动要求的,其特点是:传动比稳定、工作可靠、效率高、寿命较长,适用的圆周速度和功率范围较广。

4.1.2 齿轮机构的分类

按照两轴间的相对位置,齿轮机构可分为平面齿轮机构和空间齿轮机构。

1. 平面齿轮机构

平面齿轮机构的特点是:相互啮合的两齿轮轴线平行(或端面平行)、做相对的平面运动,如直齿圆柱齿轮、齿轮齿条、平行轴斜齿圆柱齿轮和人字齿轮等,其形式如图 4-3(a)~(e)所示。

2. 空间齿轮机构

空间齿轮机构的特点是:相互啮合的两齿轮轴线既不平行,也不相交,做相对的空间运动,如锥齿轮、交错轴斜齿轮和蜗杆蜗轮等,其形式如图 4-3(f)~(i)所示。

以上各类齿轮均是具有恒定传动比的机构,齿轮的基本几何形状也均为圆形。在一些特殊场合下,当主动轮做等角速度转动时,要求从动件按一定的规律做变角速度转动,此时需采用非圆形齿轮传动。

此外,按齿轮齿廓曲线不同,又可分为渐开线齿轮、摆线齿轮和圆弧齿轮等,其中渐开线齿轮应用最广。

动画4-01

外啮合齿轮

动画4-02

内啮合齿轮

动画4-03

齿轮与齿条

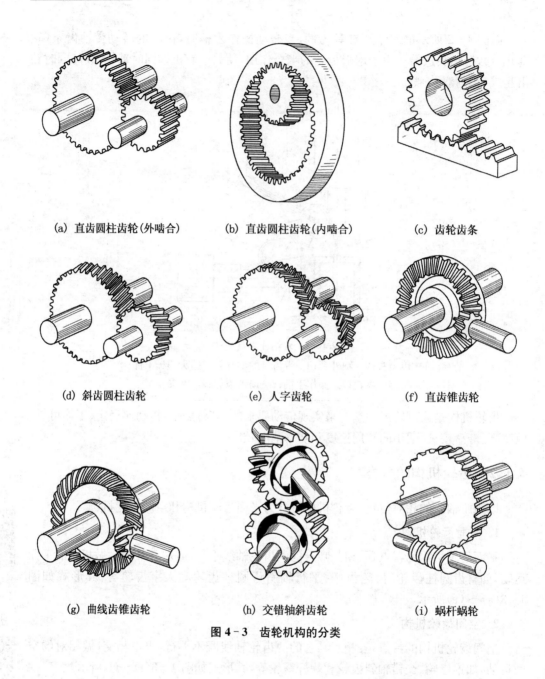

(a) 直齿圆柱齿轮(外啮合)　　(b) 直齿圆柱齿轮(内啮合)　　(c) 齿轮齿条

(d) 斜齿圆柱齿轮　　　　　(e) 人字齿轮　　　　　(f) 直齿锥齿轮

(g) 曲线齿锥齿轮　　　　(h) 交错轴斜齿轮　　　　(i) 蜗杆蜗轮

图 4-3　齿轮机构的分类

4.2　渐开线齿廓及其啮合特性

齿轮机构靠齿轮轮齿的齿廓相互推动,在传递运动和动力时,如何保证瞬时传动比恒定以减小惯性力,得到平稳传动,其齿廓的形状是关键因素。渐开线齿廓能满足瞬时传动比恒定,且制造方便,安装要求低,而应用最为普遍。

4.2.1　渐开线及其基本性质

如图 4-4 所示,当一条直线 L 沿一圆周做纯滚动时,直线上任一点 K 的轨迹称为该圆的**渐开线**,简称渐开线。这个圆称为**基圆**,其半径用 r_b 表示;直线 L 称为渐开线的**发生线**。由渐开线的形成过程可知它具有以下特性:

(1) 因发生线沿基圆做纯滚动,所以发生线 L 在基圆上滚过的一段长度等于基圆上被滚过的一段弧长,即:$\overline{NK} = \overset{\frown}{NC}$。

(2) 当发生线 L 在基圆上做纯滚动时,切点 N 为其速度瞬心,所以发生线上点 K 的速度方向与渐开线在该点的切线方向一致,即发生线 L 就是渐开线在该点 K 的法线。又因发生线总是和基圆相切,故可以得出结论:渐开线上任一点的法线必切于基圆。

(3) 可以证明:发生线与基圆的切点 N 也是渐开线在点 K 的曲率中心,而线段 NK 是相应的曲率半径。由图 4-4 可知:渐开线离基圆越远,其曲率半径越大,即渐开线越平直,渐开线在基圆上的起始点处的曲率半径为零。

(4) 渐开线齿廓上作一点的法线(压力方向线 NK)与该点速度方向线(v_K)所夹的锐角,称为该点的**压力角** α_K,由几何关系可推出:

$$\alpha_K = \arccos \frac{r_b}{r_K} \tag{4-1}$$

式(4-1)表明:渐开线上各点压力角的大小随点 K 的位置而异,点 K 离圆心越远,压力角越大;反之,压力角越小,基圆上点的压力角为零。

(5) 渐开线的形状取决于基圆半径的大小。如图 4-5 所示,基圆半径越大,渐开线越趋平直,当基圆半径为无穷大时,渐开线就变成一条与发生线垂直的直线,它就是渐开线齿条的齿廓。

(6) 基圆以内无渐开线。

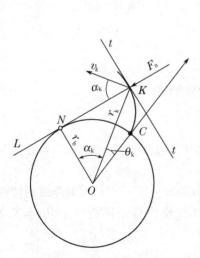

图 4-4　渐开线的形成

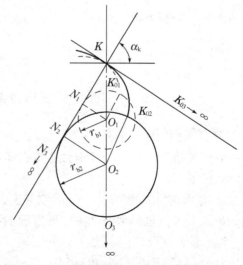

图 4-5　基圆的大小对渐开线形状的影响

4.2.2 渐开线的啮合特性

1. 渐开线齿廓啮合定律

两相互啮合的齿廓 E_1 和 E_2 在 K 点接触(如图 4-6(a)所示),过 K 点作两齿廓的公法线 $n-n$,它与连心线 O_1O_2 的交点 C 称为**节点**。以 O_1、O_2 为圆心,以 $O_1C(r_1')$、$O_2C(r_2')$ 为半径所作的圆称为**节圆**,因两齿轮的节圆在 C 点处做相对纯滚动(C 点实际上是齿轮 E_1 和 E_2 的相对速度瞬心),由此可推得:

$$i = \frac{\omega_1}{\omega_2} = \frac{O_2C}{O_1C} = \frac{r_2'}{r_1'} \tag{4-2}$$

一对传动齿轮的瞬时角速度与其连心线被齿廓接触点的公法线所分割的两线段长度成反比,这个定律称为**齿廓啮合定律**。由此可以推论,欲使两齿轮瞬时传动比恒定不变,过接触点所作的公法线都必须与连心线交于一定点。

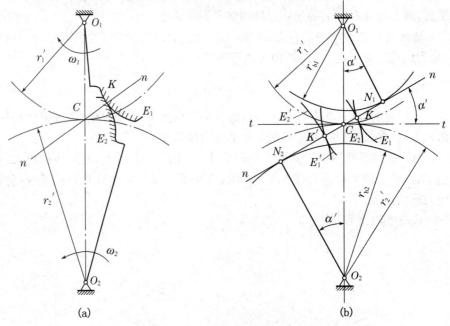

(a)   (b)

图 4-6 渐开线齿轮的啮合特性

2. 满足瞬时传动比恒定

一对相互啮合的齿轮,其渐开线齿廓在任意点 K 接触(如图 4-6(b)),可证明其瞬时传动比恒定。

过 K 点作两齿廓的公法线 $n-n$,它与连心线 O_1O_2 交于 C 点。由渐开线的特性可以推知齿廓上各点法线切于基圆,则齿廓的公法线必为两基圆的内公切线 N_1N_2,N_1N_2 与连心线 O_1O_2 交于定点 C。

由 $\triangle N_1O_1C \backsim \triangle N_2O_2C$,可得到:

$$i = \frac{\omega_1}{\omega_2} = \frac{O_2 C}{O_1 C} = \frac{r_{b2}}{r_{b1}} \qquad (4-3)$$

式(4-3)表明:渐开线齿轮的传动比等于两基圆半径的反比。在讨论一对齿轮传动时,下标 1 代表主动齿轮,下标 2 代表从动齿轮。

3. 中心距可分性

当一对渐开线齿轮制成后,其基圆半径即为定值。这对渐开线齿轮啮合时,即使两齿轮的中心距稍有改变,其角速度之比仍保持原值不变,这种性质称为渐开线齿轮传动的中心距可分性。

在实际应用中,由于制造和安装误差或轴承磨损等难以避免的原因,常常导致相互啮合的一对齿轮的中心距发生微小的改变,根据这一特性就能保证齿轮具有良好的传动性能,这也是渐开线齿轮得以获得广泛应用的原因之一。

4. 啮合线和啮合角保持不变

在齿轮传动过程中,其齿廓接触点的轨迹称为**啮合线**。对于渐开线齿轮,无论在哪一点啮合,过接触点所作的齿廓公法线总是两基圆的内公切线 $N_1 N_2$。因此,渐开线齿轮的啮合线 $N_1 N_2$ 是一条固定不变的直线。

此外,过节点 C 作两节圆的公切线 t-t,它与啮合线 $N_1 N_2$ 间的夹角称为**啮合角**,用 α' 表示。由图 4-6(b)可知:渐开线齿轮传动中的啮合角也是固定不变的。两齿廓在节点接触时,t-t 就是节圆上接触点的线速度方向,$N_1 N_2$ 就是接触点的正压力方向,因此,啮合角 α' 永远等于节圆上的压力角。

当不计齿间的摩擦力时,齿廓间的正压力始终沿接触点的公法线方向作用,即正压力方向始终保持不变。当一对渐开线齿轮传递的功率和两轮齿的转速为定值时,则传递的力矩为定值,那么齿廓间的正压力方向和大小均不变,齿轮传动平稳,这也是渐开线齿轮传动的另一个优点。

4.3 渐开线齿轮的基本参数

4.3.1 渐开线齿轮的各部分结构及名称

图 4-7 所示为一渐开线直齿外齿轮的一部分,每个轮齿两侧是形状相同而方向相反的渐开线齿廓曲线(简称齿廓),渐开线齿轮齿廓各部分的名称及符号如下:

1. 基圆

生成齿轮渐开线齿廓的圆称为**基圆**,其半径和直径分别用 r_b 和 d_b 表示。

2. 齿顶圆和齿根圆

齿轮上每一个用于啮合的凸起部分均称为**轮齿**,所有轮齿的顶端都在同一圆周上,这个过齿轮各轮齿顶端的圆称为**齿顶圆**,其半径和直径分别用 r_a 和 d_a 表示。

齿轮上两相邻轮齿之间的空间称为**齿槽**,所有轮齿之间的齿槽底部也都在同一圆周上,这个过齿轮各齿槽底部的圆称为**齿根圆**,其半径和直径分别用 r_f 和 d_f 表示。

3. 齿厚、齿槽宽和齿距

在任意半径的圆周上,轮齿的弧线长和齿槽的弧线长分别称为该圆上的齿厚和齿槽宽,分别用 s_K 和 e_K 表示。该圆上相邻两齿同侧齿廓之间的弧长称为该圆上的齿距,用 P_K 表示,且有:$P_K = s_K + e_K$。

4. 分度圆

为了确定齿轮各部分的几何尺寸,在齿轮的齿顶圆和齿根圆之间,取一个圆作为计算齿轮各部分几何尺寸的基准,该圆称为分度圆,其半径和直径分别用 r 和 d 表示。分度圆上的齿厚、齿槽宽和齿距称为该齿轮的齿厚、齿槽宽和齿距,分别用 s、e 和 P 表示,亦有:$P = s + e$。

5. 齿顶高、齿根高和全齿高

分度圆把轮齿分为两部分,介于分度圆和齿顶圆之间的部分称为齿顶,其径向高度称为**齿顶高**,用 h_a 表示;介于分度圆和齿根圆之间的部分称为齿根,其径向高度称为**齿根高**,用 h_f 表示;齿顶圆和齿根圆之间的径向高度称为**全齿高**,用 h 表示,故有:$h = h_a + h_f$。

6. 齿宽

轮齿两个端面之间的距离称为齿宽,用 b 表示。

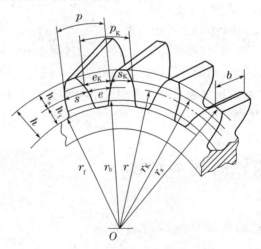

图 4-7 渐开线直齿外齿轮的各部分结构及名称

渐开线内齿轮的各部分结构及符号如图 4-8 所示,内齿轮与外齿轮不同之处主要有以下几点:

(1)内齿轮的轮齿是内凹的,其齿厚和齿槽宽分别对应于外齿轮的齿槽宽和齿厚。

(2)内齿轮的分度圆大于齿顶圆,而齿根圆又大于分度圆,即齿根圆大于齿顶圆。

(3)为了使内齿轮齿顶的齿廓全部为渐开线,其齿顶圆必须大于基圆尺寸。

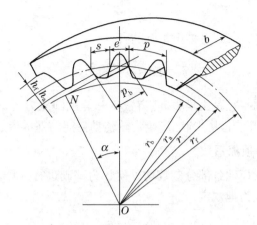

图 4‑8　渐开线直齿内齿轮的各部分结构及符号

4.3.2　渐开线齿轮的基本参数

1. 齿数

在齿轮整个圆周上轮齿的总数称为齿数,用 z 表示。齿轮的大小和渐开线齿廓的形状均与齿数有关。

2. 模数

由于齿轮分度圆的周长为 $\pi d = Pz$,则分度圆的直径 $d = \dfrac{P}{\pi} z$。

式中含有无理数 π,对于齿轮设计、计算、制造和检测等都带来不便,为此,人为地将比值 $\dfrac{P}{\pi}$ 取为一有理数列,并称此比值为齿轮的模数,用 m 表示,即:$m = \dfrac{P}{\pi}$ 或 $P = \pi m$,即:

$$d = mz \tag{4-4}$$

式(4‑4)中 m 称为齿轮分度圆模数,简称模数,其单位为 mm。

目前,模数 m 已经标准化,在进行齿轮的设计计算时,必须按国家标准所规定的标准模数系列值选取,标准模数系列见表 4‑1 所示。

表 4‑1　渐开线圆柱齿轮模数(GB/T 1357—2008)

第Ⅰ系列	1　1.25　1.5　2　2.5　3　4　5　6　8　12　16　20　25　32　40　50
第Ⅱ系列	1.125　1.375　1.75　2.25　2.75　3.5　4.5　5.5(6.5)　7　9　11　14　18　22　28　36　45

注:① 本表适用于渐开线直齿圆柱齿轮,对斜齿轮是指法向模数。
② 应优先采用第Ⅰ系列,其次是第Ⅱ系列,括号内的模数尽可能不用。

3. 分度圆压力角

由渐开线的性质可知,同一渐开线齿廓上各点的压力角是不同的,在标准齿廓上,通常所说的压力角是指分度圆上的压力角,用 α 表示。我国国家标准规定,分度圆上的

压力角 $\alpha=20°$。

由式(4-1)和式(4-4),可推出基圆的直径:

$$r_b = r\cos\alpha = \frac{mz}{2}\cos\alpha \tag{4-5}$$

显然,齿轮的基圆半径是由模数 m、齿数 z 和分度圆压力角 α 决定的。因此,分度圆压力角 α 是决定渐开线齿廓形状、影响齿轮传动性能的基本参数。

4. 齿顶高系数和顶隙系数

由上述分析可知:齿轮各部分参数均以模数为基础进行计算,因此,齿轮的齿顶高和齿根高也不例外,人为地规定:

$$h_a = h_a^* m \tag{4-6}$$

$$h_f = (h_a^* + c^*)m \tag{4-7}$$

式(4-6)和式(4-7)中,h_a^* 和 c^* 分别称为**齿顶高系数**和**顶隙系数**。GB 1356—2001《通用机械和重型机械用圆柱齿轮 标准基本齿条齿廓》规定其标准值为:$h_a^*=1$,$c^*=0.25$,若采用非标准的短齿制,$h_a^*=0.8$,$c^*=0.3$。

渐开线标准齿轮是指 m、h_a^* 和 c^* 均为标准值,具有标准的齿顶高和齿根高,且分度圆齿厚 s 等于齿槽宽 e 的齿轮。渐开线标准直齿圆柱齿轮各部分几何参数按表4-2进行计算。

表4-2 渐开线标准直齿圆柱齿轮几何参数的计算公式

名称	符号	计算公式	
		外齿轮	内齿轮
齿距	p	$p=m\pi$	
齿厚	s	$s=\pi m/2$	
齿槽宽	e	$e=\pi m/2$	
齿顶高	h_a	$h_a = h_a^* m$	
齿根高	h_f	$h_f = h_a + c = (h_a^* + c^*)m$	
全齿高	h	$h = h_a + h_f = (2h_a^* + c^*)m$	
分度圆直径	d	$d = mz$	
齿顶圆直径	d_a	$d_a = d + 2h_a = (z+2h_a^*)m$	$d_a = d - 2h_a = (z-2h_a^*)m$
齿根圆直径	d_f	$d_f = d - 2h_f = (z-2h_a^*-2c^*)m$	$d_f = d + 2h_f = (z+2h_a^*+2c^*)m$
基圆直径	d_b	$d_b = d\cos\alpha = mz\cos\alpha$	
中心距	a	$a = m(z_1 + z_2)/2$	

4.3.3　标准齿条的特点

当标准齿轮的齿数趋于无穷多时,其分度圆、齿顶圆和齿根圆的半径也趋于无穷大,分别演变为分度线、齿顶线和齿根线,且相互平行;此时,渐开线的基圆半径为无穷大,渐开线演变为一条直线;渐开线齿廓演变成相互平行的斜直线,这样就形成了齿条,如图 4 - 9 所示。

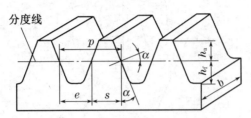

图 4 - 9　齿条的各部分结构及符号

齿条具有如下特点:

(1) 齿条的齿廓为直线,其上各点的压力角处处相等,且等于齿廓的倾角(称为齿形角),其标准值为 $20°$。

(2) 与齿顶线(或齿根线)平行的各条直线上齿距处处相等,其中,齿厚等于齿槽宽的直线称为分度线,是计算齿条尺寸的基准线。

(3) 分度线至齿顶线的高度为齿顶高,其值 $h_a = h_a^* m$;分度线至齿根线的高度为齿根高,其值 $h_f = (h_a^* + c^*) m$。

4.4　渐开线圆柱齿轮的啮合传动

4.4.1　正确啮合条件

齿轮的正确啮合条件,也称为齿轮的配对条件。为保证齿轮传动时各对轮齿之间能平稳地传递运动和动力,在齿对交替过程中不发生分离和干涉,必须符合正确啮合条件。

如图 4 - 10 所示,齿轮 1、2 分别为主动齿轮和从动齿轮。一对轮齿开始啮合时,主动齿轮的齿根推动从动齿轮的齿顶,当前一对轮齿在啮合线上的 K 点接触时,其后一对轮齿应在啮合线上另一点 K' 接触。由此,前一对轮齿分离时,后一对轮齿才能不中断地接替完成传动。令 K_1 和 K_1' 表示齿轮 1 齿廓上的啮合点,K_2 和 K_2' 表示齿轮 2 齿廓上的啮合点,为保证齿廓啮合点均落在啮合线 $N_1 N_2$ 上,必须保证处于啮合线上相邻两轮齿同侧齿廓之间的法向距离相等,即:

$$K_1 K_1' = K_2 K_2' \tag{4-8}$$

根据渐开线的性质,由齿轮 2 可得:$K_2 K_2' = N_2 K' - N_2 K = \overparen{N_2 i} - \overparen{N_2 j} = \overparen{ji} = P_{b2} = \pi m_2 \cos \alpha_2$。

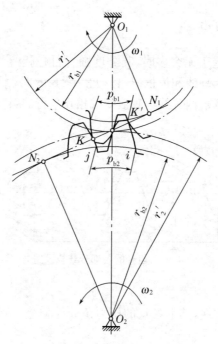

图 4-10　渐开线齿轮的正确啮合条件

同理，由齿轮 1 可行：$K_1K_1'=P_{b1}=\pi m_1\cos\alpha_1$。

将其代入式（4-8），可得到正确的啮合条件：$\pi m_1\cos\alpha_1=\pi m_2\cos\alpha_2$。

由于齿轮的模数和压力角都已经标准化了，若上式成立，则有：

$$\begin{cases}m_1=m_2=m\\ \alpha_1=\alpha_2=\alpha\end{cases}\qquad(4-9)$$

式（4-9）表明，渐开线齿轮的正确啮合条件是：两齿轮的模数和压力角必须分别相等。

这样，一对齿轮的传动比表示为：

$$i=\frac{\omega_1}{\omega_2}=\frac{d_2'}{d_1'}=\frac{d_{b2}}{d_{b1}}=\frac{d_2}{d_1}=\frac{z_2}{z_1}\qquad(4-10)$$

4.4.2　标准安装条件

一对相互啮合的齿轮传动时，为了在齿廓间能形成润滑油膜，避免因轮齿受力变形、摩擦发热而膨胀所引起的挤轧现象，在齿廓间必须留有间隙加以补偿，此间隙称为齿侧间隙。但齿侧间隙的存在却会造成齿间的冲击和噪音，影响齿轮传动的平稳性。因此，这个齿侧间隙只能很小，通常由齿轮的公差来保证，所以以标准安装的渐开线齿轮应为无齿侧间隙啮合，即一个齿轮节圆上的齿厚与另一齿轮节圆上的齿槽宽相等。

由前述可知：标准齿轮分度圆上的齿厚与齿槽宽相等，且正确啮合的一对渐开线齿轮的模数相等，所以：$s_1=e_1=s_2=e_2=\frac{\pi m}{2}$。若将一对标准齿轮安装成分度圆相切的状态,即分度圆与节圆重合,如图 4-11(a)所示,就可以满足无齿侧间隙传动的条件。

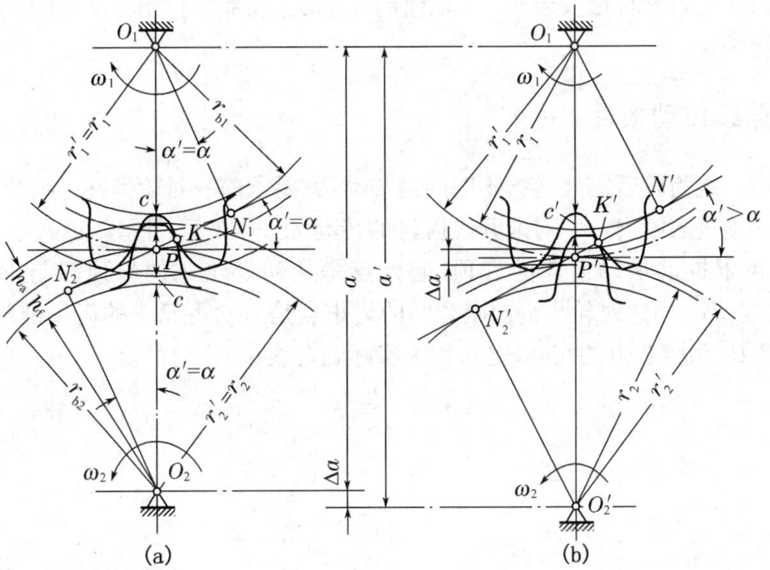

图 4-11　齿轮的标准安装与非标准安装条件

标准齿轮的这种安装称为**标准安装**,此时的中心距称为**标准中心距**,以 a 表示,即:

$$a=r'_1+r'_2=r_1+r_2=\frac{m}{2}(z_1+z_2)\qquad(4-11)$$

当一对轮齿啮合时,为了避免一个齿轮的齿顶端与另一齿轮的齿槽底相抵触,并能有一定的空隙贮存润滑油,故使一个齿轮的齿顶圆与另一齿轮的齿根圆之间留有一定的空隙,此空隙沿半径方向测量,称为顶隙,用 c 表示。标准齿轮在标准安装时的顶隙 $c=h_f-h_a=c^*m$,此时顶隙为标准值。

齿轮在标准安装条件下,由于分度圆与节圆重合,因此,啮合角 α' 与分度圆上的压力角 α 相等,都等于 $20°$。

需要说明的是:分度圆和压力角是单个齿轮所具有的特征,而节圆和啮合角是两个齿轮相互啮合时才出现的。标准齿轮传动只有在分度圆和节圆重合时,压力角与啮合角才相等,否则压力角与啮合角并不相等。

由于渐开线齿轮具有中心距可分性,所以齿轮安装的中心距可以不等于标准中心距,这时称为非标准安装。外啮合齿轮的非标准安装如图 4-11(b)所示,其中的中心距 a' 有所加大。此时,节圆半径为:$r'_1=\dfrac{r_{b1}}{\cos\alpha'}=r_1\dfrac{\cos\alpha}{\cos\alpha'}$;$r'_2=\dfrac{r_{b2}}{\cos\alpha'}=r_2\dfrac{\cos\alpha}{\cos\alpha'}$,故中心距 a' 为:

$$a'=r'_1+r'_2=(r_1+r_2)\frac{\cos\alpha}{\cos\alpha'}=a\frac{\cos\alpha}{\cos\alpha'}\qquad(4-12)$$

由式(4-12)和图 4-11(b)可分析外啮合非标准安装条件下某些参数的变化情况:因 $a'>a$,故 $r'_1>r_1,r'_2>r_2,c>c^*m$,有侧隙。但无论是标准安装还是非标准安装,其传动比都为:$i=\dfrac{\omega_1}{\omega_2}=\dfrac{r'_2}{r'_1}=\dfrac{r_{b2}}{r_{b1}}=\dfrac{r_2}{r_1}=\dfrac{z_2}{z_1}=$ 常数。

当齿轮与齿条进行标准安装时,齿条的节线与其分度线重合,此时为无侧隙啮合;当齿轮与齿条进行非标准安装时,齿条的节线为其齿顶部平行于分度线的一条直线,此时为有侧隙啮合。

4.4.3 连续传动条件

一对渐开线齿轮若需要连续不间断地传动,就要求前一对轮齿终止啮合前,后续的一对轮齿必须进入啮合。一对渐开线齿轮的传动如图 4-12 所示。进入啮合时,主动齿轮 1 的齿根推动从动齿轮的齿顶,起始点是从动齿轮 2 的齿顶圆与理论啮合线 N_1N_2 的交点 B_2,而这对轮齿退出啮合时的终止点是主动齿轮 1 的齿顶圆与 N_1N_2 的交点 B_1,B_1B_2 为啮合点的实际轨迹,称为实际啮合线。

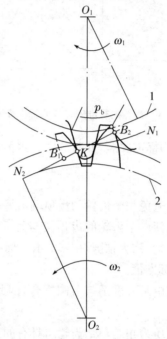

图 4-12 齿轮连续传动条件

要想保证连续传动,必须在前一对轮齿转到 B_1 前的 K 点(至少是 B_1 点)啮合时,后一对齿已达 B_2 点进入啮合,即 $B_1B_2 \geqslant B_2K$。由渐开线特性可知:线段 B_2K 等于渐开线基圆齿距 p_b,由此可得连续传动条件:$B_1B_2 \geqslant p_b$,故:

$$\varepsilon = \frac{B_1B_2}{p_b} > 1 \tag{4-13}$$

其中,ε 称为齿轮的**重合度**,它表示同时参与啮合的轮齿的对数。由于制造和安装的误差,为了保证齿轮的连续传动,重合度 ε 必须大于 1,表明同时参与啮合的轮齿对数多,齿轮传动平稳且每对轮齿所受的载荷较小,从而能提高齿轮的承载能力。

【例 4-1】 有三个正常齿制的渐开线标准直齿圆柱齿轮,其标准压力角 $\alpha = 20°$。若齿轮 1:$m_1 = 3$,$z_1 = 40$;齿轮 2:$m_2 = 4$,$z_2 = 25$;齿轮 3:$m_3 = 5$,$z_3 = 20$。请问:(1) 齿轮 1 和齿轮 2 相比,哪个齿廓较平直?(2) 三个齿轮中,哪个齿轮的全齿高最大?(3) 哪个齿轮的尺寸最大?(4) 齿轮 2 和齿轮 3 能正确啮合吗?

解　(1) 渐开线的形状取决于基圆的大小,基圆越大,渐开线就越平直。

$$d_{b1}=d_1\cos\alpha=m_1z_1\cos\alpha=3\times40\times\cos20°=120\cos20°$$
$$d_{b2}=d_2\cos\alpha=m_2z_2\cos\alpha=4\times25\times\cos20°=100\cos20°$$

因为 $d_{b1}>d_{b2}$,所以齿轮 1 较为平直。

(2) 全齿高 $h=h_a+h_f=(2h_a^*+c^*)m=(2+0.25)m$。

由此可知:全齿高取决于齿轮的模数,因为齿轮 3 的模数最大,所以齿轮 3 的全齿高最大。

(3) 齿顶圆直径 $d_a=d+2h_a=(z+2h_a^*)m$

$$d_{a1}=d_1+2h_a=(z_1+2h_a^*)m_1=(40+2)\times3=126 \text{ mm}$$
$$d_{a2}=d_2+2h_a=(z_2+2h_a^*)m_2=(25+2)\times4=108 \text{ mm}$$
$$d_{a3}=d_3+2h_a=(z_3+2h_a^*)m_3=(20+2)\times5=110 \text{ mm}$$

因为齿轮 1 的齿顶圆直径最大,所以齿轮 1 的尺寸最大。

(4) 标准直齿圆柱齿轮的正确啮合条件是:两齿轮的模数和压力角必须分别相等。由于齿轮 2 的模数 m_2 与齿轮 3 的模数 m_3 不等,因此,两齿轮无法正确啮合。

4.5　渐开线齿廓的加工方法及根切现象

4.5.1　渐开线齿廓的加工方法

渐开线齿廓的加工方法有铸造、热轧、冷冲压、粉末冶金和切削加工等,但最常见的是切削加工法,从加工原理上可将切削加工法分为仿形法和范成法。

1. 仿形法

使用渐开线齿槽形状的成形刀具切制渐开线齿廓的方法称为仿形法。

当进行单件或小批量生产时,对于加工精度要求不高的齿轮,可在万能铣床上使用成形铣刀进行加工。成形铣刀分盘形铣刀和指状铣刀两种,如图 4-13(a)和图 4-13(b)所示。这两种铣刀的轴向剖面均做成与渐开线齿轮齿槽相同的尺寸和形状。加工时,将齿轮毛坯夹持在铣床上,每切完一个齿槽,工件退出,使用分度头将齿坯转过 $\dfrac{2\pi}{z}$ (z 为渐开线齿轮的齿数)再进刀,依次切出各轮齿的齿槽。

由于渐开线轮齿的形状是由模数、齿数、压力角三个参数决定的,为了减少标准铣刀的种类,相对每一种模数、压力角,通常同一模数的成形铣刀只配备 8 把(铣削精密齿轮时配备 15 把),在允许的齿形误差范围内,可用同一把铣刀切制几个齿数相近的齿轮。表 4-3 给出了 8 把铣刀切制齿数范围:

微课4-2

轮齿的
加工方法

表 4-3　齿轮铣刀的刀号及对应或加工的齿数范围

刀号	1	2	3	4	5	6	7	8
加工的齿数范围	12～13	14～16	17～20	21～25	26～34	35～54	55～134	≥135

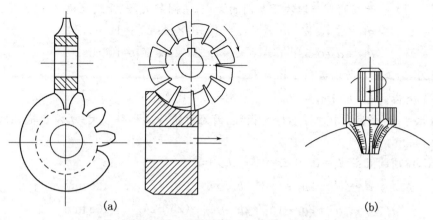

(a)

(b)

图 4-13　运用仿形法加工渐开线齿廓

仿形法加工渐开线齿廓,无需专用机床,但齿形误差及分齿误差都较大,一般只能加工 9 级以下精度的齿轮。

2. 范成法

范成法是一种利用一对齿轮(或齿轮与齿条)互相啮合时其共轭齿廓互为包络线的原理,加工时,把其中一个齿轮(或齿条)当作刀具,而另一个当作毛坯,并使二者按一定的传动比关系发生相对转动(称为范成运动),就可以切制出与刀具轮廓共轭的渐开线齿廓。使用范成法切制齿轮的方法主要有插齿和滚齿。

如图 4-14 所示,齿轮插刀相当于一个淬硬的齿轮,但在齿部开出了前、后角,并具有刀刃,其模数和压力角与被加工齿轮完全相同。插齿时,齿轮插刀沿齿坯轴线做上下往复切削运动,同时刀具的转速与齿轮毛坯的转速保持一对渐开线齿轮啮合的运动关系: $i = \dfrac{n_{刀具}}{n_{毛坯}} = \dfrac{z_{毛坯}}{z_{刀具}}$。其中, $z_{刀具}$ 为刀具的齿数, $z_{毛坯}$ 为被切齿轮的齿数。

同时,为了切制出轮齿的高度,齿轮插刀还需向齿轮毛坯的中心移动,即进给运动;此外,为了防止在范成运动中,齿轮插刀损伤已经切好的齿廓,齿轮毛坯还需做相应的让刀运动。由此,在相对转动的过程中,就能加工出具有与齿轮插刀相同模数和压力角并具有一定齿数的渐开线齿轮。

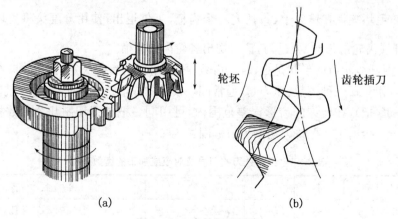

轮坯　　　　　　　齿轮插刀

(a)　　　　　　　　　　(b)

图 4-14　齿轮插刀插齿

如图 4-15 所示,齿条插刀的形状如同齿条,其切齿过程与齿轮齿条的啮合过程基本一致。当齿轮毛坯转动时,齿条插刀移动的速度与被加工齿轮分度圆的圆周速度相等;与此同时,齿条插刀沿齿轮毛坯的齿宽方向做往复切削运动。

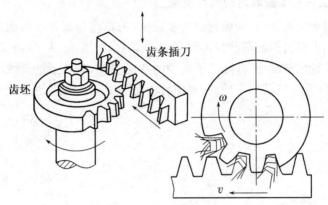

图 4-15　齿条插刀插齿

齿轮插刀和齿条插刀都只能间断地进行插齿,生产效率较低。目前,广泛采用的齿轮滚刀,能实现连续的切削,生产效率较高。

如图 4-16 所示,齿轮滚刀具有螺旋状的切削刃,并沿纵线开出沟槽,其轴向剖面形同齿条,当齿轮滚刀绕其轴线回转时,就相当于一把无限长的假想齿条连续向前移动。齿轮滚刀每转一圈,齿条移动 $z_{刀具}$ 个齿($z_{刀具}$ 为滚刀头数),此时齿坯被强迫转过相应的 $z_{刀具}$ 个齿。只要控制好相对滚动的关系,滚刀在齿轮毛坯上就要包络切出渐开线齿形。

视频4-2

滚齿

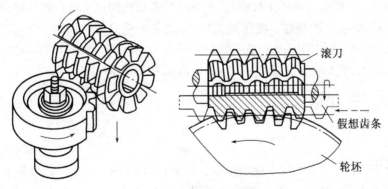

图 4-16　齿条插刀滚齿

齿轮滚刀除旋转外,还沿齿轮毛坯的轴向缓慢移动以切出全齿宽。滚刀的转速 $n_{刀具}$ 与工件转速 $n_{工件}$ 之间的关系应为:$\dfrac{n_{刀具}}{n_{毛坯}}=\dfrac{z_{毛坯}}{z_{刀具}}$。

利用范成法进行齿廓的加工的特点是:一把刀具可加工同模数、同压力角的各种齿数的齿轮,而齿轮齿数的控制是依靠机床传动链来严格保证刀具与齿轮毛坯间的相对运动关系。插齿和滚齿可加工 7~8 级精度的齿轮,是目前轮齿齿廓加工的主要方法。

4.5.2 根切现象与变位齿轮

1. 运用范成法加工齿廓时的根切现象

运用范成法加工齿廓时,若齿轮的齿数过少,刀具将与渐开线齿廓发生干涉,刀具的齿顶将被加工齿轮齿根的渐开线齿廓切去一部分,如图 4 - 17(a)所示,这就是**根切现象**。根切将导致齿根部变薄,降低了齿根的弯曲强度,破坏了渐开线齿廓的完整性,使重合度减小,降低了传动的平稳性,致使齿轮无法正常工作,应当力求避免。

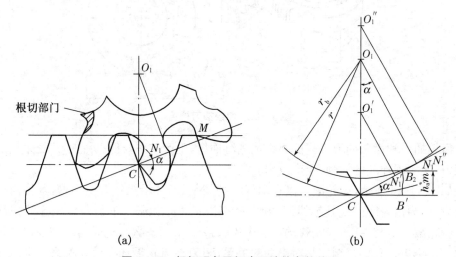

图 4 - 17 根切现象及切齿干涉的参数关系

研究表明:运用范成法加工齿廓时,当刀具的齿顶线超过了啮合线与被切齿轮基圆的切点 N_1 时,就会产生根切。要想避免根切,就必须使刀具的顶线不超过 N_1 点。如图 4 - 17(b)所示,当使用标准齿条插刀切制标准齿轮时,刀具的分度线应与被切齿轮的分度圆相切。此时,应满足 $N_1C \leqslant CB_2$,由图中的几何关系可知:$N_1C = r\sin\alpha = \dfrac{zm}{2}\sin\alpha$,$CB_2 = \dfrac{h_a^*}{m}$,所以:

$$z_{min} = \frac{2h_a^*}{\sin^2\alpha} \tag{4-14}$$

式(4 - 14)中,z_{min} 为不发生根切的最少齿数,由此表明:产生根切与被加工齿轮的齿数有关,在设计齿轮传动时,应考虑这一因素。当 $\alpha = 20°$,$h_a^* = 1$ 时,$z_{min} = 17$;若采用非标准的短齿制,$\alpha = 20°$,$h_a^* = 0.8$ 时,$z_{min} = 14$。

2. 变位齿轮

当被加工齿轮齿数小于 z_{min} 时,为避免根切,可采用将刀具移离齿轮毛坯,使刀具的齿顶线低于极限啮合点 N_1 的办法来切齿。这种改变刀具与齿坯位置的切齿方法称作**变位加工**。刀具中线(或分度线)相对齿轮毛坯移动的距离称为**变位量**(或移距)X,常用 xm 表示,x 称为**变位系数**。刀具远离齿轮毛坯称**正变位**($x > 0$),刀具靠近齿轮毛坯称**负变位**($x < 0$)。

如图 4-18 所示,采用变位加工切制的齿轮称为**变位齿轮**,与标准齿轮相比,正变位齿轮的分度圆齿厚和齿根圆齿厚增大,轮齿强度增大;负变位齿轮的齿厚变化与之相反,轮齿强度减弱。

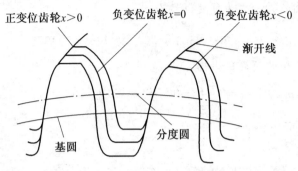

图 4-18　变位齿轮与标准齿轮的对比

变位系数选择与齿数有关,当 $\alpha=20°,h_a^*=1$ 时, $z_{\min}=17,x_{\min}=\dfrac{17-z}{17}$。

按照一对齿轮的变位系数之和 $\sum x=x_1+x_2$ 的取值情况不同,可将变位齿轮传动分为三种基本类型。

(1) 零传动。若一对齿轮的变位系数之和为零($x_1+x_2=0$),则称为**零传动**。零传动又可分为两种情况:一种是两齿轮的变位系数都等于零($x_1=x_2=0$)。这种齿轮传动就是标准齿轮传动,为了避免根切,两轮齿数均需大于 $z_{\min}$;另一种是两轮的变位系数绝对值相等,即 $x_1=-x_2$。这种齿轮传动称为等变位齿轮传动,采用等变位必须满足齿数和条件,即 $z_1+z_2 \geqslant 2z_{\min}$。等变位可以在不改变中心距的前提下,合理协调大小齿轮的强度,有利于提高传动的工作寿命。等变位齿轮的缺点是:必须成对地设计、制造和使用,小齿轮为正变位,齿顶易变尖,重合度略有减小。

(2) 正传动。若一对齿轮的变位系数之和大于零($x_1+x_2>0$),则这种传动称为**正传动**。因为正传动时实际中心距 $a'>a$,因而啮合角 $\alpha'>\alpha$,因此,也称为正角度变位。正角度变位有利于提高齿轮传动的强度,但使重合度略有减小。

(3) 负传动。若一对齿轮的变位系数之和小于零($x_1+x_2<0$),则这种传动称为**负传动**。负传动时实际中心距 $a'<a$,因而啮合角 $\alpha'<\alpha$,因此,也称为负角度变位。负角度变位使齿轮传动强度削弱,只用于安装中心距要求小于标准中心距的场合。为了避免根切,其齿数和条件为: $z_1+z_2 \geqslant 2z_{\min}$。

【例 4-2】 已知被加工的直齿圆柱齿轮毛坯的转动角速度 $\omega=1\text{ rad/s}$,齿条刀具的移动线速度 $v_刀=60\text{ mm/s}$,其模数 $m_刀=4\text{ mm}$,刀具的分度线与齿轮毛坯轴心的距离 $a=58\text{ mm}$。请问:(1) 被加工齿轮的齿数是多少? (2) 这样加工出来的齿轮是标准齿轮,还是变位齿轮? 若为变位齿轮,是正变位,还是负变位? 其变位系数 x 是多少?

解 (1) 采用齿条刀具加工直齿圆柱齿轮时,其移动的线速度 ωr 与被加工齿轮在分度圆上的圆周速度相等,被加工齿轮的模数与刀具的模数相等。

$$v_刀=\omega r=\omega\frac{m_刀 z}{2},\text{即}:z=\frac{2v_刀}{\omega m_刀}=\frac{2\times 60}{1\times 4}=30$$

所以被加工齿轮的齿数为 30。

（2）当采用范成法加工齿轮时，若刀具的分度线与被切制齿轮的分度圆相切，则切出来的齿轮为标准齿轮。以切制标准齿轮为基准，若刀具远离齿轮毛坯中心，切制出来的齿轮为正变位齿轮，反之，为负变位齿轮。

$$r=\frac{1}{2}mz=\frac{1}{2}\times 4\times 30=60 \text{ mm}>58 \text{ mm}$$

所以加工出来的齿轮为负变位齿轮。

由于 $a-r=xm$，所以 $x=\frac{a-r}{m}=\frac{58-60}{4}=-0.5$

所以变位系数 $x=-0.5$。

4.6 其他齿轮传动机构

4.6.1 斜齿轮传动

如图 4-19(a)所示，直齿圆柱齿轮的齿廓实际上是由与基圆柱相切做纯滚动的发生面 S 上一条与基圆柱轴线平行的任意直线 KK' 展成的渐开线曲面。当一对直齿圆柱齿轮进入啮合时，轮齿的接触线是与轴线平行的直线，如图 4-19(b)所示，轮齿沿整个齿宽突然同时进入啮合和退出啮合，载荷也是突然增加和突然减少的，所以容易引起冲击、振动和噪声，传动平稳性差。

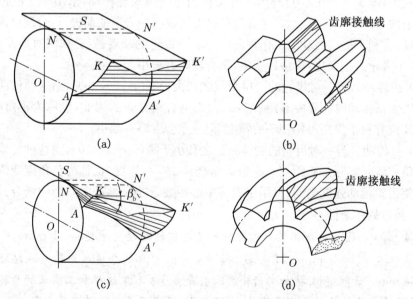

图 4-19 直齿轮和斜齿轮齿面形成及接触情况的对比

斜齿轮齿廓的形成原理和直齿轮类似，唯一不同的是形成渐开线齿面的直线 KK' 与基圆柱的轴线偏斜了一个角度 β_b（如图 4-19(c)），KK' 展成斜齿轮的齿廓曲面，实际上是渐开线螺旋面。该曲面与任意一个以齿轮轴为轴线的圆柱面的交线都是螺旋线。由斜齿轮齿面的形成原理可知,在端平面上,斜齿轮与直齿轮一样具有准确的渐开线齿形。如图 4-19(d)所示,斜齿轮啮合传动时,齿面接触线的长度随啮合位置的不同而变化,开始时接触线长度由短变长,然后由长变短,直至脱离啮合。此时,轮齿的接触线是倾斜的,同时参加啮合的齿数比直齿轮多,重合度比直齿轮大,因此,斜齿轮机构比直齿轮机构传动平稳性好,承载能力较大,适用于高速、重载的传动。

1. 斜齿轮的主要参数和几何尺寸

与直齿轮不同,斜齿轮的齿向倾斜,如图 4-20 所示,虽然端面(垂直于齿轮轴线的平面)齿形与直齿轮相同,但斜齿轮切制时刀具是沿螺旋线方向切齿的,其法向(垂直于轮齿螺旋线方向的平面)齿形是与刀具标准齿形相一致的渐开线标准齿形。

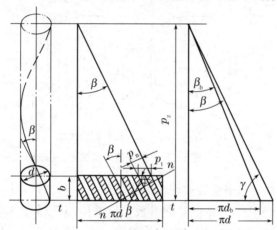

图 4-20 斜齿圆柱齿轮分度圆柱面展开图

因此,对斜齿轮来说,存在法向参数和端面参数两种表征齿形的参数,这两种参数分别用下标"n"和"t"来区分,两者之间因为螺旋角 β(分度圆上的螺旋角)而存在确定的几何关系。

(1) 法向模数 m_n 和端面模数 m_t。由图 4-20 可知:$P_n=P_t\cos\beta$

由于法向模数 $m_n=\dfrac{P_n}{\pi}$,端面模数 $m_t=\dfrac{P_t}{\pi}$,所以

$$m_n=m_t\cos\beta \tag{4-15}$$

(2) 法向压力角 α_n 和端面压力角 α_t。由图 4-21 可知:

$$\tan\alpha_n=\tan\alpha_t\cos\beta \tag{4-16}$$

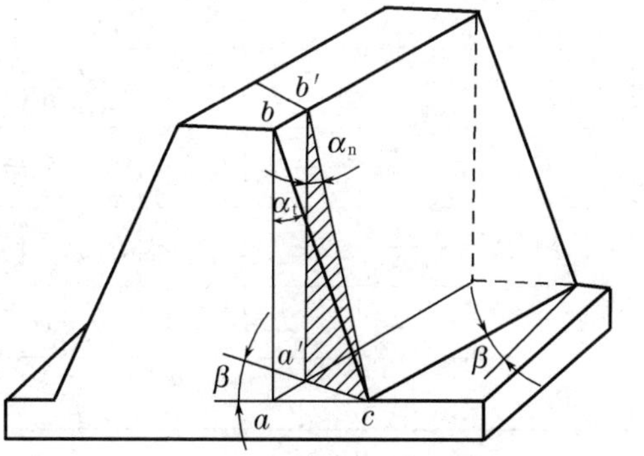

图 4-21 斜齿圆柱齿轮的压力角

（3）齿顶高系数和顶隙系数。无论从法向还是端面来看，斜齿轮的齿顶高和齿根高都是相同的，$h_{an}^* m_n = h_{at}^* m_t$，$c_n^* m_n = c_t^* m_t$，所以：

$$\begin{cases} h_{at}^* = h_{an}^* \cos \beta \\ c_t^* = c_n^* \cos \beta \end{cases} \tag{4-17}$$

（4）螺旋角 β。如图 4-20 所示，斜齿轮分度圆柱上的螺旋角 β（简称螺旋角）表示轮齿的倾斜程度。β 越大，则轮齿越倾斜，传动的平稳性越好，但轴向力越大，通常在设计时取 $\beta = 8° \sim 20°$。

斜齿轮的轮齿旋向可分为左旋和右旋，如图 4-22 所示。人字齿轮可以看成是两个相反旋向的斜齿轮的组合，其轴向力相互抵消，因此，螺旋角可取 $25° \sim 45°$。

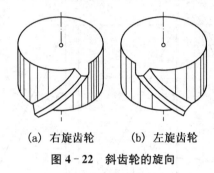

(a) 右旋齿轮　　(b) 左旋齿轮

图 4-22　斜齿轮的旋向

制造斜齿轮时，常用仿形铣刀或滚齿刀来切削。这些刀具在切制时是沿着螺旋齿间的方向进给的。由于刀具齿形的法向参数为标准值，所以斜齿轮的法向参数也应取标准值，在设计、制造和测量中，均以法向为基准。不过在计算斜齿轮的端面尺寸（如分度圆直径 d、中心距 a 等）时，则应按端面模数及端面压力角来计算。

斜齿轮的参数及几何尺寸计算公式见表 4-4 所示：

表 4-4　渐开线标准斜齿圆柱齿轮几何参数的计算公式

名称	符号	计算公式	
		外齿轮	内齿轮
端面模数	m_t	$m_t = \dfrac{m_n}{\cos \beta}$，$m_n$ 为标准值	
螺旋角	β	一般取 $\beta = 8° \sim 20°$	
齿顶高	h_a	$h_a = h_{an}^* m_n$	
齿根高	h_f	$h_f = h_a + c = (h_{an}^* + c_n^*) m_n$	
全齿高	h	$h = h_a + h_f = (2h_{an}^* + c_n^*) m_n$	
顶隙	c	$c = c_n^* m_n$	
分度圆直径	d	$d = m_t z = \dfrac{m_n z}{\cos \beta}$	
齿顶圆直径	d_a	$d_a = d + 2h_a = \left(\dfrac{z}{\cos \beta} + 2h_{an}^* \right) m_n$	$d_a = d - 2h_a = \left(\dfrac{z}{\cos \beta} - 2h_{an}^* \right) m_n$
齿根圆直径	d_f	$d_f = d - 2h_f = \left(\dfrac{z}{\cos \beta} - 2h_{an}^* - 2c_n^* \right) m_n$	$d_f = d + 2h_f = \left(\dfrac{z}{\cos \beta} + 2h_{an}^* + 2c_n^* \right) m_n$
基圆直径	d_b	$d_b = d \cos \alpha_t = \dfrac{m_n z}{\cos \beta} \cos \alpha_t$	
中心距	a	$a = \dfrac{m_n (z_1 + z_2)}{2 \cos \beta}$	

2. 斜齿轮传动的正确啮合条件

平行轴斜齿轮在端面内的啮合相当于直齿圆柱齿轮的啮合,所以可以确定:端面上两齿轮的模数和压力角分别相等,法向上两齿轮的模数和压力角也分别相等。此外,斜齿轮传动螺旋角还必须匹配,外啮合时斜齿轮的螺旋角大小相等、方向相反,而内啮合时方向相同,即 $\beta_1 = \pm\beta_2$("$-$"用于外啮合;"$+$"用于内啮合)。

因此,斜齿轮传动的正确啮合条件为:

$$\begin{cases} m_{n1} = m_{n2} \\ \alpha_{n1} = \alpha_{n2} \\ \beta_1 = \pm\beta_2 \end{cases} \text{或} \begin{cases} m_{t1} = m_{t2} \\ \alpha_{t1} = \alpha_{t2} \\ \beta_1 = \pm\beta_2 \end{cases} \tag{4-18}$$

3. 斜齿轮传动的重合度

如图 4-23 所示,由于螺旋齿面的原因,斜齿轮的一个轮齿从开始进入啮合到完全退出啮合,实际的啮合区比直齿轮的啮合区大 $\Delta L = b\tan\beta_b$。因此,斜齿轮传动的重合度大于与斜齿轮端面齿廓相同的直齿轮传动的重合度,而且斜齿轮的重合度随齿宽和螺旋角的增大而增大,这就是斜齿轮传动平稳、承载能力高的主要原因之一。

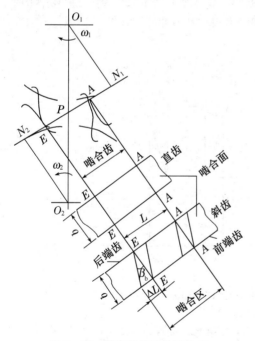

图 4-23　斜齿轮传动的重合度

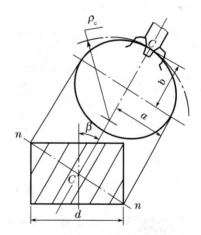

图 4-24　斜齿轮的当量齿数

4. 斜齿轮传动的当量齿轮和当量齿数

采用仿形法切制斜齿轮时,盘状铣刀是沿螺旋线方向进行切削的,此时,刀具需按斜齿轮的法向齿形来选择。如图 4-24 所示,用法向截面将斜齿轮的分度圆柱剖开,得到一个椭圆截面,将椭圆的短半轴顶点 C 点附近的齿形作为近似的斜齿轮法向齿形,该法向齿形的参数 m_n、α_n 均为标准值。以 C 点曲率半径 ρ_c 作为这一齿形的分度圆半

径,由此得到一个虚拟的直齿轮,称为**当量齿轮**。当量齿数 z_v 由下式求得:

$$z_v = \frac{z}{\cos^3\beta} \tag{4-19}$$

由式(4-19)可知,标准斜齿轮不发生根切的最少齿数 z_{min}:

$$z_{min} = z_{vmin}\cos^3\beta = 17\cos^3\beta \tag{4-20}$$

5. 平行轴斜齿轮传动的优缺点

与直齿齿轮相比,斜齿轮传动具有以下优点:

(1) 斜齿轮的齿廓接触线是斜直线,轮齿是逐渐进入和脱离啮合的,故工作平稳,冲击和噪声小,适用于高速传动。

(2) 重合度较大,并随齿宽和螺旋角的增大而增大,有利于提高承载能力和传动的平稳性,可适用于高速传动的场合。

(3) 斜齿轮不发生根切的最少齿数小于直齿轮,所以在同样条件下,斜齿轮的齿数可取得较少,从而使机构的尺寸较小,结构较为紧凑。

斜齿轮的主要缺点是轮齿的齿面受法向力作用时,会产生轴向分力(如图4-25(a)所示),需要安装推力轴承,从而使结构复杂化。为了克服这一缺点,可以采用人字齿轮,人字齿轮的齿向左右对称,产生的轴向力可以相互抵消(如图4-25(b)所示),但人字齿轮制造比较困难。

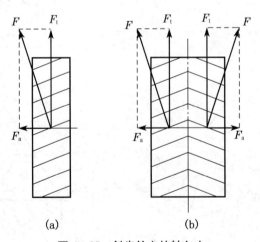

(a)　　　　　　　　(b)

图 4-25　斜齿轮上的轴向力

【例 4-3】　有一对外啮合的圆柱齿轮,已知 $z_1 = 20$,$z_2 = 25$,$m_n = 2$,实际中心距 $a = 47mm$。请问:(1) 该对齿轮能否采用标准直齿圆柱齿轮传动?(2) 若采用标准斜齿圆柱齿轮传动来满足中心距的要求,其分度圆螺旋角 β、分度圆直径 d_1 和 d_2、节圆直径 d_1' 和 d_2' 分别为多少?

解　(1) 若采用标准直齿齿轮传动,其中心距

$$a = m(z_1 + z_2)/2 = 2 \times (20 + 25)/2 = 45 \text{ mm}$$

由于实际中心距为 47 mm,说明此时齿轮传动有齿侧间隙,会产生振动和噪音,传动不平稳,所以不能采用标准直齿圆柱齿轮传动。

（2）若采用标准斜齿圆柱齿轮传动，则：

$$a=m_n(z_1+z_2)/2\cos\beta=2\times(20+25)/(2\times\cos\beta)=47,\cos\beta=0.957$$

所以 $\beta=16.77°$

分度圆直径　$d_1=m_t z_1=\dfrac{m_n z_1}{\cos\beta}=2\times20\times\dfrac{47}{45}=41.78\text{ mm}$

$$d_2=m_t z_2=\dfrac{m_n z_2}{\cos\beta}=2\times25\times\dfrac{47}{45}=52.22\text{ mm}$$

由于是标准传动，所以节圆直径就等于分度圆直径。

节圆直径　$d_1'=d_1=41.78\text{ mm}$

$$d_2'=d_2=52.22\text{ mm}$$

4.6.2　锥齿轮传动

锥齿轮机构主要用来传递两相交轴之间的运动和动力，通常情况下，两轴间夹角 $\Sigma=90°$。一对锥齿轮的传动相当于一对节圆锥的纯滚动，此时，两节圆锥的锥顶必须重合、锥距必须相等，才能保证两节圆锥的传动比保持一致。这样就增加了制造和安装的困难，并降低了锥齿轮传动的精度和承载能力，因此，锥齿轮传动一般只能应用于轻载和低速的场合。锥齿轮的轮齿有直齿、斜齿及曲齿等多种形式，由于直齿锥齿轮的设计、制造和安装均较为简便，应用最为广泛，所以本章仅讨论直齿圆锥齿轮。

如图 4-26 所示，锥齿轮的轮齿分布在节圆锥的锥面上，与圆柱齿轮相对应，锥齿轮有分度圆锥、基圆锥、齿顶圆锥和齿根圆锥等。其轮齿从大端到小端逐步收缩，大端尺寸较大，计算和测量的相对误差较小，且便于确定齿轮机构的外廓尺寸，所以取**大端参数为标准值**。

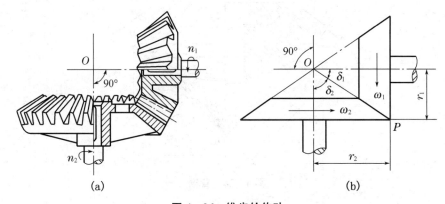

图 4-26　锥齿轮传动

1. 直齿锥齿轮齿廓曲面的形成

直齿锥齿轮的齿廓曲线是一条空间球面渐开线，其形成过程与圆柱齿轮基本类似。不同的是，锥齿轮的齿面是发生面在基圆锥上做纯滚动时，其上直线 KK' 所展开的渐开线曲面 $AA'K'K$，如图 4-27 所示，因直线上任一点在空间所形成的渐开线距锥顶的距离不变，故称为球面渐开线，由于球面无法展开成平面，使得锥齿轮的设计和制造存在很大的困难，所以实际上锥齿轮是采用近似的方法来进行设计和制造的。

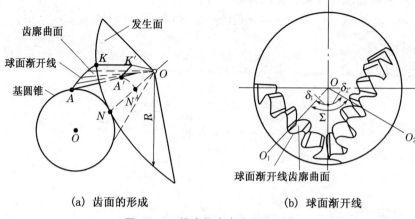

(a) 齿面的形成 (b) 球面渐开线

图 4 - 27 锥齿轮齿廓曲面的形成

2. 直齿锥齿轮的背锥与当量齿数

图 4 - 28 所示为一具有球面渐开线齿廓的直齿锥齿轮,过分度圆锥上的点 A 作球面的切线 AO_1,与分度圆锥的轴线交于 O_1 点。以 OO_1 为轴,O_1A 为母线作一圆锥体,此圆锥称为背锥,背锥的母线与分度圆锥上切点的交点 a'、b' 与球面渐开线上的 a、b 点非常接近,即背锥上的齿廓曲线和齿轮的球面渐开线非常接近,由于背锥可展成平面,故可将上面的平面渐开线齿廓代替直齿锥齿轮的球面渐开线。

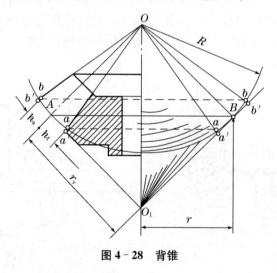

图 4 - 28 背锥

将展开背锥所形成的扇形齿轮(如图 4 - 29),补足成完整的齿轮,即为直齿锥齿轮的当量齿轮,当量齿轮的齿数称为当量齿数,即:

$$z_{v1} = \frac{z_1}{\cos \delta_1} \; ; \; z_{v2} = \frac{z_2}{\cos \delta_2} \qquad (4 - 21)$$

式(4 - 21)中,z_1、z_2 分别为两直齿锥齿轮的实际齿数,δ_1、δ_2 分别为两直齿锥齿轮的分锥角。选择齿轮模数铣刀的刀号、进行轮齿弯曲强度计算及确定不产生根切的最少齿数时,都是以 z_v 为依据的。

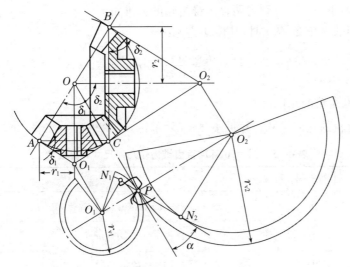

图 4 - 29　锥齿轮的当量齿数

3. 直齿锥齿轮的啮合传动

直齿锥齿轮的轮齿是均匀分布在锥面上的,它的齿形一端大,另一端小,为了测量和计算方便,锥齿轮的参数和尺寸均以大端为标准,即规定锥齿轮的大端模数为标准值、压力角 $\alpha = 20°$、齿顶高系数 $h_a^* = 1$ 和顶隙系数 $c^* = 0.2$。

因为一对直齿锥齿轮的啮合相当于一对当量圆柱齿轮的啮合,所以其正确啮合条件为两个当量圆柱齿轮的模数和压力角分别相等,亦即两个锥齿轮大端的模数和压力角分别相等,且两锥齿轮的外锥距也必须相等。

如图 4 - 30 所示,一对正确安装的标准直齿锥齿轮啮合时,两锥齿轮的分度圆直径分别为 $d_1 = 2R\sin\delta_1$,$d_2 = 2R\sin\delta_2$,所以锥齿轮传动的传动比为:

$$i = \frac{\omega_1}{\omega_2} = \frac{z_2}{z_1} = \frac{d_2}{d_1} = \frac{\sin\delta_2}{\sin\delta_1} \tag{4 - 22}$$

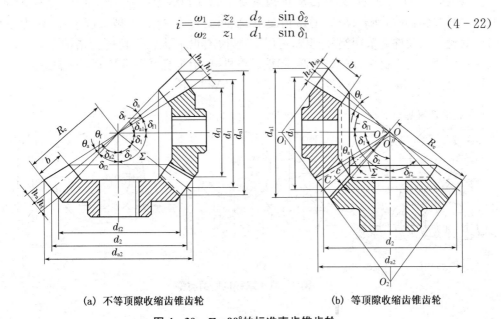

(a) 不等顶隙收缩齿锥齿轮　　　　　　　　(b) 等顶隙收缩齿锥齿轮

图 4 - 30　$\Sigma = 90°$的标准直齿锥齿轮

式(4-22)中,δ_1、δ_2分别为两直齿锥齿轮的分锥角。

当两轴间的夹角$\Sigma=90°$时,其传动比为:

$$i=\frac{\omega_1}{\omega_2}=\frac{z_2}{z_1}=\frac{d_2}{d_1}=\frac{\sin\delta_2}{\sin\delta_1}=\cot\delta_1=\tan\delta_2 \tag{4-23}$$

4. 直齿锥齿轮的几何尺寸

直齿锥齿轮的几何尺寸计算见表4-5所示:

表4-5 $\Sigma=90°$标准直齿锥齿轮几何尺寸计算公式

名 称	符 号	计算公式
分度圆锥角	δ	$\delta_2=\arctan(z_2/z_1),\delta_1=90°-\delta_2$
分度圆直径	d	$d=mz$
锥距	R	$R=\dfrac{mz}{2\sin\delta}=\dfrac{m}{2}\sqrt{z_1^2+z_2^2}$
齿宽	b	$b\leqslant R/3$
齿顶圆直径	d_{a}	$d_{\mathrm{a}}=d+2h_{\mathrm{a}}\cos\delta=m(z+2h_{\mathrm{a}}^*\cos\delta)$
齿根圆直径	d_{f}	$d_{\mathrm{f}}=d-2h_{\mathrm{f}}\cos\delta=m[z-(2h_{\mathrm{a}}^*+c^*)\cos\delta]$
顶圆锥角	δ_{a}	$\delta_{\mathrm{a}}=\delta+\theta_{\mathrm{a}}=\delta+\arctan(h_{\mathrm{a}}^*m/R)$
根圆锥角	δ_{f}	$\delta_{\mathrm{f}}=\delta-\theta_{\mathrm{f}}=\delta-\arctan[(h_{\mathrm{a}}^*+c^*)m/R]$

4.6.3 蜗杆传动

如图4-31(a)所示,蜗杆传动机构主要由蜗杆和蜗轮组成,主要用于传递空间交错的两轴之间的运动和动力,通常情况下,轴间交角为90°。一般情况下,蜗杆为主动件,蜗轮为从动件。采用蜗杆机构,可以实现小空间内、大传动比的交错轴之间的运动转换,广泛应用于机床、汽车、仪器、起重运输机械、冶金机械以及其他机械制造工业中,其最大传动功率可达750 kW,但通常用在50 kW以下。

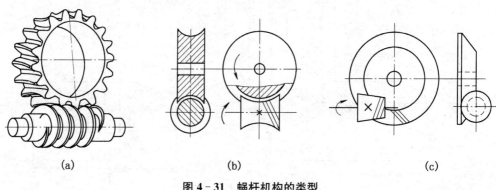

(a) (b) (c)

图4-31 蜗杆机构的类型

1. 蜗杆传动的类型及其特点

蜗杆传动按照蜗杆的形状不同,可分为圆柱面蜗杆传动(如图 4‑31(a))、圆弧面蜗杆传动(如图 4‑31(b))和锥面蜗杆传动(如图 4‑31(c))。

圆柱面蜗杆传动又可按螺旋面的形状,分为阿基米德蜗杆传动(ZA 蜗杆)和渐开线蜗杆传动(ZI 蜗杆)等,其中阿基米德蜗杆(如图 4‑32)由于加工方便,应用最为便利。

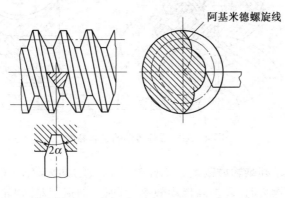

图 4‑32　阿基米德蜗杆

阿基米德蜗杆的端面齿廓为阿基米德螺旋线,轴向齿廓为直线,加工方法与普通梯形螺纹相似。阿基米德蜗杆较容易车削,但难以磨削,不易得到较高精度。

渐开线蜗杆的端面齿廓为渐开线,渐开线蜗杆可以用滚齿刀进行加工,并可在专用机床上磨削,制造精度较高,利于成批生产,适用于功率较大的高速传动。

蜗杆传动的特点主要包括以下几点:

(1) 传动比大。单头蜗杆传动在传递动力时,传动比 $i=5\sim80$(常用的范围是 $i=15\sim50$);在分度机构或手动机构传动时,i 可达 300;只传递运动时,i 可达 1 000,与齿轮传动相比,传动比大,零件数目少,结构紧凑。

(2) 传动平稳。因为蜗杆的齿廓是一条连续的螺旋线,蜗杆与蜗轮的轮齿是逐渐进入啮合,又逐渐退出啮合,同时啮合的齿对较多,因此,传动平稳,噪声较小。

(3) 具有自锁性。当蜗杆的导程角小于轮齿间的当量摩擦角时,可实现自锁。即蜗杆能带动蜗轮旋转,但蜗轮不能带动蜗杆。

(4) 传动效率低。蜗杆传动与螺旋齿轮传动类似,在啮合处有相对滑动。当滑动速度很大,冷却或润滑条件恶劣时,齿面摩擦严重,故在制造精度和传动比相同的条件下,蜗杆传动的效率比齿轮传动低,一般只有 70%~80%。具有自锁功能的蜗杆机构,效率则一般不大于 50%。

(5) 制造成本高。为了降低摩擦,减小磨损,提高齿面抗胶合能力,蜗轮齿圈通常采用铜合金制造,成本相对较高。

2. 蜗杆传动的主要参数

将通过蜗杆轴线并与蜗轮轴线垂直的平面定义为中间平面,如图 4‑33 所示。在此平面内,蜗杆传动相当于齿轮齿条传动,因此,这个面内的参数均为标准值,计算公式与圆柱齿轮相同。

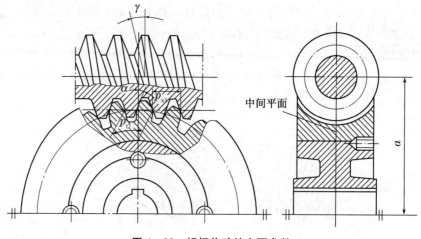

图 4-33 蜗杆传动的主要参数

（1）**蜗杆头数** z_1 **和蜗轮齿数** z_2。蜗杆类似于螺纹，其头数 z_1（相当于螺纹的线数）一般取 1、2、4，头数增大时，可提高传动效率，但加工制造困难；蜗轮类似于斜齿轮，有螺旋角，其齿数一般取 $z_2 = 28 \sim 80$。若 $z_2 < 28$，传动的平稳性会下降，且易产生根切；反之若 z_2 过大，蜗轮的直径 d_2 增大，与之相应的蜗杆长度增加、刚度降低，从而影响啮合的精度。

（2）**传动比** i。当蜗杆转过 n_1 转时，在轴向推进 n_1 个导程，其大小为 $n_1 z_1 P$（P 为齿距）；与此同时，蜗轮将被推动在分度圆弧上转过相同的距离，所以蜗轮相应转过的转数为 $n_2 = \dfrac{n_1 z_1 P}{z_1 P}$，因此，传动比为：

$$i = \frac{n_1}{n_2} = \frac{z_2}{z_1} \qquad (4-24)$$

（3）**模数** m **和压力角** α。与齿轮传动类似，蜗杆传动的几何尺寸也以模数为主要计算参数，蜗杆和蜗轮啮合时，在中间平面上，蜗杆的轴向模数和压力角应与蜗轮的端面模数和压力角分别相等，即：

$$\begin{cases} m_{x1} = m_{t2} = m \\ \alpha_{x1} = \alpha_{t2} = \alpha \end{cases} \qquad (4-25)$$

圆柱面蜗杆的轴向压力角为标准值（$\alpha_{x1} = 20°$），其轴向模数 m_{x1} 也为标准值，与切制的刀具相对应。阿基米德蜗杆（ZA 蜗杆）以轴向压力角为标准值，渐开线蜗杆（ZI 蜗杆）取法向压力角为标准值，二者之间的关系为：$\tan \alpha_x = \dfrac{\tan \alpha_n}{\cos \gamma}$（其中 γ 为蜗杆的导程角）。

（4）**蜗杆分度圆直径** d_1 **和蜗杆直径系数** q。在蜗杆传动过程中，为了保证蜗杆与配对的蜗轮能够正确啮合，常用与蜗杆具有相同尺寸的滚齿刀，因此，加工不同尺寸的蜗轮，就需要不同的滚齿刀。为了限制滚齿刀的数量，GB 10088—2018《圆柱蜗杆模数

和直径》规定将蜗杆的分度圆直径 d_1 进行标准化,且与其模数相匹配,令:

$$q = \frac{d_1}{m} \tag{4-26}$$

式(4-26)中,q 称为蜗杆的**直径系数**。

由此,常用的模数、分度圆直径和直径系数均已标准化,当蜗杆的模数一定时,直径系数 q 增大,则蜗杆的分度圆直径 d_1 增大、刚度提高。因此,为保证蜗杆有足够的刚度,小模数蜗杆的直径系数 q 值一般较大。

(5)**蜗杆导程角 γ**。当蜗杆的直径系数 q 和头数 z_1 选定以后,蜗杆分度圆上的导程角 γ 也就确定了,由图 4-34 可知:

$$\tan\gamma = \frac{P_z}{\pi d_1} = \frac{z_1 P_x}{\pi d_1} = \frac{z_1 m}{d_1} = \frac{z_1}{q} \tag{4-27}$$

式(4-27)中 P_z 为蜗杆导程,P_x 为蜗杆的**轴向齿距**。

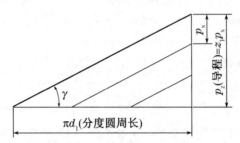

图 4-34 蜗杆的导程与导程角

由式(4-27)可知,蜗杆的直径系数 q 越小,导程角 γ 越大,传动效率也越高,但蜗杆的刚度和强度将减弱。通常情况下,蜗杆导程角 $\gamma = 3.5° \sim 27°$,导程角在 $3.5° \sim 4.5°$ 范围内的蜗杆可实现自锁。

在两轴交错且轴间交角为 $90°$ 的蜗杆传动中,蜗杆在分度圆柱上的导程角 γ 应等于蜗轮的螺旋角 β,且两者的旋向必须相同。由此,标准圆柱面蜗杆机构的**正确啮合条件**为:

$$\begin{cases} m_{x1} = m_{t2} = m \\ \alpha_{x1} = \alpha_{t2} = \alpha \\ \gamma = \beta \end{cases} \tag{4-28}$$

(6)**蜗杆中心距 a**。当蜗杆的节圆与分度圆重合时,称为标准蜗杆传动,其中心距为 a:

$$a = \frac{1}{2}(d_1 + d_2) = \frac{1}{2}m(q + z_2) \tag{4-29}$$

标准圆柱面蜗杆的几何尺寸计算公式见表 4-6 所示:

表 4-6　标准普通圆柱面蜗杆传动的几何尺寸计算公式

名　称	计算公式	
	蜗杆	蜗轮
齿顶高	$h_a = m$	$h_a = m$
齿根高	$h_f = 1.2m$	$h_f = 1.2m$
分度圆直径	$d_1 = mq$	$d_2 = mz_2$
齿顶圆直径	$d_{a1} = m(q+2)$	$d_{a2} = m(z_2+2)$
齿根圆直径	$d_{f1} = m(q-2.4)$	$d_{f2} = m(z_2-2.4)$
顶隙	$c = 0.2m$	
蜗杆轴向齿距 蜗轮端面齿距	$p = m\pi$	
蜗杆分度圆柱的导程角	$\tan\gamma = \dfrac{z_1}{q}$	
蜗轮分度圆上轮齿的螺旋角	$\beta = \lambda$	
中心距	$a = m(q+z_2)/2$	

【例 4-4】　在蜗杆传动的系统中,已知蜗杆的头数 $z_1 = 2$,分度圆直径 $d_1 = 40\ \text{mm}$,模数 $m = 4\ \text{mm}$,蜗轮的齿数 $z_2 = 39$。试计算蜗杆的直径系数 q、导程角 γ 以及蜗杆传动的中心距 a。

解　(1) 蜗杆的直径系数 q

$$q = \frac{d_1}{m} = \frac{40}{4} = 10$$

(2) 导程角 γ

由式(4-27)得:$\tan\gamma = \dfrac{z_1}{q} = \dfrac{2}{10} = 0.2$,$\gamma = 11.3°$

(3) 蜗杆传动的中心距 a

由式(4-29)得:$a = m(q+z_2)/2 = 4 \times (10+39)/2 = 98\ \text{mm}$

4.7　齿轮的传动及其力学分析

大多数齿轮传动不仅用来传递运动,还可以传递动力。因此,齿轮传动不仅要求运转平稳,还必须具备足够的承载能力。

4.7.1　齿轮传动的失效分析及其设计准则

齿轮传动的失效主要是指轮齿的失效,包括:轮齿折断、齿面点蚀、齿面磨损、齿面胶合以及塑性变形等。轮齿的失效形式与齿轮传动的工作情况、载荷大小、工作转速及

微课4-3

齿轮传动的
失效形式

齿面硬度有关。在齿轮传动设计中,可以按工作条件或齿面硬度将齿轮传动分成不同的类型。

齿轮传动的工作情况一般分为闭式传动和开式传动两种,闭式传动是指将传动齿轮安装在润滑和密封条件良好的箱体内的传动,重要的传动都采用闭式传动;开式传动是指将传动齿轮暴露在外或只有简单的遮盖,此时无法保证良好的润滑,且易落入灰尘和其他杂质,故齿面易磨损,只能应用于简单的机械设备及低速的场合。

根据齿面硬度,齿轮传动可分为**软齿面传动**(≤350 HBW)和**硬齿面传动**(>350 HBW)。前者在重载、高速时易发生胶合,低速时则产生塑性变形;后者重载时易发生轮齿折断,高速、中小载荷时易发生疲劳点蚀。

1. 轮齿折断

如图 4-35(a)所示,轮齿折断通常发生在齿根处,齿轮的一个或多个齿的整体或局部发生断裂。轮齿折断发生的原因包括:轮齿受到交变弯曲应力的作用,齿根处应力最大且存在应力集中现象,当弯曲应力超过允许限度时,就会发生疲劳折断;对于用脆性材料制成的齿轮,可因短时严重过载或受到巨大冲击而导致发生突然折断,称为过载折断。

轮齿折断主要发生于开式或闭式传动,特别是当齿轮进行双向传动(此时齿轮受到循环应力的作用),轮齿折断后,传动将彻底失效。预防轮齿折断的措施主要是:限制齿根危险截面上的弯曲应力;选用合适的齿轮参数和几何尺寸;增大齿根处的圆角过渡,消除加工刀痕,降低齿根处的应力集中;选用合适的材料和热处理工艺,使齿芯具有足够的韧性。

2. 齿面点蚀

如图 4-35(b)所示,轮齿啮合时,齿面上任一点所产生的接触应力由零(尚未进行啮合时)逐渐增加到最大值(该点啮合时),即齿面的接触应力是按脉动循环规律变化的,若齿面的接触应力超过材料的接触疲劳极限时,在载荷的多次、重复作用下,齿面表层就会生成细微的疲劳裂纹,其后,随着裂纹的蔓延扩展,使金属微粒剥落下来并形成麻坑,这就是齿面点蚀。

齿面点蚀主要发生于闭式、软齿面传动的轮齿节线附近,对于开式传动,由于磨损较快,很少出现点蚀现象。预防齿面点蚀的措施主要是:限制齿面的接触应力;提高齿面硬度、降低齿面的表面粗糙度值;采用黏度较高的润滑油及适宜的添加剂等。

3. 齿面磨损

齿面磨损通常分为两种情况:一种情况是在齿轮运转的初期,在两齿轮啮合的齿面间产生的磨合磨损,也称为跑和磨损,其危害程度不大,反而可起到抛光的作用;另一种是由于灰尘、金属屑等外来硬质颗粒进入齿面啮合处所引起的磨粒磨损,如图 4-35(c)所示。

齿面磨损主要发生于开式传动,磨损过大时,齿厚明显变薄,导致齿侧间隙增大。一方面降低了轮齿的抗弯强度,引起轮齿折断;另一方面也会产生冲击和噪音,使工作情况恶化,无法保证传动的平稳性。预防齿面磨损的措施主要是:采用闭式传动或在开式传动中加装防护装置;注意润滑油的清洁,提高润滑油的黏度,或加入适宜的添加剂;选用合适的齿轮参数和几何尺寸;提高轮齿的加工精度、降低齿面的表面粗糙度值等。

4. 齿面胶合

在高速重载传动中,齿面间压力增大,相对滑动速度提高,可因摩擦生热导致啮合区的温度升高,引起润滑失效,此时,两齿面间的金属在直接接触中就可能产生相互黏连,当两齿面发生相对运动时,较软的齿面会沿滑动方向被撕下部分金属,而形成沟纹的这种现象称为齿面胶合,如图4-35(d)所示。此外,在低速重载传动中,由于齿面间的润滑油膜不易形成,也可能产生胶合破坏。

齿面胶合主要发生于高速、重载或润滑不良的低速、重载传动中,产生胶合后,同样破坏了轮齿的工作表面,致使啮合情况恶化,传动不平稳,产生噪音,严重时可导致齿轮传动失效。预防齿面胶合的措施主要是:进行抗胶合能力计算,限制齿面温度;保证良好润滑,采用适宜的添加剂;提高齿面的硬度,降低齿面的表面粗糙度值等。

5. 塑性变形

当轮齿的材料较软且载荷过大时,轮齿材料就会因屈服而产生沿摩擦力方向的塑性流动,如图4-35(e)所示,从而形成齿面局部的塑性变形。

塑性变形主要发生于低速、重载的情况,塑性变形破坏了轮齿的工作齿廓,严重地影响传动的平稳性。预防塑性变形的措施主要是:避免齿轮机构频繁的起动和过载,提高齿面硬度,采用黏度较大的润滑油等。

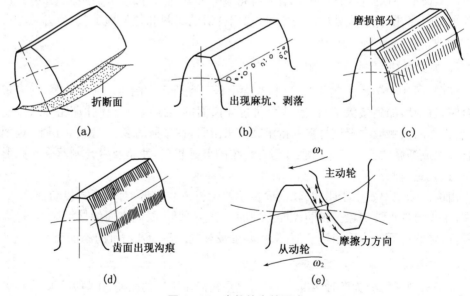

图4-35 齿轮的失效形式

在设计齿轮传动时,应根据实际的工作情况,分析其可能发生的失效形式,然后选择相应的齿轮传动强度计算准则,一般条件下,齿轮传动的设计准则包括:

(1)对于软齿面的闭式传动,由于润滑条件良好,齿面点蚀将是其主要的失效形式。在设计计算时,通常按齿面接触疲劳强度设计,再按齿根弯曲疲劳强度校核。

(2)对于硬齿面的闭式传动,齿面抗点蚀能力强,齿根疲劳折断将是其主要失效形式。在设计计算时,通常按齿根弯曲疲劳强度设计,再按齿面接触疲劳强度校核。

(3)对于开式传动,齿面磨损将是其主要失效形式。但由于磨损的机理比较复杂,目前尚无成熟的设计计算方法,通常只能按齿根弯曲疲劳强度设计,再考虑磨损,将所求得的模数增大 10%～20%。

4.7.2　齿轮的材料及其热处理

由齿轮传动的失效分析可知,为了保证齿轮工作的可靠性和使用寿命,对齿轮材料的基本要求是:齿面具有足够的硬度和耐磨性,以防止产生点蚀、胶合、磨损或塑性变形;齿根具有足够的韧性,以防止轮齿产生折断,并获得较高的抗弯曲和冲击能力。此外,齿轮材料还应具备良好的冷、热加工的工艺性,以达到齿轮的各项技术要求。

微课4-4

齿轮的材料
及毛坯

常用的齿轮材料主要为各种牌号的优质碳素结构钢、合金结构钢、铸钢、铸铁和非金属材料等。大多数情况下,为了改善其内部组织,均采用锻件或轧制钢材。齿轮结构或工作情况特殊时,可按以下规则进行选择:

(1) 齿轮尺寸较大,或结构形状复杂、轮坯不易锻造时,可采用铸钢。

(2) 开式、低速传动时,可采用灰铸铁或球墨铸铁。

(3) 低速重载传动时,易产生齿面塑性变形,轮齿也易折断,可选用综合性能较好的钢材。

(4) 高速传动时,易产生齿面点蚀,可选用齿面硬度高的材料。

(5) 受冲击载荷时,可选用韧性好的材料。

(6) 高速、轻载且要求低噪音传动时,也可采用非金属材料,如夹布胶木、尼龙等。

常用的齿轮材料及其力学性能见表 4-7 所示:

表 4-7　常用齿轮材料、热处理工艺及其力学性能

类别	材料牌号	热处理方法	抗拉强度 σ_b/MPa	屈服点 σ_s/MPa	硬度 HBS 或 HRC
优质碳素钢	35	正火	500	270	150～180 HBS
		调质	550	294	190～230 HBS
	45	正火	588	294	169～217 HBS
		调质	647	373	229～286 HBS
		表面淬火			40～50 HRC
	50	正火	628	373	180～220 HBS
合金结构钢	40Cr	调质	700	500	240～258 HBS
		表面淬火			48～55 HRC
	35SiMn	调质	750	450	217～269 HBS
		表面淬火			45～55 HRC
	40MnB	调质	735	490	241～286 HBS
		表面淬火			45～55 HRC
	20Cr	渗碳淬火＋回火	637	392	56～62 HRC
	20CrMnTi		1 079	834	56～62 HRC
	38CrMnAlA	渗氮	980	834	850 HV

（续表）

类别	材料牌号	热处理方法	抗拉强度 σ_b/MPa	屈服点 σ_s/MPa	硬度 HBS 或 HRC
铸钢	ZG45	正火	580	320	156～217 HBS
铸钢	ZG55	正火	650	350	169～229 HBS
灰铸铁	HT300	—	300		185～278 HBS
灰铸铁	HT350	—	350		202～304 HBS
球墨铸铁	QT600‑3	—	600	370	190～270 HBS
球墨铸铁	QT700‑2	—	700	420	225～305 HBS
非金属	夹布胶木	—	100		25～35 HBSv

钢制齿轮材料的热处理工艺主要有以下几种：

1. 正火

正火能消除齿轮的内应力，细化晶粒，改善力学性能和切削性能。对于强度要求不高的齿轮可选用优质碳素钢进行正火处理；对于尺寸较大的齿轮，可选用铸钢进行正火处理。

2. 调质

调质是指"淬火＋高温回火"，一般用于优质碳素钢和中碳合金结构钢，如 45 和 40Cr 等。调质处理后齿面的硬度一般为 220～280 HBS，因硬度适中，可在调质后再对轮齿进行精加工。

3. 表面淬火

表面淬火主要采用电磁感应方式进行加热，常用于优质碳素钢和中碳合金结构钢。表面淬火后，齿面硬度一般为 40～55HRC，耐磨性好，可避免点蚀和胶合；由于齿轮的芯部并未完全淬硬，齿根仍具有足够的韧性，能承受不大的冲击载荷。

4. "渗碳淬火＋回火"

"渗碳淬火＋回火"常用于低碳合金结构钢，如 20Cr、20CrMnTi 钢等。"渗碳淬火＋回火"后，齿面硬度可达 56～62 HRC，耐磨性较好，接触强度高；齿轮的芯部硬度可达 36～42 HRC，仍保持较高的韧性和抗弯强度。"渗碳淬火＋回火"可用于承受冲击载荷的重要齿轮传动，由于在热处理中会产生一定的变形，需对轮齿进行补充的精加工，如磨齿等。

5. "调质＋渗氮"

渗氮是一种表面化学热处理，通常在调质后进行，常用于含铬、钼、铝等合金元素的中、低碳合金结构钢，如 38CrMoAlA 等。渗氮处理后不需要进行其他热处理，齿轮基本不会产生变形，齿面硬度高达 700～900 HV，齿轮的芯部硬度可达 33～38 HRC，仍保持较高的韧性和抗弯强度，"调质＋渗氮"主要适用于内齿轮和难以进行补充精加工的齿轮。

上述五种热处理工艺中，正火和调质处理后的齿面硬度较低（≤350 HBW），属于

视频4-3

齿轮的
表面淬火

软齿面齿轮,工艺过程简单,适用于一般的齿轮传动;其余三种热处理工艺后的齿面硬度较高(>350 HBW),属于硬齿面齿轮,承载能力高,适用于传动结构紧凑的场合。

在一对相互啮合的齿轮中,由于小齿轮受载的次数比大齿轮多,且齿根较薄,为了与大齿轮的寿命匹配,应使小齿轮的硬度比大齿轮略高一些。

4.7.3　齿轮传动的受力分析

为了进行齿轮的强度计算、设计轴和轴承等轴系零件,必须对齿轮传动进行受力分析。

1. 渐开线直齿圆柱齿轮传动的受力分析

在分析直齿圆柱齿轮的受力时,为了便于计算,可忽略摩擦力,用齿宽中点的集中力来代替沿齿宽的分布力。如图 4-36 所示,对节点 C 处的接触进行受力分析,沿啮合线垂直作用于齿面的法向力 F_n 可分解为两个正交的分力:沿圆周方向的圆周力 F_t 和沿半径方向的径向力 F_r,其大小分别为:

$$F_t = \frac{2T_1}{d_1}, F_n = \frac{F_t}{\cos\alpha} = \frac{2T_1}{d_1\cos\alpha}, F_r = F_t\tan\alpha = \frac{2T_1}{d_1}\tan\alpha \qquad (4-30)$$

式(4-30)中,T_1 为小齿轮传递的名义转矩,单位为 N·m,其大小 $T_1 = \frac{9549P_1}{n_1}$。$P_1$ 为小齿轮传递名义功率,单位为 kW;n_1 为小齿轮的转速,单位为 r/min。d_1 为小齿轮的分度圆直径;α 为压力角,对于标准齿轮 $\alpha = 20°$。

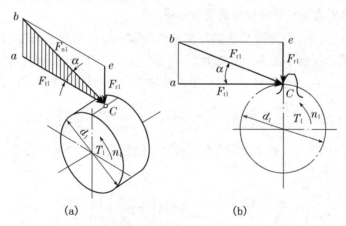

图 4-36　渐开线直齿圆柱齿轮传动的受力分析

上述为小齿轮(主动齿轮)轮齿上的受力分析,大齿轮(从动齿轮)轮齿上的受力与其大小相等、方向相反,互为作用力与反作用力的关系。

渐开线直齿圆柱齿轮的受力方向为:主动齿轮上的圆周力 F_t 与其转向 n_1 相反,从动齿轮上的圆周力 F_t 与其转向 n_2 相同,主动齿轮和从动齿轮的径向力 F_r 分别指向各自的圆心。

以上的受力分析是在理想的平稳工作情况下进行的,得到的法向力 F_n、圆周力 F_t 和径向力 F_r 均为名义载荷。实际工作中,由于轴和轴承的变形,传动装置的制造和安装误差等原因,载荷沿齿宽的分布并不是均匀的,即出现载荷集中的现象,当齿轮位置与轴承不对称时,由于轴的弯曲变形,齿轮将相互倾斜,此时轮齿的一端载荷会增大。轴和轴承的高度越小,齿宽 b 越宽,载荷集中情况越严重。此外,由于各种原动机和工作机的特性不同,齿轮的制造误差以及轮齿变形等原因,也会引起附加的动载荷;精度越低,圆周速度越高,附加动载荷就越大。因此,在计算齿轮强度时,通常用计算载荷 F_{nc} 来代替名义载荷 F_n,计算载荷 F_{nc} 为:

$$F_{nc}=KF_n \tag{4-31}$$

式(4-31)中,K 为载荷系数,其值见表 4-8 所示,F_n 为受力分析中计算出的名义载荷。

表 4-8　载荷系数 K

原动机工作情况	工作机载荷特性		
	平稳或较平稳	中等冲击	严重冲击
工作平稳(如电动机、汽轮机等)	1.0~1.2	1.2~1.6	1.6~1.8
轻度冲击(如多缸内燃机)	1.2~1.6	1.6~1.8	1.9~2.1
中等冲击(如单缸内燃机)	1.6~1.8	1.8~2.0	2.2~2.4

注:斜齿、圆周速度低、精度高、齿宽系数小时取小值,直齿、圆周速度高、精度低、齿宽系数大时取大值。齿轮在两轴承之间对称布置时取小值,齿轮在两轴承之间不对称布置及悬臂布置时取大值。

2. 渐开线斜齿圆柱齿轮传动的受力分析

如图 4-37(a)所示,对渐开线斜齿圆柱齿轮节点处的接触进行受力分析,垂直于齿面、作用于轮齿法向平面内的**法向力** F_n 可分解为三个正交的分力:沿圆周方向的**圆周力** F_t,沿半径方向的**径向力** F_r,以及沿齿轮轴线方向的**轴向力** F_a,其大小分别为:

$$F_t=\frac{2T_1}{d_1},\ F_n=\frac{F_t}{\cos\beta\cos\alpha_n},\ F_r=\frac{F_t\tan\alpha_n}{\cos\beta},\ F_a=F_t\tan\beta \tag{4-32}$$

式(4-32)中,$\cos\alpha_n$ 和 β 分别为渐开线斜齿圆柱齿轮的法向压力角和螺旋角。

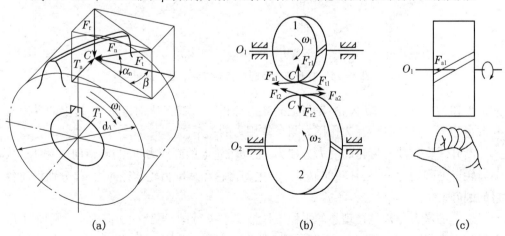

图 4-37　渐开线斜齿圆柱齿轮传动的受力分析

渐开线斜齿圆柱齿轮的受力方向为：主动齿轮上的圆周力 F_t 与其转向 n_1 相反，从动齿轮上的圆周力 F_t 与其转向 n_2 相同；主动齿轮和从动齿轮的径向力 F_r 分别指向各自的圆心（如图 4-37(b)）；主动齿轮的轴向力按"左、右手螺旋法则"确定：主动齿轮为右旋时，右手按转动方向握住轴线，以四指方向弯曲表示主动齿轮轴的转向，大拇指的指向即为主动齿轮轴向力的方向。主动齿轮的轴向力方向确定以后，从动齿轮轴向力的方向与之相反（如图 4-37(c)）。

3. 直齿锥齿轮传动的受力分析

如图 4-38(a)所示，对直齿锥齿轮（主动齿轮）进行受力分析，作用于轮齿法向平面内、分度圆锥的平均直径上的**法向力** F_n 可分解为三个正交的分力：沿圆周方向的**圆周力** F_t，沿半径方向的**径向力** F_r，以及沿齿轮轴线方向的**轴向力** F_a，其大小分别为：

$$F_t = \frac{2T}{d_{ml}}, \quad F_r = F'\cos\delta = F_t\tan\alpha\cos\delta, \quad F_a = F'\sin\delta = F_t\tan\alpha\sin\delta \qquad (4-33)$$

式(4-33)中，d_{ml} 是小齿轮齿宽中点分度圆直径，由图 4-38(a)的几何关系中得 $d_{ml} = d_1 - b\sin\delta_1$。

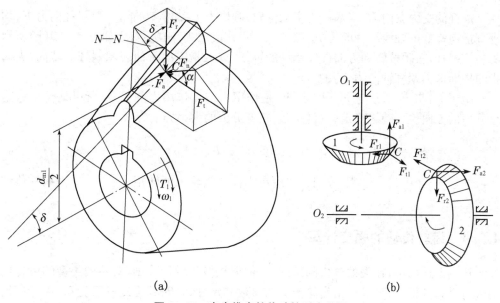

图 4-38　直齿锥齿轮传动的受力分析

直齿锥齿轮的受力方向为：主动齿轮上的圆周力 F_t 与其转向 n_1 相反，从动齿轮上的圆周力 F_t 与其转向 n_2 相同；径向力 F_r 均垂直指向各自齿轮的轴线（如图 4-38(b)）；主动齿轮和从动齿轮的轴向力 F_a 均由小端指向大端。当 $\delta_1 + \delta_2 = 90°$ 时，$\sin\delta_1 = \cos\delta_2$。

4. 蜗杆传动的受力分析

蜗杆传动时的受力与斜齿轮类似，如图 4-39(a)所示，当右旋蜗杆（主动件）沿图示方向旋转时，在蜗杆的螺旋面上对其进行受力分析，作用于法向截面节点处的**法向力** F_{n1} 可分解为三个正交的分力：沿圆周方向的**圆周力** F_{t1}、沿半径方向的**径向力** F_{r1} 以及沿蜗杆轴线方向的**轴向力** F_{a1}。

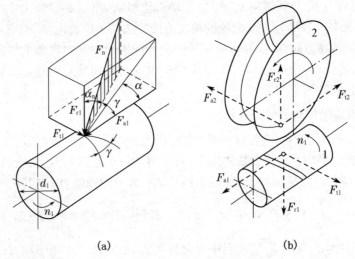

图 4 - 39 右旋蜗杆传动的受力分析

蜗杆的受力方向为:当蜗杆为主动件时,圆周力 F_{t1} 与其转向 n_1 相反,径向力 F_{r1} 均垂直指向蜗杆的轴线。轴向力 F_{a1} 按"左、右手螺旋法则"确定:对于如图 4 - 39(b)所示的右旋蜗杆,右手按转动方向握住蜗杆的轴线,以四指方向弯曲表示蜗杆的转向,大拇指的指向即为蜗杆轴向力 F_{a1} 的方向。

由于 F_{t1} 与 F_{a2}、F_{r1} 与 F_{r2}、F_{a1} 与 F_{t2} 是作用力与反作用力的关系,所以蜗轮上这三个分力的方向也可随之确定。蜗杆与蜗轮各分力的大小分别为:

$$F_{t1}=F_{a2}=\frac{2T_1}{d_1}, F_{r1}=F_{r2}=F_{a1}\tan\alpha, F_{a1}=F_{t2}=\frac{2T_2}{d_2}, T_1=T_2 i\eta \qquad (4-34)$$

式(4-34)中,T_1 和 T_2 分别为作用在蜗杆和蜗轮上的转矩,$\alpha=20°$,η 为蜗杆传动的效率。

4.7.4 齿轮传动的强度计算

根据上述内容,在失效分析的基础上,依据相应的设计准则,对不同类型的齿轮机构进行受力分析,即可设计出齿轮传动的参数和尺寸,并对其强度进行验算,以保证轮齿在正常传动和预期的使用寿命期间,具有足够的强度和承载能力,避免失效。本书主要以渐开线直齿圆柱齿轮为例,分析说明齿轮传动的强度计算过程。

1. 齿面接触疲劳强度计算

齿面疲劳点蚀是闭式、软齿面齿轮传动的主要失效形式,当一对渐开线直齿圆柱齿轮进行啮合传动时,其齿面的接触类似于一对圆柱体的接触传力,轮齿在节点接触时,往往是由一对齿进行传力,也是受力较大的状态,这样就很容易发生疲劳点蚀。所以设计时,应以节点处的接触应力作为计算依据,限制节点处接触应力 σ_H 不超过许用接触应力 $[\sigma_H]$。

(1) 齿面最大接触应力 σ_H 为:$\sigma_H=335\sqrt{\dfrac{KT_1(i\pm 1)^3}{a^2 bi}}$ MPa

其中,σ_H 为齿面最大接触应力,单位为 MPa;a 是齿轮的中心距,单位为 mm;K 为载荷因数,见表 4-8 所示;T_1 为小齿轮传递的转矩,单位为 N·mm;b 是小齿轮的齿宽,单位为 mm;i 是从动齿轮与主动齿轮的齿数比;"±"分别代表外啮合和内啮合。

（2）接触疲劳许用应力$[\sigma_H]$为：$[\sigma_H] = \dfrac{\sigma_{Hlim}}{S_H} \text{MPa}$

其中,σ_{Hlim} 为试验齿轮的接触疲劳极限,单位为 MPa,与材料及硬度有关,常见材料的硬度与接触疲劳极限的对应关系如图 4-40 所示;S_H 为齿面接触疲劳强度的安全系数,其数值见表 4-9 所示。

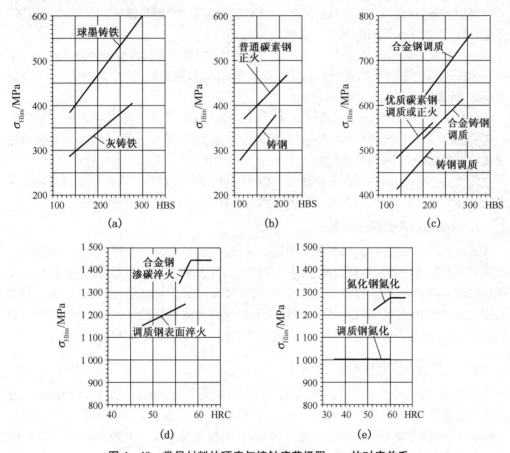

图 4-40　常见材料的硬度与接触疲劳极限 σ_{Hlim} 的对应关系

表 4-9　齿轮强度的安全系数 S_H 和 S_F

安全系数	软齿面	硬齿面	重要的传动、渗碳淬火齿轮或铸造齿轮
S_H	1.0~1.1	1.1~1.2	1.3
S_F	1.3~1.4	1.4~1.6	1.6~2.2

（3）接触疲劳强度计算公式：

校核公式：

$$\sigma_H = 335\sqrt{\frac{KT_1(i\pm1)^3}{a^2bi}} \leqslant [\sigma_H] \qquad (4-35)$$

引入齿宽系数 $\varphi_a = b/a$ 代入上式消去 b 可得

设计公式： $$a \geqslant (i+1)\sqrt[3]{\left(\frac{335}{[\sigma_H]}\right)^2 \frac{KT_1}{\varphi_a i}} \text{ mm} \qquad (4-36)$$

式(4-35)和式(4-36)只适用于一对钢制齿轮，若为"钢—铸铁"或"铸铁—铸铁"齿轮，则将系数335分别改成285或250。

应用校核公式和设计公式时，应注意这样两点：相对啮合的两齿轮，其接触应力 $\sigma_{H1} = \sigma_{H2}$；若选用不同的材料，或材料相同但热处理不同时，两齿轮的许用应力 $[\sigma_H]$ 一般是不同的，计算时应代入其中较小值。

由接触疲劳强度校核公式可知：影响齿面接触疲劳的主要参数是中心距 a 和齿宽 b（其中，中心距 a 的效果更明显些），二者均是反映齿轮大小的参数，因此，齿面接触强度取决于齿轮的大小，与齿轮模数无关。

此外，决定 $[\sigma_H]$ 的主要因素是材料及齿面硬度，所以提高齿轮齿面接触疲劳强度的途径是加大中心距、增大齿宽或选强度较高的材料，提高轮齿表面硬度。

2. 齿根弯曲疲劳强度计算

无论是开式齿轮传动，还是闭式齿轮传动，轮齿都是在反复受到弯曲应力的作用，致使在弯曲强度较弱的齿根处发生疲劳折断。计算齿根弯曲应力时，假设全部载荷仅由一对轮齿承担，当载荷作用于齿顶时，其力学模型类似于悬臂梁，齿根所受到的弯曲力矩最大，且圆角处又有应力集中，齿根受到拉应力边的裂纹极易扩展，是弯曲疲劳的危险区，故应限制齿根危险截面拉应力边的弯曲应力，满足强度条件 $\sigma_F \leqslant [\sigma_F]$。

（1）齿根最大弯曲应力 σ_F 为：$\sigma_F = \dfrac{2KT_1Y_{FS}}{bm^2z_1}$

其中，σ_F 为齿根最大弯曲应力，单位为 MPa；K 为载荷因数，见表4-8所示；T_1 为小齿轮传递的转矩，单位为 N·mm；Y_{FS} 是复合齿形因数，反映轮齿的形状对抗弯能力的影响，同时还考虑齿根部分应用集中的影响，其数值见表4-10所示；b 是小齿轮的齿宽，单位为 mm；m 是齿轮模数，单位是 mm；z_1 是小齿轮的齿数。

表4-10 标准渐开线直齿圆柱齿轮的复合齿形因数 Y_{FS}

$z(z_V)$	12	13	14	15	16	17	18	19	20
Y_{FS}	5.05	4.91	4.79	4.70	4.61	4.55	4.48	4.43	4.38
$z(z_V)$	25	30	35	40	45	50	60	70	80
Y_{FS}	4.22	4.13	4.08	4.05	4.02	4.01	3.88	3.88	3.88

（2）弯曲疲劳许用应力 $[\sigma_F]$ 为：$[\sigma_F]=\dfrac{\sigma_{Flim}}{S_F}MPa$

其中，σ_{Flim} 为试验齿轮的弯曲疲劳极限，单位为 MPa，与材料及硬度有关，常见材料的硬度与弯曲疲劳极限的对应关系如图 4-41 所示（对于双侧工作的齿轮传动，齿根承受对称循环弯曲应力，应将图 4-41 中的数据乘以 0.7）；S_F 为齿面接触疲劳强度的安全系数，其数值见表 4-9 所示。

（3）弯曲疲劳强度计算公式：

校核公式：

$$\sigma_F=\frac{2KT_1Y_{FS}}{bm^2z_1}\leqslant[\sigma_F] \tag{4-37}$$

引入齿宽系数 $\varphi_a=b/a$ 代入上式消去 b 可得

设计公式：

$$m\geqslant\sqrt[3]{\frac{4KT_1Y_{FS}}{\varphi_a(i\pm1)z_1^2[\sigma_F]}}mm \tag{4-38}$$

式（4-38）中，m 在计算后应取标准值。

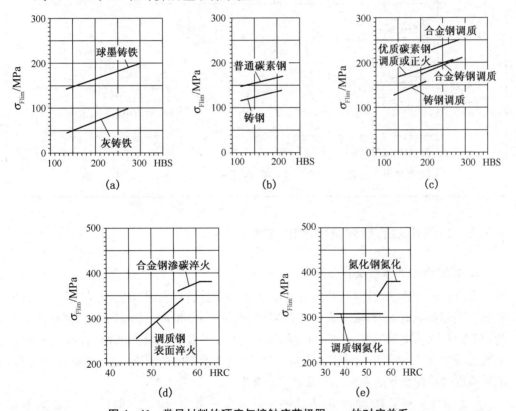

图 4-41　常见材料的硬度与接触疲劳极限 σ_{Flim} 的对应关系

通常情况下，相对啮合的两齿轮，其 $Y_{FS1}\neq Y_{FS2}$，许用弯曲应力 $[\sigma_{H1}]\neq[\sigma_{H2}]$，计算时应取 $\dfrac{Y_{FS1}}{[\sigma_{H1}]}$ 和 $\dfrac{Y_{FS2}}{[\sigma_{H2}]}$ 其中较小值代入。

由弯曲疲劳强度校核公式可知：影响齿根弯曲强度的主要参数有模数 m、齿宽 b、小齿轮的齿数 z_1、复合齿形因数 Y_{FS} 等，其中，m、z_1 与 Y_{FS} 均是反映轮齿形状大小的参数，因此，轮齿的弯曲强度取决于轮齿的形状大小，与齿轮的直径大小无关。影响最大的参数是模数 m，加大模数对降低齿根弯曲应力效果最为显著。

传递动力的齿轮，其模数一般不宜小于 1.5 mm；普通减速器、机床及汽车变速箱中的齿轮模数一般为 2～8 mm。

以上分析了渐开线直齿圆柱齿轮传动的强度计算，对于渐开线斜齿圆柱齿轮和锥齿轮传动（两轴交错角为 90°），其齿面接触疲劳强度和齿根弯曲疲劳强度的计算公式见表 4-11 所示：

表 4-11 渐开线斜齿圆柱齿轮和锥齿轮传动的强度计算公式

传动类型	齿轮接触疲劳强度公式	齿根弯曲疲劳强度公式
渐开线斜齿圆柱齿轮	校核公式：$\sigma_H = 305\sqrt{\dfrac{KT_1(i\pm1)^3}{a^2bi}} \leqslant [\sigma_H]$ 设计公式：$a \geqslant (i+1)\sqrt[3]{\left(\dfrac{305}{[\sigma_H]}\right)^2 \dfrac{KT_1}{\varphi_a i}}$	校核公式：$\sigma_F = \dfrac{1.6KT_1Y_{FS}\cos\beta}{bm_n^2 z_1} \leqslant [\sigma_F]$ 设计公式：$m_n \geqslant \sqrt[3]{\dfrac{3.2KT_1Y_{FS}\cos\beta}{\varphi_a(i\pm1)z_1^2[\sigma_F]}}$
锥齿轮	校核公式： $\sigma_H = \dfrac{334}{R-0.5b}\sqrt{\dfrac{(i^2+1)^3KT_1}{ib}} \leqslant [\sigma_H]$ 设计公式： $R \geqslant \sqrt{i^2+1}\sqrt[3]{\left[\dfrac{334}{(1-0.5\vartheta_R)[\sigma_H]}\right]^2 \dfrac{KT_1}{\vartheta_R i}}$	校核公式： $\sigma_F = \dfrac{2KT_1Y_{FS}}{bm^2 z_1(1-0.5\vartheta_R)^2} \leqslant [\sigma_F]$ 设计公式： $m \geqslant \sqrt[3]{\dfrac{4KT_1Y_{FS}}{\vartheta_R(1-0.5\vartheta_R)^2 z_1^2[\sigma_F]\sqrt{i^2+1}}}$
ϑ_R 为齿宽系数（$\vartheta_R = b/R$），一般 $\vartheta_R = 0.25\sim0.3$ 锥距 R 需满足表 4-5 的几何关系，即：$R = \dfrac{mz}{2\sin\delta} = \dfrac{m}{2}\sqrt{z_1^2+z_2^2}$		

4.7.5　齿轮传动的参数及精度的选择

1. 齿轮传动的参数及其选择

在进行齿轮传动设计时，并非所有的参数都需要进行选择，如压力角 α（包括斜齿轮 α_n）、齿顶高系数 h_a 和顶隙系数 c^*（包括斜齿轮的 h_{an}^* 和 c_n^*）等，都是由国家标准决定的；而模数 m、分度圆直径 d 或中心距 a 等，则是由强度计算决定的；只有齿数 z、齿宽系数 φ_a 和螺旋角 β 才是设计中的自选参数，在自选参数的选取上，应从承载能力、传动的平稳性和结构尺寸的要求等方面来综合考虑。

（1）齿数。相互啮合的一对齿轮的齿数选择应符合传动比 i 的要求，在齿数取整时，可能会影响传动比 i 的数值，误差一般应控制在 5% 以内。此外，为了避免根切，渐开线标准直齿圆柱齿轮的最小齿数 $z_{min}=17$，而斜齿圆柱齿轮的最小齿数 $z_{min}=17\cos\beta$。

当大齿轮的齿数为小齿轮的整数倍时，跑合性能良好。但对于重要的传动或重载高速传动机构，大小齿轮的齿数应互为质数，这样轮齿的磨损更加均匀，有利于提高齿轮传动的寿命。

当中心距一定时,增加齿数能使重合度 ε 增大,以提高传动的平稳性。同时,若齿数增多,相应模数就可以减小,对于相同分度圆的齿轮来说,齿顶圆直径小,可节约材料、减轻重量,并能节省轮齿加工的切削量,所以在满足弯曲疲劳强度的前提下,应适当减小模数,增大齿数。

对于闭式软齿面传动,通常 $z_1 = 20 \sim 40$;对闭式硬齿面传动,因是按弯曲强度进行设计,当模数一定时,齿数少,分度圆直径小,为使结构紧凑,可选取较小的齿数,通常 $z_1 = 18 \sim 20$。此外,对于高速齿轮或对噪音有严格要求的齿轮传动,建议取 $z_1 \geqslant 25$。

(2) 齿宽系数 φ_a。从齿面接触疲劳强度来看,增大 φ_a,可提高齿轮的承载能力,并相应减小径向尺寸,使结构紧凑;从弯曲疲劳强度来看,增大 φ_a,可减小模数 m,但 φ_a 越大,齿宽越大,沿齿宽方向载荷分布的不均匀度就越大,致使轮齿接触不良。

在设计过程中,常根据齿宽系数 $\varphi_a = b/a$ 这一关系对齿宽做出必要的限制,一般减速器斜齿轮常取 $\varphi_a = 0.4$;机床或汽车变速器齿轮通常为硬齿面,不利于跑合,由于一根轴上有多个滑动齿轮,为减小轴承跨距,齿宽可以小一些,常取 $\varphi_a = 0.1 \sim 0.2$(滑动齿轮取小值)。对于开式齿轮传动,径向尺寸一般不受限制,且安装精度差,所以可取较小的齿宽系数 $\varphi_a = 0.1 \sim 0.3$。

设计时,为了保证接触齿宽,圆柱齿轮的小齿轮的齿宽 b_1 比大齿轮的齿宽 b_2 略大,常取:$b_1 = b_2 + (3 \sim 5)\mathrm{mm}$。

(3) 螺旋角 β。一般斜齿圆柱齿轮的螺旋角为 $8° \sim 25°$,β 过小,就无法体现斜齿轮传动平稳、重合度大等优势。但 β 过大时,又会使轴向力增大,影响轴承的寿命。对于人字齿轮或两对左右对称配置的斜齿轮,由于轴向力可以相互抵消,故取 $\beta = 25° \sim 40°$。

在设计过程中,通常在模数 m_n 和齿数 z_1、z_2 确定后,为圆整中心距或配凑标准中心距,可根据几何关系来计算螺旋角 β:

$$\beta = \arccos \frac{m_n(z_1 + z_2)}{2a} \tag{4-39}$$

2. 齿轮传动的精度及其选择

由于存在刀具与机床本身的尺寸和形位误差,以及齿轮毛坯与刀具在机床上的安装误差等原因,使得齿轮在加工过程中不可避免地产生一定的误差,若误差过大则会降低精度,使齿轮在工作中的准确性和平稳性降低,承载能力下降。但对于精度要求过高,也会增加制造的难度和成本。

齿轮传动的精度指标由三组公差等级和齿厚公差,共四部分组成。

① 第Ⅰ公差组(代表传动的准确性)。这一公差组要求齿轮在传动过程中,从动齿轮在旋转一周的范围内,其转角误差的最大值不超过许用值。第Ⅰ公差组精度指标主要影响齿轮传递的速度和分度的准确性,对于精密仪表和机床分度机构,齿轮对这组精度要求较高。

② 第Ⅱ公差组(代表传动的平稳性)。这一公差组要求瞬时传动比的变化不超过允许的限度,当齿形或齿距存在制造误差时,瞬时传动比无法保证恒定,使转速发生波动,从而引起振动、冲击和噪音,通常高速传动的齿轮对这组精度要求较高。

③ 第Ⅲ公差组(代表载荷分布的均匀性)。这一公差组要求工作齿面接触良好,载

微课4-5

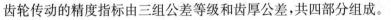

齿轮的精度设计

荷分布均匀。当载荷分布不均匀,或需传递较大扭矩时,易引起早期损坏,通常低速重载齿轮这组精度要求较高。

根据 GB/T 10095—2008《圆柱齿轮精度制》的规定,上述三个公差组的精度均分成 13 个等级,按精度由高到低依次为 0～12 级,一般齿轮传动常选择 6～9 级。

④ 齿厚公差。考虑到齿轮的制造和安装误差,工作时轮齿的受载变形,以及热胀冷缩等因素的影响,为了在齿廓间存储润滑油,在一对相互啮合的轮齿的齿槽和齿厚间,应留有适当的齿侧间隙。齿侧间隙的大小通常用齿厚公差(包括上、下极限偏差)来保证。GB/T 10095—2008《圆柱齿轮精度制》规定了 14 种齿厚极限偏差,按其数值大小为序,依次用字母 C～S 表示。其中,D 为基准(偏差为零),C 为正偏差,E～S 为负偏差。对于高速、高温和重载条件下工作的齿轮,应有较大的齿厚公差;对于一般齿轮传动,应有中等大小的齿厚公差;对于经常需正反转、转速不高的齿轮传动,应有较小的齿厚公差。

微课4-6

齿侧间隙

在选择齿轮精度时,应根据齿轮传动的用途、使用条件、功率大小、圆周速度等技术要求,再结合经济性因素,对其精度进行相应的选择。对于一般的齿轮传动,首先应根据齿轮的圆周速度选择第Ⅱ公差组精度等级,第Ⅰ公差组的精度等级应在高于第Ⅱ公差组一个等级至低于第Ⅱ公差组两个等级范围内选取,第Ⅲ公差组应不大于第Ⅱ公差组精度等级。

为了便于齿轮的加工和测量,在齿轮工程图的参数表中,必须明确标明齿轮的精度等级和齿厚公差(包括上、下极限偏差),其标注方法如下:

标注示例:8-7-7GM GB/T 10095—2008

其中"8"、"7"、"7"依次代表第Ⅰ、Ⅱ、Ⅲ公差组的精度等级,"G"、"M"分别代表齿厚公差的上、下极限偏差代号。

若第Ⅰ、Ⅱ、Ⅲ公差组的精度等级均为 8 级,则可表示为:8-GM GB/T10095—2008。

【例 4-5】 试进行二级减速器中低速级的渐开线直齿圆柱轮齿的传动设计,并对其强度进行校核。已知:电动机驱动,载荷有中等冲击,齿轮相对于支承位置不对称,单向运转,传递功率 $P=12$ kW,低速级主动轮转速 $n_1=500$ r/min,传动比 $i=3.5$。

解 由于传递的功率不大,转速也不高,出于结构紧凑的考虑,拟采用硬齿面齿轮传动,所以可先按齿根疲劳弯曲强度设计,再按齿面接触疲劳强度进行校核。

第一步 选择材料,确定许用应力。

由表 4-7,小齿轮选用 45 钢,调质热处理后,硬度为 240 HBS;大齿轮选用 45 钢,正火热处理,硬度为 200 HBS。

由图 4-40(c)和图 4-41(c)分别查得:

$$\sigma_{Hlim1}=580 \text{ MPa} \quad \sigma_{Hlim2}=540 \text{ MPa}$$

$$\sigma_{Flim1}=195 \text{ MPa} \quad \sigma_{Flim2}=180 \text{ MPa}$$

由表 4-9 查得 $S_H=1.05,S_F=1.35$,故:

$$[\sigma_{H1}]=\frac{\sigma_{Hlim1}}{S_H}=\frac{580}{1.05}=552.4 \text{ MPa},[\sigma_{H2}]=\frac{\sigma_{Hlim2}}{S_H}=\frac{540}{1.05}=514.3 \text{ MPa}$$

$$[\sigma_{F1}]=\frac{\sigma_{Flim1}}{S_F}=\frac{195}{1.35}=144.4\ MPa, [\sigma_{F2}]=\frac{\sigma_{Flim2}}{S_F}=\frac{180}{1.35}=133.3\ MPa$$

第二步　按齿面接触疲劳强度设计

由式(4-36)计算中心距：$a\geqslant(i+1)\sqrt[3]{\left(\dfrac{335}{[\sigma_H]}\right)^2\dfrac{KT_1}{\varphi_a i}}$

取：$[\sigma_{H1}]=[\sigma_{H2}]=514.3\ MPa$

计算小齿轮的转矩：$T_1=\dfrac{9\,549P_1}{n_1}=\dfrac{9\,549\times12}{500}=229\ N\cdot m=2.29\times10^5\ N\cdot mm$

取齿宽系数 $\varphi_a=0.4$，传动比 $i=3.5$。

由于原动机为电动机，载荷有中等冲击，齿轮相对于支承位置不对称，故选 8 级精度。由表 4-8 选 $K=1.4$。将以上数据代入，得：

$$a\geqslant(i+1)\sqrt[3]{\left(\frac{335}{[\sigma_H]}\right)^2\frac{KT_1}{\varphi_a i}}=(3.5+1)\sqrt[3]{\left(\frac{335}{514.3}\right)^2\frac{1.4\times2.292\times10^5}{0.4\times3.5}}=206.9\ mm$$

第三步　确定基本参数，计算主要尺寸。

① 选择齿数。取 $z_1=20$，则 $z_2=iz_1=3.5\times20=70$

② 确定模数。由公式 $a=m(z_1+z_2)/2$ 可得：$m=4.60$

由表 4-1 查得标准模数，取 $m=5$

③ 确定实际中心距。$a=m(z_1+z_2)/2=5\times(20+70)/2=225\ mm$

④ 计算齿宽。$b=\varphi_a a=0.4\times225=90\ mm$

为补偿两轮轴向尺寸误差，取 $b_1=95\ mm$，$b_2=90\ mm$

⑤ 计算齿轮的几何尺寸

分度圆直径：$d_1=mz_1=5\times20=100\ mm$，$d_2=mz_2=5\times70=350\ mm$

齿顶圆直径：$d_{a1}=(z_1+2h_a^*)m=(20+2)\times5=110\ mm$，$d_{a2}=(z_2+2h_a^*)m=(70+2)\times5=360\ mm$

齿根圆直径：$d_{f1}=(z_1-2h_a^*-2c^*)m=(20-2-0.5)\times5=87.5\ mm$，

$$d_{f2}=(z_2-2h_a^*-2c^*)m=(70-2-0.5)\times5=337.5\ mm$$

(4) 按齿根弯曲疲劳强度进行校核。

$$\sigma_{F1}=\frac{2KT_1Y_{FS1}}{b_1m^2z_1}, \sigma_{F2}=\frac{2KT_1Y_{FS2}}{b_1m^2z_1}$$

按 $z_1=20$，$z_2=70$ 由表 4-10 查得 $Y_{FS1}=4.38$，$Y_{FS2}=3.88$，代入上式得：

$\sigma_{F1}=62.4\ MPa<[\sigma_{F1}]$，安全！　　$\sigma_{F2}=55.3\ MPa<[\sigma_{F1}]$，安全！

4.8　齿轮传动的结构设计

通过齿轮的强度计算，只能确定齿轮的基本参数和主要尺寸，如齿数、模数、齿宽、螺旋角，以及分度圆直径等，而齿圈、轮辐和轮毂等结构形式及其尺寸大小，通常都由结构设计而定。

齿轮的结构设计与齿轮的直径大小、毛坯型式、加工方法、生产批量、使用要求及经济性等因素有关，通常是先按齿轮直径大小，选定合适的结构形式，再依据机械设计手册推荐的经验数据,进行相应的结构设计。

4.8.1 齿轮的结构设计

中小尺寸的齿轮结构主要有以下三种形式:

1. 齿轮轴

对于直径较小的钢制齿轮,若圆柱齿轮的齿根圆到键槽底部的距离 e 小于 2 倍的模数(或法向模数)、圆锥齿轮小端的齿根圆至键槽底部的距离 e 小于 1.6 倍的模数时,可将齿轮与轴做成一体,此结构称为齿轮轴,如图 4-42 所示。

齿轮轴易于装配,可提高轴系的刚度,但加工时不太方便,且齿轮失效时,轴也同时报废,故使用成本较高。这种齿轮大多采用锻造毛坯制造,若 e 值超过上述范围,则应将齿轮与轴分开制造。

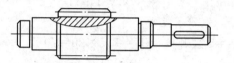

(a) 圆柱齿轮轴(齿根圆直径大于轴径)

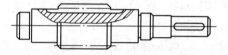

(b) 圆柱齿轮轴(齿根圆直径小于轴径)

(c) 锥齿轮轴

图 4-42 齿轮轴

2. 实体式齿轮

对于齿顶圆直径 $d_a \leqslant 200$ mm 的齿轮,可以将齿轮制成实心式结构,如图 4-43 所示。这种齿轮结构简单,大多也采用锻造毛坯制造。

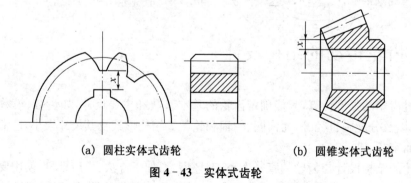

(a) 圆柱实体式齿轮　　　　　　(b) 圆锥实体式齿轮

图 4-43 实体式齿轮

3. 腹板式齿轮

对于齿顶圆直径 $d_a = 200 \sim 500$ mm 的齿轮,可将齿轮制成腹板式结构(如图 4-44),腹板式齿轮中各部分的尺寸由经验公式确定,腹板上开孔的目的,是为了减轻重量或满足加工及搬运的需要。这种齿轮常用自由锻毛坯(小批量时)或模锻毛坯(大批量时)制造。

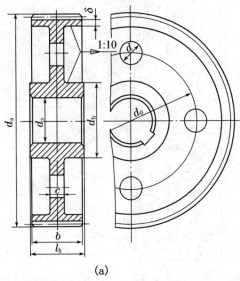

(a)

$d_h = 1.6d_s$; $l_h = (1.2 - 1.5)d_s$,并使 $l_h \geqslant b$;
$c = 0.3b$; $\delta = (2.5 \sim 4)m_a$,但不小于 8 mm;
d_0 和 d 按结构取定,当 d 较小时可不开孔。

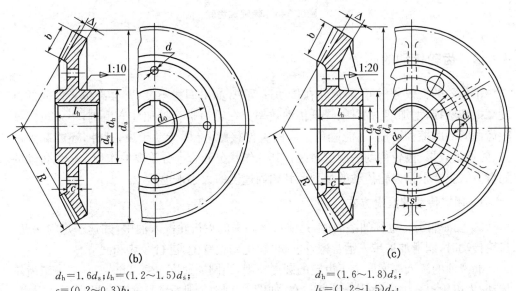

(b)

$d_h = 1.6d_s$; $l_h = (1.2 \sim 1.5)d_s$;
$c = (0.2 \sim 0.3)b$;
$\Delta = (2.5 \sim 4)m_e$,但不小于 10 mm;
d_0 和 d 按结构取定。

(c)

$d_h = (1.6 \sim 1.8)d_s$;
$l_h = (1.2 \sim 1.5)d_s$;
$c = (0.2 \sim 0.3)b$; $s = 0.8c$;
$\Delta = (2.5 \sim 4)m_e$,但不小于 10 mm;
d_0 和 d 按结构取定。

图 4-44　腹板式齿轮

4. 轮辐式齿轮

对于齿顶圆直径 $d_a \geqslant 400$ mm 的齿轮,可以将齿轮制成轮辐式结构,如图 4-45 所示。这种齿轮各分部的尺寸由经验公式确定,大多采用铸造毛坯制造。

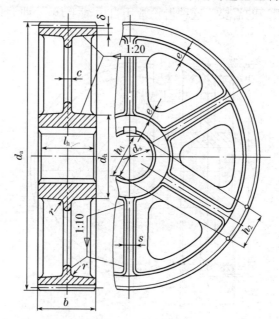

$d_h = 1.6d_s$(铸钢),$d_h = 1.8d_s$(铸铁);　　$l_h = (1.2 \sim 1.5)d_s$,并使 $l_h \geqslant b$;
$c = 0.2b$,但不小于 10 mm;　　　　　　　$\delta = (2.5 \sim 4)m_n$,但不小于 8 mm;
$h_1 = 0.8d_s$;　　　　　　　　　　　　　　$h_2 = 0.8h_1$;
$s = 0.15h_1$,但不小于 10 mm;　　　　　　$e = 0.8\delta$。

图 4-45　轮辐式齿轮

4.8.2　齿轮传动的润滑

由齿轮的失效分析可知:齿轮在传动过程中,如果润滑不良,常会导致齿面间的过度摩擦和磨损,增加动力消耗、降低传动效率。在轮齿啮合处加注润滑剂,不仅可以减轻齿面间的摩擦和磨损,还能避免金属的直接接触,降低传动噪声,此外,还能起到散热、防锈的效果,齿轮传动的润滑对改善其工作状况起着十分重要的作用。齿轮传动的润滑方式主要根据齿轮传动的类型及其圆周速度的大小来选择。

1. 闭式传动的润滑方式

① 浸油润滑。也称油浴润滑,是将齿轮副中的大齿轮浸入油中,并达一定的深度,齿轮传动时,润滑油被带入啮合区,同时也能甩到箱壁上,进行散热和润滑。

润滑油的浸入深度取决于齿轮的圆周速度,当圆周速度 $v \leqslant 12$ m/s 时,对一级齿轮传动,大齿轮浸入油中约一个齿高左右(如图 4-46(a)所示)。过深会增大运转阻力,降低工作效率;过浅则不利于润滑。对多级齿轮传动,因高速级大齿轮无法达到要求的浸油深度,一般采用带惰轮辅助润滑,将油带入高速级大齿轮表面(如图 4-46(b))。

② 喷油润滑。是用液压泵将有一定压力的润滑油直接喷至齿轮的啮合处进行润

滑的方法,如图 4‑46(c)所示。用于圆周速度 $v>12$ m/s 的齿轮传动,因圆周速度过高,搅油损耗较大,不宜采用浸油润滑。

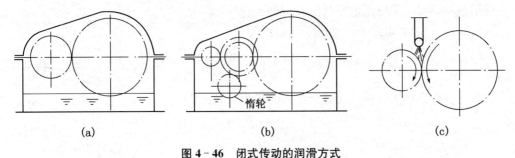

图 4‑46　闭式传动的润滑方式

2. 开式传动的润滑方式

对于开式或半开式的齿轮传动,一般转速较低,通常采用人工定期润滑的方式,即定期将润滑脂或润滑油加注到齿面啮合处。

润滑油的种类可根据齿面接触应力的大小,按表 4‑12 选取。

表 4‑12　用于齿轮传动的润滑油的种类

齿面接触应力/MPa	润滑油种类	
	闭式传动	开式传动
<500(轻负荷)	L-CKB(抗氧防锈工业齿轮油)	L-CKH
500~1 100(中负荷)	L-CKC(中负荷工业齿轮油)	L-CKJ
>1 100(重负荷)	L-CKD(重负荷工业齿轮油)	L-CKM

拓展知识

蜗杆传动的热平衡计算

由于蜗杆传动的效率低,工作时发热量大,因此,在闭式传动中,若不及时散热,就会使润滑油温度升高、黏度降低,致使齿面磨损加剧,甚至引起胶合失效。因此,对于闭式蜗杆传动,需进行热平衡计算,以便在油温超过许可值时,采取有效的散热方法。

1. 蜗杆传动的热平衡方程

由摩擦损耗的功率变为热能,借助箱体外壁散热,当发热速度与散热速度相等时,就达到了热平衡。通过热平衡方程,可求出达到热平衡时,润滑油的温度。

蜗杆传动的热平稳方程为:

$$1\,000(1-\eta)P_1=\alpha_t S(t_1-t_0) \tag{4-40}$$

式(4‑40)中,η 为蜗杆传动的总效率;P_1 为蜗杆传动的功率,单位是 kW;α_t 为箱体表面传热系数,根据箱体周围的通风条件,一般取 $\alpha_t=10\sim17$ W/(m² · ℃);S 为散热面积,单位是 m^2,可按箱体的表面积进行估算,但需除去不与空气接触的面积,凸缘和散热片的面积按 50% 计算;t_1 是润滑油的工作温度,一般限制在 60 ℃～70 ℃,最高不得超过 80 ℃;t_0 是周围的空气温度,常温下可取 20 ℃。

由式(4-40)可得出润滑油的工作温度为:

$$t_1 = \frac{1\,000P_1(1-\eta)}{\alpha_t S} \leqslant [t_1] \tag{4-41}$$

也可以得出该蜗杆传动装置所必需的最小散热面积:

$$S_{\min} = \frac{1\,000P_1(1-\eta)}{\alpha_t(t_1-t_0)} \tag{4-42}$$

如果蜗杆传动实际的散热面积小于最小散热面积 $S_{\min}$,或润滑油的工作温度超过 80 ℃,则必须采取强制散热措施。

2. 蜗杆传动机构的散热

蜗杆传动机构的散热目的是保证油温维持在安全范围内,以提高传动能力。常用的散热措施包括以下几种:

(1) 在箱体外壁加散热片以增大散热面积。

(2) 在蜗杆轴上装置风扇(如图 4-47(a))。

如果采用上述方法后,散热能力仍显不足,则可在箱体的油池内铺设冷却水管,用循环水进行冷却(如图 4-47(b))。

(3) 采用压力喷油循环润滑,用油泵将高温的润滑油抽到箱体外,经过滤器、冷却器冷却后,喷射到传动的啮合部位(如图 4-47(c))。

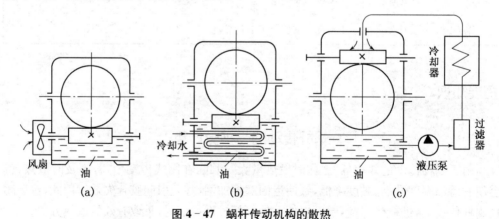

图 4-47　蜗杆传动机构的散热

思 考 题

4-1　渐开线具有哪些重要的性质?为什么渐开线齿轮能保证瞬时传动比不变?

4-2　齿轮的分度圆与节圆有什么区别?压力角与啮合角有什么区别?

4-3　标准齿条有何特点?齿轮齿条啮合传动有何特点?

4-4 请分析标准齿轮标准安装及非标准安装的特点。

4-5 渐开线齿轮的连续传动条件是什么？请分析影响重合度的因素及重合度的物理意义。

4-6 何谓根切？根切有哪些危害？切制标准齿轮及变位齿轮如何避免根切现象？

4-7 与标准齿轮相比，请说明直齿正变位齿轮的下列参数：m、α、α'、d、d'、s、h_f、d_f、d_b 哪些不变？哪些有变化？

4-8 平行轴斜齿轮机构的啮合特点是什么？其正确啮合条件及连续传动条件分别与直齿轮有何区别？

4-9 什么是斜齿轮的当量齿轮？为什么要用当量齿轮？

4-10 蜗杆的模数 m、头数 z_1、导程角 γ、轴向齿距 P_x、分度圆直径 d_1 以及直径系数 q 等参数之间有何关系？直径系数 q 为标准值有何意义？

4-11 为什么疲劳点蚀常发生在闭式齿轮传动中，而在开式齿轮传动中却很少出现？能否说开式齿轮传动的抗点蚀能力比闭式齿轮什么强？

4-12 蜗杆传动中，蜗杆所受的圆周力 F_{t1} 与蜗轮所受的圆周力 F_{t2} 是否相等？

4-13 判断题

(1) 齿轮传动中心距稍有变化而不会影响其传动比的特性，称为中心距的可分离性。

(2) 外啮合斜齿圆柱齿轮传动的正确啮合条件之一是：两齿轮螺旋角大小相等，方向相反。

(3) 一对直齿锥齿轮传动中，两轮轴线夹角通常等于 90°。

(4) 模数一定时，q 值增大，则蜗杆的直径 d_1 增大，蜗杆的刚度提高。

(5) 仿形法加工齿轮方法简单，不需要专用机床，适合于单件生产。

(6) 在大批生产中，齿轮通常采用范成法进行加工，其加工精度和生产效率较高。

(7) 标准齿轮避免根切的措施之一是：使齿轮的齿数不少于国家标准规定的"最少齿数"。

(8) 齿轮齿面的疲劳点蚀首先发生在节点附近的齿顶表面。

(9) 设计硬齿面齿轮时应按接触强度进行设计，因为其主要失效形式是胶合。

(10) 开式齿轮传动的主要失效形式是胶合和点蚀。

(11) 软齿面齿轮设计时，为使配对齿轮的寿命相当，通常使小齿轮齿面硬度比大齿轮高 30～50 HBS。

(12) 设计硬齿面齿轮时，若选用 20CrMnTi，应进行渗碳淬火处理，以满足齿面的硬度要求。

(13) 大小齿轮选择不同的材料和硬度有利于提高齿面抗胶合的能力。

(14) 齿轮传动主要从传动的准确性和平稳性以及载荷的均布性考虑，选择精度的主要依据是速度。

(15) 计算齿轮的接触强度时，许用应力应用两齿轮中较小的许用接触应力。

(16) 齿轮的弯曲强度主要取决于齿轮的模数的大小。

(17) 齿轮传动的润滑方式一般根据齿轮的圆周速度来确定。

（18）当齿轮的圆周速度较低（$v<12$ m/s）时，常将大齿轮的轮齿浸入油池进行浸油润滑。

（19）齿轮传动一般都需要考虑润滑，以减少摩擦损失、散热及防锈蚀。

（20）采用浸油润滑时，浸油深度视其圆周速度而定，对圆柱齿轮通常不宜超过一个齿高。

4-14 选择题

（1）若测得齿轮的齿距 $p=4.71$ mm，则齿轮的模数 m 为_____mm。

  A. 1   B. 1.5   C. 2   D. 2.35

（2）可将主动件的旋转运动转化为从动件的直线往复运动的是_____。

  A. 圆柱齿轮传动   B. 圆锥齿轮传动

  C. 蜗杆传动   D. 齿轮齿条传动

（3）为了保证齿轮的接触宽度，在相互啮合的一对圆柱齿轮中，小齿轮的齿宽 b_1 与大齿轮的齿宽 b_2 相比，应满足_____。

  A. $b_1=b_2$ B. $b_1=b_2+(3\sim5)$mm

  C. $b_2=b_1+(3\sim5)$mm   D. 无法确定

（4）端面模数和法向压力角相等、螺旋角大小相等且旋向相反是_____传动正确啮合的条件。

  A. 直齿圆柱齿轮   B. 斜齿圆柱齿轮

  C. 圆锥齿轮   D. 蜗杆传动

（5）外啮合传动的一对斜齿圆柱齿轮，其螺旋角应大小相等、方向_____。

  A. 相反   B. 相同   C. 满足右手定则   D. 无法确定

（6）圆锥齿轮传动应用于两轴相交的场合，通常两轴的交角_____。

  A. $\sum=30°$ B. $\sum=45°$ C. $\sum=60°$ D. $\sum=90°$

（7）直齿圆锥齿轮的齿形一端大，一端小，为了测量和计算方便，其参数和尺寸均以_____为标准。

  A. 法面   B. 小端   C. 大端   D. 主平面

（8）在垂直交错的蜗杆传动中，蜗杆中圆柱的螺旋升角与蜗轮的螺旋角的关系是_____。

  A. 互余   B. 互补   C. 相等

（9）模数一定时，q 值增大则_____增大，蜗杆的刚度提高。

  A. 蜗轮齿数   B. 蜗轮分度圆直径

  C. 蜗杆分度圆直径 d_1 D. 蜗杆头数

（10）蜗杆传动中，蜗杆的_____越大，传动效率高。

  A. 升角   B. 蜗轮分度圆直径

  C. 蜗轮头数   D. 蜗杆分度圆直径

（11）开式齿轮传动，其主要失效形式是_____。

  A. 齿面胶合   B. 齿面疲劳点蚀

  C. 齿面磨损或轮齿疲劳折断   D. 轮齿塑性变形

（12）对于齿面硬度≤350 HBS 的闭式钢制齿轮传动，其主要失效形式为

_____。

    A. 轮齿疲劳折断   B. 齿面磨损   C. 齿面疲劳点蚀   D. 齿面胶合

    (13) 斜齿圆柱齿轮的齿数 z 与模数 m 不变,若增大螺旋角 β,则分度圆直径 d_1

_____。

    A. 增大   B. 减小

    C. 不变   D. 不一定增大或减小

    (14) 有一直齿圆柱齿轮传动原设计传递功率 P,主动轴转速为 n,若其他条件不变,轮齿的工作应力也不变,当主动轴的转速提高一倍,则齿轮能传递的功率_____。

    A. 不变   B. $2P$ C. $0.5P$ D. $3P$

    (15) 当一对渐开线标准齿轮的材料及热处理、传动比、齿宽系数一定时,齿面的接触疲劳强度与_____有关。

    A. 模数   B. 齿数   C. 节圆直径或中心距

    (16) 当一对渐开线标准齿轮的材料及热处理、传动比、齿宽系数一定时,齿根的弯曲疲劳强度与_____有关。

    A. 模数   B. 齿数   C. 节圆直径

    (17) 已知第一对齿轮传动的 $m=10$ mm,$z_1=20$,$z_2=40$;第二对齿轮传动的 $m=5$ mm,$z_1=40$,$z_2=80$,若其他条件全部相同,则这两对齿轮的接触强度_____。

    A. 相同   B. 第一对齿轮高   C. 第二对齿轮高

    (18) 一对圆柱齿轮传动,小齿轮分度圆直径 $d_1=50$ mm,齿宽 $b_1=55$ mm;大齿轮分度圆直径 $d_2=90$ mm,齿宽 $b_2=50$ mm,则齿宽系数 $\phi_d=$_____。

    A. 1.1   B. 5/7   C. 1   D. 1.3

    (19) 齿轮应进行适当的润滑,常用的润滑方式有_____和喷油润滑。

    A. 飞溅润滑   B. 浸油润滑   C. 油环润滑   D. 间歇润滑

    (20) 当齿轮的圆周速度较低,$v<12$ m/s 时,应采用的润滑方式是_____。

    A. 喷油润滑   B. 飞溅润滑   C. 油环润滑   D. 浸油润滑

习 题

    4-1   当压力角 $\alpha=20°$ 的渐开线标准齿轮的齿根圆与基圆相重合时,其齿数为多少? 又若齿数大于求出的数值,则基圆和齿根圆哪一个更大一些?

    4-2   已知一对渐开线标准外啮合直齿圆柱齿轮传动的模数 $m=5$ mm、压力角 $\alpha=20°$、中心距 $a=350$ mm、传动比 $i_{12}=5/9$。试计算这对齿轮的齿数、分度圆直径、齿顶圆直径、基圆直径以及分度圆上的齿厚和齿槽宽。

    4-3   已知一对渐开线外啮合标准直齿圆柱齿轮,$\alpha=20°$,$h_a^*=1$,$c^*=0.25$,$m=4$ mm,$z_1=18$,$z_2=54$,试求:

    (1) 该对齿轮按 145 mm 中心距安装时两轮的节圆半径及啮合角 α'。

    (2) 按中心距 145mm 安装时,请问这对齿轮能否实现无侧隙啮合传动? 请说明理由。

    4-4   用齿条刀具加工一直齿圆柱齿轮。已知被加工齿轮毛坯的角速度

$\omega_1=5$ rad/s,刀具移动速度为 0.375 m/s,刀具的模数 $m=10$ mm,压力角 $\alpha=20°$。求:

(1) 被加工齿轮的齿数 z_1。

(2) 若齿条分度线与被加工齿轮中心的距离为 77 mm,求被加工齿轮的分度圆齿厚。

4-5 请判断下列情况下,外啮合直齿圆柱齿轮传动属于零传动、正传动和负传动中的哪一种:

(1) $z_1=14$,$z_2=40$,$\alpha=15°$,$h_a^*=1$,$c^*=0.25$。

(2) $z_1=33$,$z_2=47$,$m=6$ mm,$\alpha=20°$,$h_a^*=1$,$a'=235$ mm。

4-6 一对渐开线标准平行轴外啮合斜齿圆柱齿轮机构,其齿数 $z_1=23$,$z_2=53$,$m_n=6$ mm,$\alpha_n=20°$,$h_{an}^*=1$,$c_n^*=0.25$,中心距 $a=236$ mm,试求:

(1) 分度圆螺旋角 β 和两轮分度圆直径 d_1,d_2。

(2) 两轮齿顶圆直径 d_{a1},d_{a2},齿根圆直径 d_{f1},d_{f2} 和基圆直径 d_{b1},d_{b2}。

(3) 当量齿数 z_{v1},z_{v2}。

4-7 已知单头蜗杆的轴向模数是 5 mm,传动比 $i=25$;蜗杆的直径系数 $q=10$,求蜗轮与蜗杆的分度圆直径、中心距。

4-8 有一标准圆柱蜗杆传动,已知模数 $m=8$ mm,传动比 $i=20$,蜗杆分度圆直径 $d=80$ mm,蜗杆头数 $z=2$。试计算该蜗杆传动的主要几何尺寸。

4-9 在图示减速器中,Ⅱ轴上的斜齿轮为何种旋向时,Ⅱ轴的受力状况较好,并说明原因。在图中标出Ⅱ轴、Ⅲ轴的转动方向。

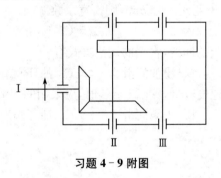

习题 4-9 附图

4-10 图示为斜齿圆柱齿轮减速器,已知主动轮 1 的螺旋角旋向及转向,为了使轮 2 和轮 3 的中间轴的轴向力最小,试确定轮 2、3、4 的螺旋角旋向和各轮产生的轴向力方向。

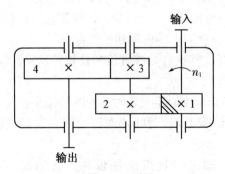

习题 4-10 附图

4-11　图示为直齿锥—斜齿圆柱齿轮减速器，主动轴 1 的转向如图(a)所示，已知锥齿轮 $m=5$ mm，$z_1=20$，$z_2=60$，$b=50$ mm；斜齿轮 $m_n=6$ mm，$z_3=20$，$z_4=80$ 试问：

(1) 当斜齿轮的螺旋角为何旋向及多少度时才能使中间轴上的轴向力为零？

(2) 图(b)表示中间轴，试在两个齿轮的力作用点上分别画出三个分力。

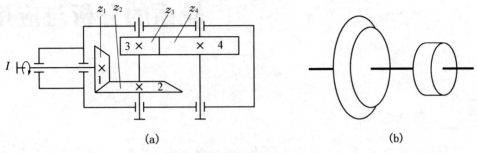

(a)　　　　　　　　　　　　　　(b)

习题 4-11 附图

4-12　试分析图示蜗杆传动中的蜗轮的转动方向及蜗杆、蜗轮所受各分力的方向。

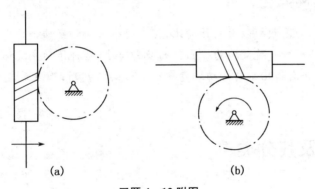

(a)　　　　　　　　　　　　(b)

习题 4-12 附图

第 5 章

轮系的分析与应用

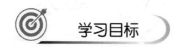

学习目标

了解轮系的分类,掌握定轴轮系、周转轮系和复合轮系的传动比计算及其转向的判断方法,理解各种轮系的特点及其应用。

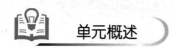

单元概述

动画5-01

平行轴
定轴轮系

工程实践中,为了获得较大的传动比,可采用一系列相互啮合的齿轮来传递运动和动力,将输入轴的一种转速变换为输出轴的多种转速,这种传动系统称为轮系。本章的重点是定轴轮系和周转轮系的传动比计算及其转向的判断;难点是复合轮系的传动比计算。

5.1 轮系及其分类

动画5-02

非平行轴
定轴轮系

在机械中,利用轮系可以使一个主动轴带动几个从动轴的转动,进行分路传动或获得多种转速,也可以实现较远轴之间的运动传递。根据轮系运转时,各齿轮几何轴线相对于机架是否都是固定的特点,将轮系分为定轴轮系、周转轮系和复合轮系。

5.1.1 定轴轮系

当轮系运转时,每个齿轮的几何轴线相对机架都是固定的,这种轮系称为定轴轮系。由轴线相互平行的圆柱齿轮组成的定轴轮系,称为平行轴的定轴轮系,如图 5-1 所示;包含有锥齿轮和蜗杆传动等在内的定轴轮系,称为非平行轴的定轴轮系,如图5-2所示。

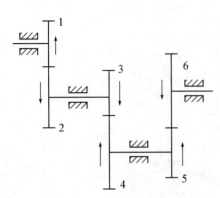

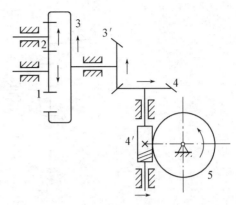

图 5-1　平行轴的定轴轮系　　　　图 5-2　非平行轴的定轴轮系

5.1.2　周转轮系

当轮系运转时,如果至少有一个齿轮的几何轴线相对于机架的位置是变化的,则这种轮系称为**周转轮系**。如图 5-3 所示,齿轮 2 一方面绕自身轴线 O_2 自转,另一方面又随 H 绕轴线 O_1 做公转,这种既有自转又有公转的齿轮称为**行星轮**。H 是支承行星轮的构件,称为**行星架**;齿轮 1、3 的轴线与行星架 H 的轴线相互重合且固定,并且它们都与行星轮啮合,称为**中心轮**或**太阳轮**。

图 5-3(a)所示的周转轮系具有 2 个自由度,这种具有 2 个自由度的周转轮系称为**差动轮系**;如果将差动轮系中的一个中心轮固定,则整个轮系的自由度为 1,这种自由度为 1 的周转轮系称为**行星轮系**,如图 5-3(b)和图 5-3(c)所示。

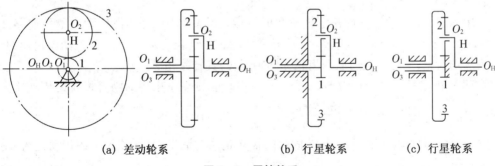

(a)　差动轮系　　　　(b)　行星轮系　　　　(c)　行星轮系

图 5-3　周转轮系

5.1.3　复合轮系

在工程实践中,不但会遇到单一的定轴轮系或单一的周转轮系,还常常会遇到定轴轮系和周转轮系或几个周转轮系的组合,这种轮系称为**复合轮系**,如图 5-4 所示。

动画5-03

差动轮系

动画5-04

行星轮系

视频5-1

汽车变速器行星齿轮系工作原理

动画5-05

复合轮系

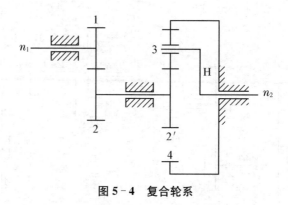

图 5-4　复合轮系

5.2　定轴轮系的传动比计算

所谓轮系的传动比是指该轮系中首末两齿轮的角速度(或转速)之比,分析与计算时,不仅要计算其数值的大小,还要确定输入轴与输出轴的转向关系。

5.2.1　平行轴定轴轮系的传动比计算

由本书第 4 章内容可知:一对相互啮合的定轴齿轮的角速度(或转速)之比等于其齿数的反比,即圆柱齿轮、锥齿轮和蜗杆蜗轮传动的传动比,均可这样表示:$i_{12} = \dfrac{\omega_1}{\omega_2} = \dfrac{n_1}{n_2} = \dfrac{z_2}{z_1}$。

在图 5-1 所示的平行轴定轴轮系的机构运动简图中,可知齿轮动力的传递路线为:1→2=3→4=5→6。其中,"→"所联两齿轮表示啮合关系,1、3、5 为主动齿轮,2、4、6 为从动齿轮;"="代表所联两齿轮为同轴运转,其转速相等。

若各齿轮的齿数分别为 z_1、z_2、z_3、z_4、z_5 和 z_6,则轮系中各对啮合齿轮的传动比大小分别为:$i_{12} = \dfrac{n_1}{n_2} = \dfrac{z_2}{z_1}$,$i_{34} = \dfrac{n_3}{n_4} = \dfrac{z_4}{z_3}$,$i_{56} = \dfrac{n_5}{n_6} = \dfrac{z_6}{z_5}$,且 $n_2 = n_3$、$n_4 = n_5$。假设与齿轮 1 固边的轴为轮系的输入轴,与齿轮 6 固边的轴为轮系的输出轴,则该轮系的传动比为:$i_{16} = \dfrac{n_1}{n_6} = \dfrac{n_1}{n_2} \times \dfrac{n_3}{n_4} \times \dfrac{n_5}{n_6} = \dfrac{z_2}{z_1} \times \dfrac{z_4}{z_3} \times \dfrac{z_6}{z_5}$。

由此可以表明:定轴轮系的传动比的数值等于各对啮合齿轮传动比的连乘积,也等于各对啮合齿轮中各从动轮齿数的连乘积与各主动轮齿数的连乘积之比。此结论可推广至一般情况,若齿轮 1 的轴为轮系的输入轴,齿轮 K 的轴为轮系的输出轴,则该平行轴定轴轮系的传动比数值可表示为:

$$i_{1K} = \frac{n_1}{n_K} = \frac{\text{齿轮 1 至齿轮 } K \text{ 间所有的从动齿轮齿数的连乘积}}{\text{齿轮 1 至齿轮 } K \text{ 间所有的主动齿轮齿数的连乘积}} \qquad (5-1)$$

5.2.2　定轴轮系输入与输出轴转动方向的确定

定轴轮系中各齿轮的相对转向可以通过逐一对齿轮标注箭头的方法来确定,即从已知齿轮的转向开始,沿着传动的路线,对各对啮合齿轮进行转向的判定,并用箭头标注出各齿轮的转动方向。

对于平行轴圆柱齿轮传动,外啮合时,两齿轮的转向相反,即标注箭头的方向相反(如图 5 - 5(a));内啮合时,两齿轮的转向相同,即标注的箭头方向相同(如图 5 - 5(b))。

对于锥齿轮传动,由于啮合点的速度相同,所以表示方向的箭头应该同时指向啮合点或同时背离啮合点(如图 5 - 5(c))。

对于蜗杆蜗轮传动,其转向关系可按"左、右手螺旋法则"来判定,当蜗杆旋向为右旋时,用右手按转动方向握住轴线,以四指方向弯曲表示蜗杆的转向,大拇指所指的相反方向即为蜗轮上啮合点的线速度方向;当蜗杆旋向为左旋时,则用左手按上述方法来判定蜗轮的转向(如图 5 - 5(d))。

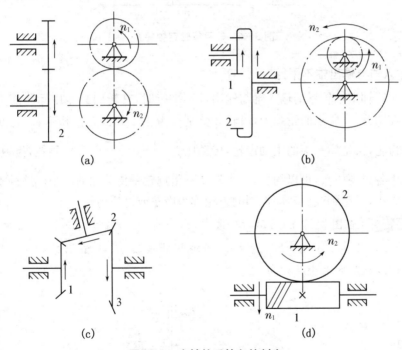

图 5 - 5　定轴轮系转向的判定

在平行轴定轴轮系中,各齿轮的几何轴线都是相互平行的,任意两齿轮的转向不是相同,就是相反。因此,其转向关系可用"+"、"-"来表示,即在传动比数值前加上"+"或"-",所以式(5 - 1)也可以表示为:

$$i_{1K} = \frac{n_1}{n_K} = (-1)^m \frac{齿轮\ 1\ 至齿轮\ K\ 间所有的从动齿轮齿数的连乘积}{齿轮\ 1\ 至齿轮\ K\ 间所有的主动齿轮齿数的连乘积} \qquad (5 - 2)$$

式(5 - 2)中,m 表示平行轴定轴轮系中外啮合的齿轮对数。

5.2.3 非平行轴定轴轮系的传动比计算

1. 输入轴与输出轴相互平行

当非平行轴定轴轮系的输入轴与输出轴相互平行时,传动比数值前,应加上"＋"、"－"来表示输入轴与输出轴的相对转动关系,但其符号只能用标注箭头的方法来判定。如图 5-6 所示的轮系,由图中标注的箭头可知:输入轴与输出轴的转向相反,所以该轮系的传动比为:$i_{14}=\dfrac{n_1}{n_4}=-\dfrac{z_2 z_3 z_4}{z_1 z_2' z_3'}$。

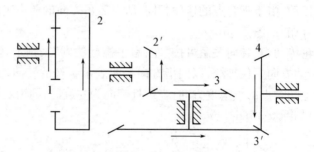

图 5-6 非平行轴定轴轮系

2. 输入轴与输出轴不平行

当非平行轴定轴轮系的输入轴与输出轴不平行时,其转向只能用标注箭头的方法来判定。在图 5-2 所示的轮系中,齿轮 2 分别与齿轮 1 和齿轮 3 相啮合,它既是前一级的从动齿轮,又是后一级的主动齿轮,传动比 $i_{15}=\dfrac{n_1}{n_5}=\dfrac{z_2 z_3 z_4 z_5}{z_1 z_2' z_3' z_4'}$。显然,齿数 z_2 在分子和分母中各出现一次,可以约去,故齿轮 2 不影响轮系传动比的大小。这种不影响传动比数值大小,只起到改变转向作用的齿轮称为惰轮或过桥齿轮。

【例 5-1】 在图 5-7(a)所示的轮系中,已知 $z_1=20,z_2=30,z_2'=20,z_3=40,z_3'=20,z_4=40,z_4'=2(右旋),z_5=80,z_5'=30$,齿轮 $5'$ 的模数 $m=2$ mm,若 $n_1=600$ r/min,求齿条 6 的线速度的大小及方向。

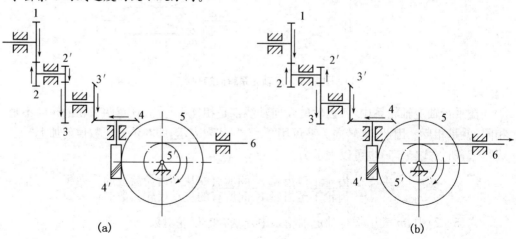

(a)　　　　　　　　　　　　(b)

图 5-7 【例 5-1】附图

解　第一步　分析各齿轮的转向。

对于非平行轴定轴轮系,可从齿轮 1 开始,顺次标出各对啮合齿轮的转动方向,齿轮 $5'$ 的转向为顺时针,所以齿条的运动方向向右,如图 5-7 所示。

第二步　计算轮系的传动比。

由式(5-1)可得:$i_{15}=\dfrac{n_1}{n_5}=\dfrac{z_2 z_3 z_4 z_5}{z_1 z_2' z_3' z_4'}=\dfrac{30\times40\times40\times80}{20\times20\times20\times2}=240$

第三步　计算齿轮 5 的转速、角速度和分度圆上的线速度。

$$n_5=\frac{n_1}{i_{15}}=\frac{600}{240}=2.5 \text{ r/min}, n_5'=n_5=2.5 \text{ r/min}$$

$$\omega_5=2\pi\times2.5/60=0.262 \text{ rad/s}$$

第四步　计算齿轮 $5'$ 的分度圆半径及其上的线速度。

$$r_5'=m\times z_5'/2=2\times30/2=30 \text{ mm}, v_5'=r_5'\times\omega_5=30\times0.262=7.86 \text{ mm/s}$$

所以齿轮 6 的线速度为:$v_6=v_5'=7.86 \text{ mm/s}$(向右)

5.3　周转轮系的传动比计算

在图 5-8(a)所示的行星轮系中,行星轮 z_2 既绕本身的轴线自转,又绕 O_1 或 O_H 公转,因此,无法直接采用式(5-1)进行求解,而通常采用"反转法"来间接地求解其传动比。

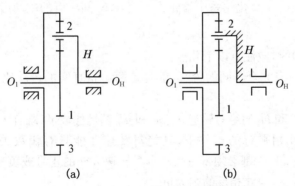

(a)　　　　　　　　　　(b)

图 5-8　行星轮系及其转化轮系

假定行星轮系各齿轮和行星架 H 的转速分别为:n_1、n_2、n_3 和 n_H,采用"反转法"时,就在整个行星轮系上施加一个与行星架转速 n_H 大小相等、方向相反的公共转速 "$-n_H$",将行星轮系转化成一假想的定轴齿轮系(称为转化轮系,如图 5-8(b)所示)。这样,就可以使用定轴齿轮系的传动比计算公式来求解行星齿轮系传动比。

由相对运动原理可知:当在整个行星轮系上施加一个公共转速"$-n_H$"后,该齿轮系中各构件之间的相对运动规律并未改变,但转速发生了变化,其变化结果见表 5-1 所示:

表 5-1　行星轮系采用"反转法"转化前后的转速对比

构件	转化前的绝对转速	转化后的相对转速
齿轮 1	n_1	$n_1^H = n_1 - n_H$
齿轮 2	n_2	$n_2^H = n_2 - n_H$
齿轮 3	n_3	$n_3^H = n_3 - n_H$
行星架 H	n_H	$n_H^H = n_H - n_H = 0$

表 5-1 中,转化轮系中各构件的相对转速 n_1^H、n_2^H、n_3^H、n_H^H 都带有上标"H",表示这些转速是各构件相对于行星架 H 的转速。

周转轮系采用"反转法"转化以后,行星架的相对转速 $n_H^H = n_H - n_H = 0$,由此转化轮系就变成了一个假想的定轴轮系,那么就可以应用定轴轮系的计算公式,求出其中任意两个齿轮的传动比。根据传动比的定义,图 5-8(b)转化轮系中齿轮 1 与齿轮 3 的传动比为:$i_{13}^H = \dfrac{n_1^H}{n_3^H} = \dfrac{n_1 - n_H}{n_3 - n_H} = -\dfrac{z_2 z_3}{z_1 z_2} = -\dfrac{z_3}{z_1}$。此时,等式右边的"一"仅表示在转化机构中齿轮 1 与 3 相对转速 n_1^H 与 n_3^H 的方向相反,并不能说明它们在周转轮系中的绝对转速 n_1 与 n_3 的方向就一定相反,它还取决于周转轮系中 z_1、z_3 以及 n_1、n_3 和 n_H 的数值。

此结论可推广至一般情况,若周转轮系首轮 J、末轮 K 和行星架 H 的绝对转速分别为 n_J,n_K 和 n_H,其转化机构传动比的一般表达式是:

$$i_{JK}^H = \frac{n_J^H}{n_K^H} = \frac{n_J - n_H}{n_K - n_H} = \pm\frac{\text{转化轮系中齿轮 } J \text{ 至齿轮 } K \text{ 间所有的从动齿轮齿数的连乘积}}{\text{转化轮系中齿轮 } J \text{ 至齿轮 } K \text{ 间所有的主动齿轮齿数的连乘积}}$$

(5-3)

应用式(5-3)时,应注意以下几点:

(1) i_{JK} 与 i_{JK}^H 具有完全不同的含义,前者是两齿轮真实的传动比,后者是转化轮系中两齿轮的传动比。

(2) 构件 J、K 和 H 的绝对转速 n_J、n_K 和 n_H 都是代数量(既有大小,又有方向),仅在各构件的轴线互相平行的条件下,其绝对转速才能具有代数关系。所以在应用式(5-3)时,n_J、n_K 和 n_H 都必须带有表示本身转速方向的正号或负号。一般可假定某绝对转速的方向为正,与之相反的则为负。

(3) 应用式(5-3)时,把 J 看成转化轮系中的起始主动齿轮,K 为最末的从动齿轮,中间各齿轮的主从地位也应按这一假设去判别。

(4) 式(5-3)右边的"±"表示转化轮系中齿轮 J 和齿轮 K 的转向关系,用定轴轮系传动比的转向判断方法来确定。

【例 5-2】　在图示的周转轮系中,已知各齿轮的齿数:$z_1 = z_2' = 100$,$z_2 = 99$,$z_3 = 101$,行星架 H 为原动件,试求传动比 i_{H1}。

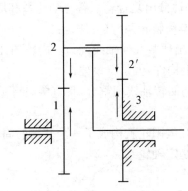

图 5 - 9　【例 5 - 2】附图

解　根据式(5 - 3),有:

$$i_{13}^H = \frac{n_1 - n_H}{n_3 - n_H} = \frac{n_1 - n_H}{0 - n_H} = 1 - \frac{n_1}{n_H} = 1 - i_{1H} = \frac{z_2 z_3}{z_1 z_{2'}}$$

$$i_{1H} = 1 - i_{13}^H = 1 - \frac{99 \times 101}{100 \times 100} = \frac{1}{10\ 000}$$

$$i_{H1} = 10\ 000$$

i_{H1} 数值为正,表示齿轮 1 与行星架 H 的转向相同。

5.4　复合轮系的传动比计算

如果轮系中既包含定轴轮系,又包含周转轮系,或者包含几个基本的周转轮系,则该轮系称为**复合轮系**。复合轮系通常有两种方式构成:① 由几个基本的周转轮系经串联或并联而成,如图 5 - 10(a)所示;② 将定轴轮系与基本周转轮系进行组合而成,如图 5 - 10(b)所示。

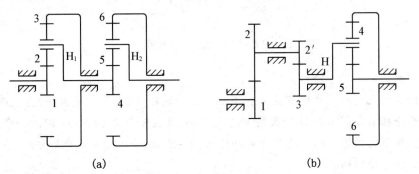

(a)　　　　　　　　　　　(b)

图 5 - 10　复合轮系的构成

由于复合轮系不可能转化成一个单一的定轴轮系,所以不能只用一个公式来求解,正确的方法是将复合轮系中的定轴轮系与周转轮系部分区分开来,分别进行计算,因此,复合轮系传动比的计算方法和步骤为:

第一步　拆分轮系。

拆分轮系就是要判断并拆分出复合轮系各定轴轮系和周转轮系。正确拆分各个轮系的关键,在于找出各个基本周转轮系,其方法是:

① 找出行星齿轮,即找出那些几何轴线绕另一齿轮的几何轴线转动的齿轮;

② 支持行星齿轮的那个构件,就是行星架;

③ 几何轴线与行星架的回转轴线相重合,且直接与行星轮相结合的定轴齿轮就是太阳轮。

这些行星齿轮、行星架和太阳轮就构成了一个基本的周转轮系,区分出各个基本的周转轮系以后,剩下来的就是定轴轮系。

第二步　分别列式。

拆分轮系后,定轴轮系就按定轴轮系的传动比计算方法进行列式,周转轮系就按周转轮系的传动比计算方法进行列式。

第三步　联立求解。

各轮系所列的计算式,进行联立求解。

【例 5 - 3】 在图示的轮系中,已知各齿轮的齿数为:$z_1=20, z_2=40, z_2{}'=20, z_3=30, z_4=80$。试计算传动比 i_{1H}。

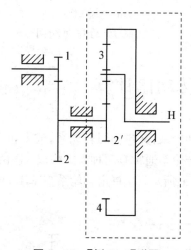

图 5 - 11　【例 5 - 3】附图

解　第一步　拆分轮系。

齿轮 3 的几何轴线是绕齿轮 $2'$ 和齿轮 4 的轴线转动的,是行星齿轮;行星架为 H;与行星齿轮相啮合的齿轮 $2'$ 和齿轮 4 为太阳轮,故齿轮 3、$2'$、4 及 H 组成一个基本周转轮系。剩下的齿轮 1 的齿轮 2 为定轴轮系。因此,该轮系为一混合轮系。

第二步　分别列式。

① 周转轮系的传动比为:$i_{2'4}^{H}=\dfrac{n_2^{H}{}'}{n_4^{H}}=\dfrac{n_2'-n_H}{n_4-n_H}=-\dfrac{z_3 z_4}{z_2' z_3}=-\dfrac{z_4}{z_2'}=-4$

代入给定数据得:$\dfrac{n_2'-n_H}{0-n_H}=-\dfrac{80}{20}=-4$

即:$-\dfrac{n_2'}{n_H}+1=-4, n_2=5n_H$

② 定轴轮系的传动比为：$i_{12} = \dfrac{n_1}{n_2} = -\dfrac{z_1}{z_2} = -\dfrac{40}{20} = -2$

第三步　联立求解，得：$i_{1H} = \dfrac{n_1}{n_H} = \dfrac{-2n_2}{\dfrac{1}{5}n_2} = -10$

5.5　轮系的应用及其特点

轮系在实际机械中应用十分广泛，其应用及特点主要包括以下几个方面：

1. 两轴间较远距离的传动

当输入与输出轴间距离较远时，若仅采用一对齿轮传动（如图 5-12 中虚线所示），则因两齿轮直径相差明显，致使整个机构的轮廓尺寸过大。为节约空间和材料，方便制造和安装，可采用轮系来传动，如图 5-12 中实线所示。

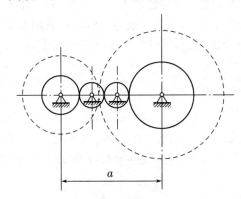

图 5-12　两轴间较远距离的传动

2. 大传动比的传动

在齿轮传动中，一对定轴齿轮的传动比一般在 5～7 之间，当两轴间需要传递较大的传动比时，若采用多级齿轮组成的定轴轮系，则会因轮系中包含较多的轴和齿轮，导致结构复杂。此时可采用周转轮系，如【例 5-2】中的行星轮系，仅由两对齿轮组成，不仅机构外廓尺寸小，且小齿轮不易损坏，传动比可大至 10 000。

当然，这种类型的轮系，传动比越大，机械效率就越低，所以无法传递较大的功率，只适用于作辅助的减速机构。如将其作为增速传动，则会导致自锁现象。

3. 变速及换向传动

在图 5-13 所示的汽车变速箱中，Ⅰ是动力输入轴，Ⅱ是输出轴，齿轮 1 与 2 始终保持啮合。此时，一方面可操纵滑移齿轮 8 实现与齿轮 3 的分离或啮合，另一方面可操纵双联滑移齿轮 6 和 7，分别实现与齿轮 5 或 4 的分离或啮合。因此，在输入轴Ⅰ的转速和转向不变的情况下，利用轮系可以使输出轴Ⅱ获得多种转速或转向的变换。

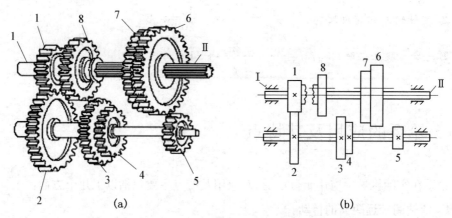

图 5-13　汽车变速器的传动轮系

4. 运动的合成与分解

运动的合成是指将两个输入运动合成为一个输出的运动,运动的分解是将一个输入运动分解为两个输出的运动,运动的合成与分解均可采用差动轮系来实现。

最简单的、用于运动合成的轮系如图 5-14 所示,其中 $z_1=z_3$,由式(5-3)可得:

$$i_{13}^H=\frac{n_1^H}{n_3^H}=\frac{n_1-n_H}{n_3-n_H}=-\frac{z_3}{z_1}=-1$$

解得:
$$2n_H=n_1+n_3$$

这种轮系可用于加法机构,当齿轮 1 和齿轮 3 的轴分别表示输入的两种转速时,行星架转速的 2 倍就是它们的和,这种运动的合成在机床、计算机机构和补偿装置中得到广泛的应用。

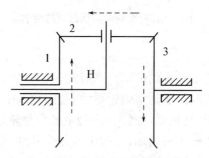

图 5-14　加法机构

如果以行星架 H 和太阳轮 1(或太阳轮 3)作为主动齿轮,则上式可写成:$n_3=2n_H-n_1$。此式说明:太阳轮 3 的转速是行星架 H 转速的 2 倍与太阳轮 1 的转速之差,所以这种轮系可用于减法机构。

如图 5-15 所示,当汽车直线行驶时,左、右两车轮转速相等,行星轮不发生自转,齿轮 1、2、3 可作为一个整体,随齿轮 4 一起转动,此时 $n_1=n_3=n_4$。

— 134 —

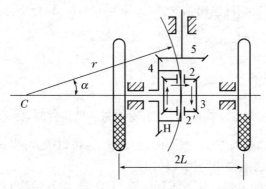

图 5-15　汽车后桥差速器

　　当汽车拐弯时(假设左转弯),为保证两车轮与地面做纯滚动(不产生滑动,以减少轮胎的磨损),就要求右车轮比左车轮转动得快一些,此时齿轮 1 和齿轮 3 之间便发生相对的转动,齿轮 2 不仅随齿轮 4 绕后车轮轴线公转,还得绕自己的轴线自转。显然左、右两车轮行走的距离应不相同,即要求左、右轮的转速也不相同。此时,可通过齿轮 1、2、3 和齿轮 4 组成差动轮系,其结构与图 5-14 完全相同,故有:$2n_4 = n_1 + n_3$。

　　再根据图 5-15 可见:当汽车的车身绕其瞬时回转中心 C 转动时,左、右两车轮超过的弧长与其至 C 点的距离成正比,即:$\dfrac{n_1}{n_3} = \dfrac{r-L}{r+L}$。当发动机经传动轴和齿轮 5 传递给齿轮 4 的转速 n_4、轮距 $2L$ 和转弯半径 r 为已知时,即联立求解出左右两车轮的转速 n_1 和 n_3。

　　由此可见,汽车后桥差速器可将齿轮 4 的一个输入转速 n_4,根据转弯半径 r 的变化,自动分解为左、右两后车轮的转速 n_1 和 n_3。

拓展知识

几种特殊的轮系传动

1. 渐开线少齿差行星轮系传动

　　如图 5-16 所示,渐开线少齿差行星轮系由固定不动的太阳轮 1、行星齿轮 2、行星架 H(作为输入轴)、输出轴 X、机架以及等速比机构 M 组成。其中等速比机构的功能,是将轴线可动的行星齿轮 2 的运动同步地传送给轴线固定的 X 轴,以便将运动和动力输出。

　　与前述的几种行星轮系不同的是:它输出的是行星齿轮的绝对转速,而不是太阳轮或行星架的绝对转速。由于太阳轮和行星齿轮的齿廓均为渐开线,且齿数差很少(一般为 1~4),故称为渐开线少齿差行星轮系传动。因其中只有一个太阳轮、一个

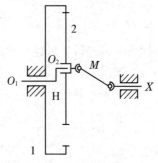

图 5-16　渐开线少齿差行星轮系

行星架和一个带输出机构的输出轴 V,故又称为 K-H-V 行星轮系。

由图 5-14 分析可知,其传动比:$i_{12}^{H} = \dfrac{n_1^{H}}{n_2^{H}} = \dfrac{n_1 - n_H}{n_2 - n_H} = \dfrac{z_2}{z_1}$

由于 $n_1 = 0$,所以 $\dfrac{0 - n_H}{n_2 - n_H} = \dfrac{z_2}{z_1}$

因此,当行星架作为主动构件,行星齿轮作为从动构件时,传动比 $i_{H2} = -\dfrac{z_2}{z_1 - z_2}$

该式表明:当齿数差 $(z_1 - z_2)$ 很小时,传动比 i_{H2} 可以很大;当 $z_1 - z_2 = 1$ 时,其传动比 $i_{H2} = -z_2$,"$-$"号表示输出与输入转向相反。

由于行星齿轮 2 除了自转外还随行星架 H 公转,故其轴线 O_2 不固定。为了将行星齿轮的运动不变地传递给具有固定轴线的输出轴 X,可采用传递两平轴间运动的联轴器,如双万向联轴器、十字滑块联轴器或孔销式输出机构。

渐开线少齿差行星轮系传动的主要优点是:传动比大,结构简单紧凑,体积小,重量轻,加工维修容易,效率高(单级为 0.80~0.94);其缺点是:转臂轴承受力大,为了使内齿轮副能正确啮合,必须采用短齿的变位齿轮,且计算较复杂。它适用于中小型动力传动,在轻工机械、化工机械、仪表、机床及起重运输机械中获得广泛应用。

2. 摆线针轮行星轮系传动

如图 5-17 所示,摆线针轮行星轮系的行星齿轮 2 采用摆线作齿廓,与渐开线少齿差行星轮系相比,制造和装配难度更大,固定不动的太阳轮 1 的齿形,在理论上呈针状(实际上制成滚子)固定在壳体上,称为针轮。

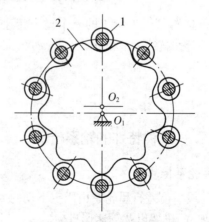

图 5-17　摆线针轮行星轮系

摆线少齿差行星齿轮传动的齿数差 $z_1 - z_2 = 1$,单级传动比可达 9~87,啮合齿数多,摩擦、磨损小,承载能力强,在军工、冶金和造船工业机械中获得广泛应用。

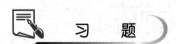

思 考 题

5-1　当定轴轮系中输入和输出轴平行时,如何确定传动比前的正、负号?

5-2　什么是惰轮?惰轮在轮系中起什么作用?

5-3　什么是周转轮系的转化机构?i_{12}^{H}是不是周转轮系中 A、B 两齿轮的传动比?如何确定周转轮系输出轴的回转方向?

5-4　怎样从一个复合轮系中区分哪些构件组成一个周转轮系?哪些构件组成一个定轴轮系?

5-5　判断题

(1) 惰轮不但能改变轮系齿轮传动方向,而且能改变传动比。

(2) 行星轮系中必须有一个太阳轮是固定不动的。

(3) 周转轮系的传动比计算是通过给行星架一个负角速度,将其转化为定轴轮系,再利用定轴轮系传动比计算公式来进行计算,这种方法称为"反转法"。

(4) 逐对标箭头的方法适用于任意周转轮系中的任意齿轮间齿轮转向的判断。

(5) 计算复合轮系传动比的关键是区分轮系,一定要分别计算各轮系的传动比,再合并计算得到总的传动比。

(6) 差动轮系的自由度为 2,所以只有用差动轮系才能实现运动的合成或分解。

5-6　选择题

(1) 轮系中的两个中心轮都运动的是_____轮系。

　　A. 行星　　　　　　　B. 周转　　　　　　　C. 差动

(2) 下列轮系的自由度为 1 的是_____轮系。

　　A. 行星　　　　　　　B. 周转　　　　　　　C. 差动

(3) 汽车后桥差速器应用了齿轮系的_____功能。

　　A. 实现较远距离传动　　　　　　　B. 实现大的传动比

　　C. 实现运动的合成　　　　　　　　D. 实现运动的分解

(4) 惰轮在轮系中的作用如下:① 改变从动轮转向;② 改变从动轮转速;③ 调节齿轮轴间距离;④ 提高齿轮强度。其中有_____作用是正确的。

　　A. 1 个　　　　　　　B. 2 个　　　　　　　C. 3 个　　　　　　　D. 4 个

(5) 在两轴之间多级变速传动,选用_____轮系较合适。

　　A. 定轴　　　　　　　B. 行星　　　　　　　C. 差动

(6) 若要在三轴之间实现运动的合成或分解,应选用_____轮系。

　　A. 定轴　　　　　　　B. 行星　　　　　　　C. 差动

习　题

5-1　在图示钟表传动示意图中,E 为擒纵轮,N 为发条盘,S、M、H 分别为秒针、分针、时针。设 $z_1=72$,$z_2=12$,$z_3=64$,$z_4=8$,$z_5=60$,$z_6=8$,$z_7=60$,$z_8=6$,$z_9=8$,$z_{10}=24$,$z_{11}=6$,$z_{12}=24$,求秒针与分针的传动比 i_{SM} 和分针与时针的传动比 i_{MH}。

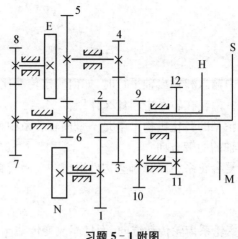

习题 5‑1 附图

5‑2 如图 5‑9 所示的轮系中,各轮的齿数为 $z_1=32$, $z_2=34$, $z_2'=36$, $z_3=64$, $z_4=64$, $z_5=17$, $z_6=24$,均为标准齿轮传动。若轴Ⅰ按图示方向以 1 250 r/min 的转速回转,则轴Ⅵ按图示方向以 600 r/min 的转速回转。求轮 3 的转速 n_3。

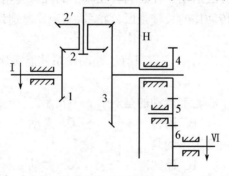

习题 5‑2 附图

5‑3 图示为一电动提升装置,其中各轮齿数均为已知,试求传动比 i_{15},并画出当提升重物时电动机的转向。

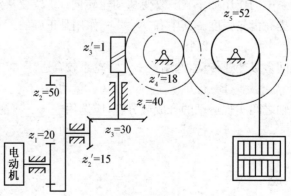

习题 5‑3 附图

5‑4 在如图所示的轮系中,已知 $z_1=2$(右旋), $z_2=60$, $z_3=15$, $z_4=30$, $z_5=15$, $z_6=30$,求:(1) 该轮系的传动比 i_{16};(2) 若 $n_1=1\,200$ r/min,求齿轮 6 的转速大小和方向?

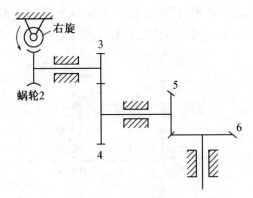

习题 5-4 附图

5-5 在如图所示的行星轮系中,已知各齿轮的齿数为: $z_1=60, z_2=20, z_2'=25,$ $z_3=15$。 $n_1=50$ r/min, $n_3=300$ r/min, n_1 与 n_3 的转向相反,试计算 n_H 的大小并判断其转向?

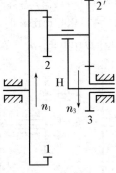

习题 5-5 附图

5-6 图示为卷扬机传动示意图,悬挂重物 G 的钢丝绳绕在鼓轮 5 上,鼓轮 5 与蜗轮 4 联接在一起。已知各齿轮的齿数, $z_1=20, z_2=60, z_3=2$ (右旋), $z_4=120$ 。试求:

(1) 轮系的传动比 i_{14} ;(2) 若重物上升,加在手把上的力应使轮 1 如何转动?

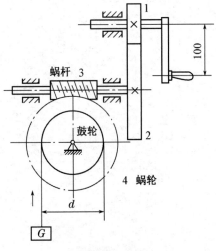

习题 5-6 附图

5-7 如图所示差动轮系中,已知各轮的齿数 $z_1=30$, $z_2=25$, $z_2'=20$, $z_3=75$,齿轮 1 的转速为 200 r/min(箭头朝上),齿轮 3 的转速为 50 r/min,求行星架转速 n_H 的大小和方向。

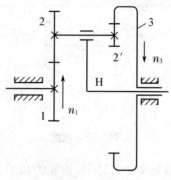

习题 5-7 附图

5-8 如图所示机构中,已知 $z_1=17$, $z_2=20$, $z_3=85$, $z_4=18$, $z_5=24$, $z_6=21$, $z_7=63$,求:(1) 当 $n_1=10\ 001$ r/min, $n_4=10\ 000$ r/min 时, $n_P=?$ (2) 当 $n_1=n_4$ 时, $n_P=?$ (3) 当 $n_1=10\ 000$ r/min, $n_4=10\ 001$ r/min 时, $n_P=?$

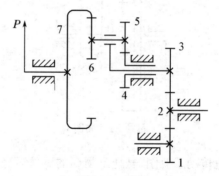

习题 5-8 附图

第6章

带传动和链传动机构

学习目标

　　了解带传动和链传动的基本类型、特点及应用,掌握 V 带和滚子链的组成及其结构,能根据工作情况及相关要求对 V 带进行设计和计算,掌握滚子链的运动分析。

单元概述

　　带传动和链传动是常见的机械传动形式,二者都是通过中间挠性件(带或链)、在中心距较大的两轴间传递运动和动力。与齿轮机构相比,具有结构简单、成本低廉等特点。本章的重点包括带传动和链传动的类型及特点、安装与维护等;难点包括带的弹性滑动与打滑、V 带和滚子链机构的分析与设计等。

6.1　带传动的类型及特点

　　带传动是在两个或两个以上带轮间,以各种形式的环形传动带为挠性曳引元件,依靠摩擦(或啮合)进行运动和动力传递的装置。

6.1.1　带传动的工作原理

　　带传动由主动轮、从动轮及带组成,根据工作原理的不同,可分为摩擦带传动和啮合带传动。如图 6-1(a)所示,在摩擦带传动中,传动带 3 紧套在主动轮 1 和从动轮 2 上,在其接触面上均可产生正压力。当主动轮 1 转动时,传动带 3 与主动轮 1 之间产生摩擦力,其方向与主动轮 1 的圆周速度方向相同,驱使传动带 3 运动;在从动轮 2 上,传动带 3 作用于从动轮 2 上的摩擦力方向与带的运动方向相同,靠此摩擦力,可以使从动轮 2 产生转动,从而实现主动轮 1 至从动轮 2 之间的运动和动力的传递。

　　如图 6-1(b)所示,在啮合带传动中,依靠传动带 3 的齿与主动轮 1、从动轮 2 上的齿分别进行啮合来传递运动。

动画6-01

摩擦带传动

动画6-02

啮合带传动

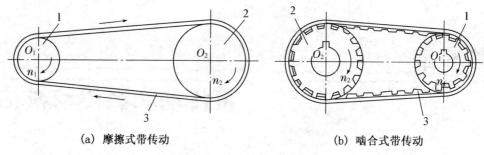

(a) 摩擦式带传动　　　　　　　　　　(b) 啮合式带传动

图 6-1　带传动的工作原理

6.1.2　带传动的基本类型及应用

V带传动

圆带传动

多楔带传动

在摩擦带传动中,根据传动带的横截面形状,可分为四种类型:

(1) 平带传动。如图 6-2(a)所示,平带的横截面为扁平的矩形,其工作面为内表面,常用的平带为橡胶帆布带,主要应用于传动中心距较大的运输机械。

(2) V带传动。如图 6-2(b)所示,V带的横截面为梯形,其工作面为两侧面。与平带相比,由于传动带与带轮之间的正压力作用于楔形面上,当量摩擦因数大,能传递较大的功率,结构较紧凑,因此,应用最为广泛。

(3) 圆带传动。如图 6-2(c)所示,圆带的横截面为圆形,通常由棉绳、尼龙或皮革制成,主要应用于传递功率较小的仪表或厨房电器等。

(4) 多楔带传动。如图 6-2(d)所示,多楔带由若干根 V 带组合在一体,可避免多根 V 带因长度不一,传力不均匀的缺点,主要应用于传递功率较大且要求结构紧凑的场合。

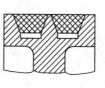
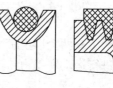
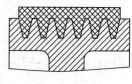

(a) 平带　　　　　　　(b) V带　　　　　　　(c) 圆带　　　　　　(d) 多楔带

图 6-2　摩擦带的横截面形状

摩擦带传动适用于要求传动平稳,且不要求具有严格传动比的场合。在装备制造业中,应用最为广泛的是 V 带传动,其传递功率一般不超过 100 kW,传动带的工作速度通常为 5~25 m/s,传动比不大于 7,传动效率为 0.9~0.96,一般应用于传动系统的高速级,本章将重点介绍 V 带传动。

啮合带是依靠传动带上的齿或孔与带轮上的齿直接啮合来传递运动和动力的,啮合带传动主要有两种类型:

(1) 同步带传动。如图 6-3(a)所示,同步带在工作时,传动带与带轮上的齿相互啮合,可避免二者之间产生相对滑动,保证两带轮的圆周速度相同,同步带传动主要应用于数控机床或纺织机械等需要速度同步的场合。

(2) 齿孔带传动。如图 6-3(b)所示,齿孔带在工作时,传动带上的孔与带轮上的齿相互啮合,同样可保证同步运动,齿孔带传动主要应用于放映机和针式打印机等,此时,被输送的胶片和纸张即为有齿孔的带。

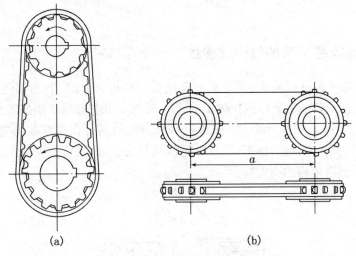

(a)   (b)

图 6‑3 同步带与齿孔带传动

鉴于结构上的特点,啮合带兼有带传动和齿轮传动的优点:传动平稳、无噪音,传动比准确,结构紧凑。啮合带的传递功率和工作速度最大可分别达到 100 kW 和 50 m/s,传动比不大于 12,传动效率为 0.98~0.99,一般适用于高速传动。

6.1.3 带传动的特点

与其他传动机构相比,带传动是一种比较经济的传动形式,其优点主要包括:

(1) 传动带具有良好的弹性,可缓冲和吸振,传动平稳、噪音较小。

(2) 结构简单,适用于制造精度要求较低,特别是中心距较大的场合。

(3) 工作过载时,传动带与带轮之间会自动打滑,不致损伤从动零件,对整个机器能起到安全保护作用。

(4) 无需润滑,制造和维护方便,使用成本低廉。

带传动的缺点主要包括:

(1) 对于摩擦带,由于是采用柔性曳引元件,在传动过程中会时而拉长、时而缩短,导致传动带沿带轮的表面向前或向后爬行,这种现象称为弹性滑动。这种弹性滑动致使传动速度损失,无法保证恒定的传动比。此外,滑动摩擦还会损耗功率,降低效率。

(2) 带的使用寿命较短,一般使用 2 000~3 000 h 后就必须进行更换,且不适用于高温和有化学腐蚀性介质的场合。

6.2 V带传动的结构分析

6.2.1 标准普通 V 带的结构及参数

目前,普通 V 带已标准化,其外形呈无接头的环形,截面形状为等腰梯形。如图 6-4 所示,普通 V 带的截面由抗拉体 1、顶胶 2、底胶 3 和包布层 4 组成。其中,抗拉体由帘布(如图 6-4(a)所示)和线绳(如图 6-4(b)所示)两种化学纤维构造。帘布芯 V 带制造方便,抗拉强度较高,应用较广;线绳芯 V 带挠性好,抗弯强度高,适用于转速较高、载荷较小、要求结构紧凑的场合。

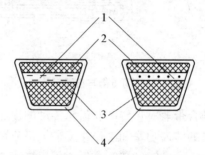

图 6-4 标准普通 V 带的截面构造

按照 GB/T 11544—2012 规定,标准普通 V 带有 Y、Z、A、B、C、D、E 共七种型号,按字母排序,截面面积和承载能力逐级增大,其截面参数的公称尺寸见表 6-1 所示。

表 6-1 普通 V 带截面参数的公称尺寸

截面尺寸示意图	型 号	节宽 b_p/mm	顶宽 b/mm	高度 h/mm	楔角 α/°
	Y	5.3	6.0	4.0	
	Z	8.5	10.0	6.0	
	A	11.0	13.0	8.0	
	B	14.0	17.0	11.0	40
	C	19.0	22.0	14.0	
	D	27.0	32.0	19.0	
	E	32.0	38.0	23.0	

V 带工作时,将发生弯曲变形,使顶胶伸长而变窄、底胶缩短而变宽,但二者之间有一层长度保持不变,称为节面,其宽度称节宽 b_p。

V 带的节线长度称为基准长度(也称公称长度),用 L_d 表示。按照 GB/T 13575.1—2008 规定,各种型号的普通 V 带都有一系列的基准长度,以满足不同中心距的需要。考虑到实际的带长不等于特定的基准长度,标准还引入了修正系数 K_L。各种型号普通 V 带的基准长度及修正系数见表 6-2 所示:

表 6-2　普通 V 带的基准长度 L_d/mm 及修正系数 K_L

型号													
Y		Z		A		B		C		D		E	
L_d	K_L	L_d	K_L	L_d	K_L	L_d	K_L	L_d	K_L	L_d	K_L	L_d	K_L
200	0.81	405	0.87	630	0.81	930	0.83	1 565	0.82	2 740	0.82	4 660	0.91
224	0.82	475	0.90	700	0.83	1 000	0.84	1 760	0.85	3 100	0.86	5 040	0.92
250	0.84	530	0.93	790	0.85	1 100	0.86	1 950	0.87	3 330	0.87	5 420	0.94
280	0.87	625	0.96	890	0.87	1210	0.87	2 195	0.90	3 730	0.90	6 100	0.96
315	0.89	700	0.99	990	0.89	1 370	0.90	2 420	0.92	4 080	0.91	6 850	0.99
355	0.92	780	1.00	1 100	0.91	1 560	0.92	2 715	0.94	4 620	0.94	7 650	1.01
400	0.96	920	1.04	1 250	0.93	1 760	0.94	2 880	0.95	5400	0.97	9 150	1.05
450	1.00	1 080	1.07	1 430	0.96	1 950	0.97	3 080	0.97	6 100	0.99	12 230	1.11
500	1.02	1 330	1.13	1 550	0.98	2 180	0.99	3 520	0.99	6 840	1.02	13 750	1.15
		1420	1.14	1 640	0.99	2 300	1.01	4 060	1.02	7 620	1.05	15 280	1.17
		1 540	1.54	1 750	1.00	2 500	1.03	4 600	1.05	9 140	1.08	16 800	1.19
				1 940	1.02	2 700	1.04	5 380	1.08	10 700	1.13		
				2 050	1.04	2 870	1.05	6 100	1.11	12 200	1.16		
				2 200	1.06	3 200	1.07	6 815	1.14	13 700	1.19		
				2 300	1.07	3 600	1.09	7 600	1.17	15 200	1.21		
				2 480	1.09	4 060	1.13	9 100	1.21				
				2 700	1.10	4 430	1.15	10 700	1.24				
						4 820	1.17						
						5 370	1.20						
						6 070	1.24						

注：普通 V 带标记示例，截面型号为 A 型、基准长度为 1250 的 V 带标记为：A1250 GB/T 13575.1—2008。

6.2.2　普通 V 带轮的结构形式

带轮是 V 带传动中的重要零件，普通 V 带轮由轮缘、轮毂和轮辐组成。其中，制有 V 形槽、用于安装 V 带的部分称为**轮缘**，带轮与轴相联接的部分称为**轮毂**，轮缘与轮毂相联接的部分称为**轮辐**。

根据带轮直径的大小，普通 V 带轮有实心式（如图 6-5(a)所示）、腹板式（如图 6-5(b)所示）、孔板式（如图 6-5(c)所示）和轮辐式（如图 6-5(d)所示）四种形式。当普通 V 带轮的基准直径 $d_d \leqslant 2.5 d_s$（d_s 为轴的直径）时，可采用实心式；当基准直径 $d_d \leqslant$

300 mm 时,可采用腹板式,其中,若 $d_r - d_h \geqslant 100$ mm,为便于安装起吊和减轻质量,也可采用孔板式;当基准直径 $d_d > 300$ mm 时,则多采用轮辐式。

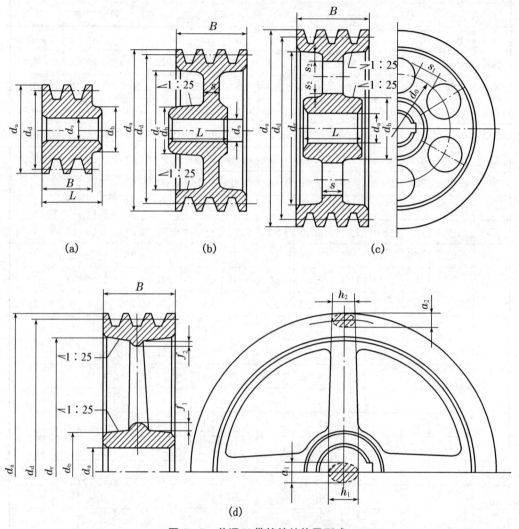

图 6-5　普通 V 带轮的结构及形式

　　普通 V 带轮的结构设计主要是根据带轮的基准直径选择结构形式,再根据带的型号确定轮槽尺寸,带轮的其他尺寸可按经验公式进行确定或查阅《机械设计手册》。

　　为便于制造,普通 V 带轮的结构应尽量简单,具备较好的结构工艺性和加工工艺性,避免在铸造或焊接过程中产生过大的内应力;转速较高时,还应进行动平衡试验。轮槽的工作面应进行精加工处理,以降低对 V 带的磨损。

6.3　V 带传动的设计与计算

6.3.1　V 带传动的工作情况分析

安装 V 带时,传动带必须以一定的初拉力 F_0 张紧在两带轮的轮槽上,并产生正压力。V 带机构未工作时(如图 6-6(a)所示),传动带两边的拉力相等,均为 F_0;工作状态下(如图 6-6(b)所示),主动轮的转动使接触面间产生摩擦力,主动轮作用于传动带上的摩擦力方向与其圆周速度方向相同,而从动轮作用于传动带上的摩擦力方向与其圆周速度方向相反。因此,进入主动轮一侧,带的拉力由 F_0 增大到 F_1,称为**紧边**;而离开主动轮一侧,带的拉力由 F_0 减小到 F_2,称为**松边**。二者拉力之差即为带的**有效拉力** F_e,也就是带所传递的圆周力。若假设环形 V 带在工作状态下的总长度保持不变,则传动带紧边拉力的增量与松边拉力的减量相等。

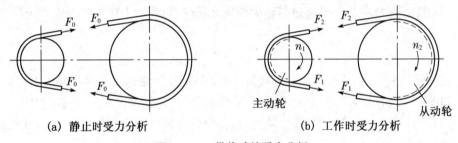

(a) 静止时受力分析　　　　(b) 工作时受力分析

图 6-6　V 带传动的受力分析

实践证明:有效拉力 F_e(单位为 N)、带的工作速度 v(单位为 m/s)与传递功率 P(单位为 kW)之间的关系为:

$$P = \frac{F_e v}{1\,000} \qquad (6-1)$$

实际上,有效拉力 F_e 等于带与带轮在接触面上各点摩擦力的总和。正常工作时,带与带轮之间的摩擦为静摩擦,而静摩擦力有一个极限值。在极限临界状态下,带传动的有效拉力达到最大值 F_{emax},其计算公式为:

$$F_{emax} = 2F_0\left(1 - \frac{2}{1 + e^{f_v \alpha_1}}\right) \qquad (6-2)$$

由此可见,影响最大有效拉力的因素主要包括三个方面:

(1) 初拉力 F_0。即初拉力 F_0 越大,有效拉力的最大值 F_{emax} 越大。因此,在安装 V 带时,需保证 V 带具有一定的初拉力。初拉力过大时,会使 V 带的磨损加剧,致其过快松弛而降低 V 带的使用寿命;初拉力过小时,则 V 带所传递的功率减小,机构运转时,易产生跳动或打滑的现象。

（2）包角 α_1。如图 6-7 所示，小带轮（即主动轮）上的包角 α_1 指的是 V 带与小带轮接触弧所对应的中心角。包角 α_1 越大，有效拉力的最大值 F_{emax} 越大，一般规定：V 带小带轮的包角 $\alpha_1 \geqslant 120°$。

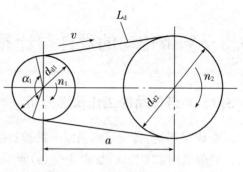

图 6-7 小带轮上的包角

（3）摩擦因数 f_v。摩擦因数 f_v 越大，有效拉力的最大值 F_{emax} 越大，传动的能力也越大。

V 带工作时，在其横截面上，通常存在三种应力：

（1）拉应力。紧边拉力 F_1 和松边拉力 F_2 分别产生拉应力 σ_1 和 σ_2，且有：

$$\sigma_1 = \frac{F_1}{A}, \quad \sigma_2 = \frac{F_2}{A} \tag{6-3}$$

式（6-3）中，A 为 V 带的截面积（mm^2）。

（2）离心应力。当 V 带绕过带轮做圆周运动时，由离心力产生离心应力 σ_c：

$$\sigma_c = \frac{qv^2}{A} \tag{6-4}$$

式（6-4）中，q 为 V 带单位长度质量（kg/m）；v 为 V 带的工作速度（m/s）。

如图 6-8 所示，离心应力 σ_c 作用于 V 带的全长，并且包含在 σ_1 和 σ_2 之中。

（3）弯曲应力。当 V 带绕在带轮上时，由带的弯曲变形产生弯曲应力，且在其最外层达到最大值：

$$\sigma_{b1} = E\frac{2y}{d_{d1}}, \quad \sigma_{b2} = E\frac{2y}{d_{d2}} \tag{6-5}$$

式（6-5）中，E 为 V 带的弹性模量（MPa）；y 为 V 带的节面至最外层之间的垂直距离（mm）；d_{d1} 和 d_{d2} 分别为小带轮和大带轮的基准直径（mm）。

V 带工作时的应力分布如图 6-8 所示，其中，小带轮为主动轮，带上各截面的应力大小用自该点引出的向径或带的垂线的长短来表示。显然，最大的应力 σ_{max} 作用于紧边刚刚绕上小带轮的截面上，且有：$\sigma_{max} = \sigma_1 + \sigma_c + \sigma_{b1}$。

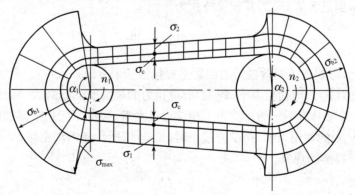

图 6-8 V 带工作时的应力分布

拓展知识

V 带的弹性滑动

工作状态下，V 带受到拉力作用产生弹性变形，在线弹性范围内，根据胡克定律，紧边和松边的单位伸长量分别为 $\varepsilon_1 = \dfrac{F_1}{EA}$，$\varepsilon_2 = \dfrac{F_2}{EA}$。由于 $F_1 > F_2$，所以 $\varepsilon_1 > \varepsilon_2$。

如图 6-9 所示，当 V 带绕入小带轮时，V 带上的点 B 和带轮上的点 A 重合在一起且速度相等。当小带轮从点 A 转至点 A_1 时，V 带所受到的拉力从 F_1 逐渐下降至 F_2，V 带的弹性伸长量也逐渐减少，从而使 V 带沿带轮接触面逐渐向后收缩而产生相对滑动。这种由于拉力差和 V 带的弹性变形而引起的相对滑动称为 V 带的**弹性滑动**。此时，V 带上的点 B 滞后于带轮上的点 A 而仅运动至点 B_1，即 V 带的速度小于带轮的圆周速度。同理，在大带轮上，则情况相反：当大带轮从点 C 转至点 C_1 时，由于拉力逐渐增大，使 V 带逐渐伸长，使其沿带轮接触面向前滑动了 $C_1 D_1$ 的距离，从而使 V 带的速度大于带轮的圆周速度。

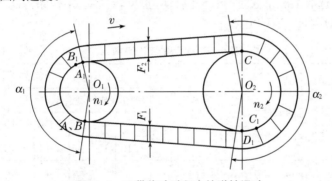

图 6-9 V 带传动过程中的弹性滑动

V 带的弹性滑动使其瞬时传动比无法保持恒定（大带轮的圆周速度低于小带轮），降低了 V 带的传动效率，易导致 V 带的磨损加快和温度升高。

6.3.2 V 带传动主要失效形式及设计准则

1. V 带传动主要失效形式

（1）打滑。与弹性滑动不同，V 带的打滑是指由于过载造成的 V 带在带轮上的全面滑动。打滑可以避免，但弹性滑动无法避免。打滑会使 V 带的磨损加剧，此时大带轮（从动轮）的转速将急剧下降，甚至导致传动失效。

（2）疲劳。工作状态下，V 带的任一截面上都承受着交变应力的作用，当应力循环达到一定的次数后，V 带的局部将出现脱层、疏松甚至断裂现象，从而丧失传动能力。

2. V 带传动的设计准则

根据 V 带传动的主要失效形式，其设计准则为：在保证 V 带传动不打滑的前提下，

充分发挥 V 带的传动能力,并保证其具有足够的疲劳强度和使用寿命。

6.3.3 普通 V 带传动的设计步骤

设计普通 V 带传动机构需给定的设计参数主要包括:V 带传动的工作情况条件(如环境温度、介质条件、每天运转时间和载荷变动等)、传递的功率 P(通常指设备原动机的额定功率或从动机的实际功率)、小带轮(主动轮)转速 n_1、大带轮(从动轮)的转速 n_2(或传动比 i)以及对传动空间方面的其他要求。

1. 确定 V 带的设计功率 P_d

在综合考虑工作机的载荷性质,以及每天运转的时间长短等因素的基础上,V 带的计算功率 P_d 可根据传递的功率 P 进行计算:

$$P_d = K_A \cdot P \qquad (6-6)$$

式(6-6)中,K_A 为 V 带的工况系数(见表 6-3 所示),P 为 V 带传递的额定功率(kW)。

按表 6-3 选取工况系数时,在反复启动、正反转频繁、工作条件恶劣等场合,普通 V 带的工况系数 K_A 应再乘以 1.2。

表 6-3　V 带的工况系数 K_A

工作机的载荷性质		工况系数 K_A					
		空载或轻载起动			重载起动		
		每天工作小时数/h					
		<10	10~16	>16	<10	10~16	>16
载荷变动最小	液体搅拌机、通风机和鼓风机(≤7.5 kW)、离心式水泵和压缩机、轻负荷输送机	1.0	1.1	1.2	1.1	1.2	1.3
载荷变动较小	带式输送机(不均匀负荷)、通风机(>7.5 kW)、旋转式水泵或压缩机(非离心式)、发电机、金属切削机床、印刷机、旋转筛、锯木机和木工机械	1.1	1.2	1.3	1.2	1.3	1.4
载荷变动较大	制砖机、斗式提升机、往复式水泵或压缩机、起重机、磨粉机、冲剪机床、橡胶机械、振动筛、纺织机械、重载输送机	1.2	1.3	1.4	1.4	1.5	1.6
载荷变化很大	破碎机(旋转式、颚式等)、磨碎机(球磨、棒磨、管磨)	1.3	1.4	1.5	1.5	1.6	1.8

注:空载或轻载起动是指电动机(交流启动、三角启动、直流并励)、四缸以上的内燃机,装有离心式离合器、液力联轴器的动力机;重载起动是指电动机(联机交流启动、直流复励或串励、四缸以下的内燃机。

2. 选择普通 V 带的型号

根据计算功率 P_d 以及小带轮的转速 n_1，可由图 6-10 选择普通 V 带的型号。若处于两种型号区域的交界处，可先对两种型号的普通 V 带分别计算，再对设计结果进行分析和比较，最终决定取舍。若选用较小截面的 V 带，可能所需的 V 带根数较多；若选用较大截面的 V 带，可减少带的根数，但可能会增大 V 带的结构尺寸。

3. 确定带轮的基准直径

为了减小弯曲应力，应尽可能选用较大的带轮直径，但这样又会增大传动机构的外廓尺寸，所以应根据实际情况选取适当的带轮直径。

设计时，由上述选择的 V 带的型号，从图 6-10 中相应区域列出的基准直径范围内，选取小带轮直径 d_{d1}（符合表 6-4 中对应槽型推荐的直径系列）；大带轮的基准直径可先按 $d_{d2} = i \times d_{d1}$（或 $d_{d2} = \dfrac{n_1}{n_2} \times d_{d1}$）计算，再从表 6-4 中选取与之相近的直径系列，此时允许传动比 i 有不大于 ±5% 的误差。

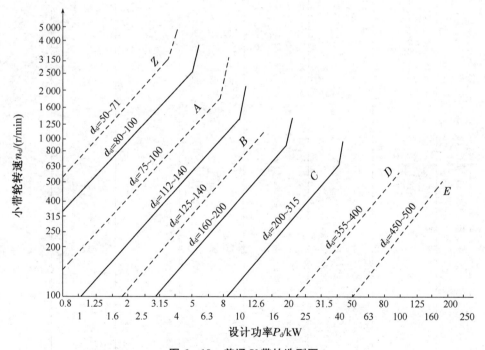

图 6-10　普通 V 带的选型图

注：由于 Y 型 V 带主要用于传递运动，故未列入图中。

表 6-4　V 带轮的基准直径系列

基准直径 d_d	槽型						
	Y	Z	A	B	C	D	E
20	+						
22.4	+						
25	+						

— 151 —

(续表)

基准直径 d_d	槽型						
	Y	Z	A	B	C	D	E
28	+						
31.5	+						
35.5	+						
40	+						
45	+						
50	+	+					
56	+	+					
63		*					
71		*					
75		*	+				
80	+	*	+				
85		*	+				
90	+	*	*				
95		*	*				
100	+	*	*				
106		*	*				
112	+	*	*				
118		*	*				
125	+	*	*	+			
132		*	*	+			
140		*	*	*			
150		*	*	*			
160		*	*	*			
170				*			
180		*	*	*			
200		*	*	*	+		
212					+		
224		*	*	*	*		
236					*		
250		*	*	*	*		
265					*		
280		*	*	*	*		
300					*		
315		*	*	*	*		

（续表）

基准直径 d_d	槽型						
	Y	Z	A	B	C	D	E
335					*		
355		*	*	*	*	+	
375						+	
400		*	*	*	*	+	
425						+	
450			*	*	*	+	
475						+	
500		*	*	*	*	+	+
530							+
560			*	*	*	+	+
600				*	*	+	+
630		*	*	*	*	+	+
670							+
710			*	*	*	+	+
750				*	*	+	+
800			*	*	*	+	+
900				*	*	+	+
1000				*	*	+	+
1060						+	
1120				*	*	+	+
1250					*	+	
1350							
1400					*	+	+
1500						+	+
1600					*	+	+
1700							
1800						+	+
2000					*	+	+
2120							
2240							+
2360							
2500							+

注：表中带"＋"符号的尺寸只适用于普通 V 带；带"＊"符号的尺寸适用于普通 V 带和窄 V 带；不推荐使用表中未注符号的尺寸。

4. 验算 V 带的工作速度

V 带的工作速度 v(m/s)可按式(6-7)进行计算。

$$v = \frac{\pi \times d_{d1} \times n_1}{60 \times 1\,000} \leqslant v_{max} \tag{6-7}$$

式(6-7)中,d_{d1} 为小带轮直径(mm);n_1 为小带轮的转速(r/min);普通 V 带传动时,$v_{max} = 30$ m/s。

一般情况下,应将 V 带的工作速度控制在 $v = 5 \sim 25$ m/s 范围内。v 过大,则离心应力增大,会降低 V 带的使用寿命;反之,若 v 过小,在传递相同的功率时,则需要更多的 V 带根数。

5. 估算中心距和 V 带的基准长度

若 V 带机构的中心距尚未给定,可根据传动的结构估算中心距 a_0,一般取:

$$0.7(d_{d1} + d_{d2}) < a_0 < 2(d_{d1} + d_{d2}) \tag{6-8}$$

估算 a_0 后,再根据 V 带传动的几何关系,按式(6-9)计算 V 带的初选长度 L_{d0}。

$$L_{d0} = 2a_0 + \frac{\pi(d_{d1} + d_{d2})}{2} + \frac{(d_{d2} - d_{d1})^2}{4a_0} \tag{6-9}$$

根据初选长度 L_{d0} 查表 6-2 选取与之相近的标准 V 带的基准长度 L_d。

6. 计算实际的中心距

根据 V 带的基准长度 L_d,按式(6-10)计算实际的中心距:

$$a = a_0 + \frac{L_d - L_{d0}}{2} \tag{6-10}$$

为了便于安装和张紧,V 带的中心距应留有调整的余量,其变动的范围为:

$$a - 0.015L_d < a < a + 0.03L_d \tag{6-11}$$

7. 验算小带轮的包角

小带轮的包角可按式(6-12)进行计算:

$$\alpha_1 = 180° - 57.5° \frac{d_{d2} - d_{d1}}{a} \tag{6-12}$$

一般要求 $\alpha_1 \geqslant 120°$,若小于此值,需增大中心距 a 并重复进行验算。

8. 确定 V 带的根数

V 带的基本额定功率是指在满足设计准则的前提下,V 带所能传递的最大功率。在包角 $\alpha_1 = \alpha_2 = 180°$(即 $i=1$)、L_d 为某一特定值、载荷平稳的特定条件下,各种型号单根普通 V 带的基本额定功率 P_1 见表 6-5 所示。若实际工作条件与表 6-5 不符,可对其数值进行修正。

V 带的根数可由设计功率 P_d、单根 V 带的基本额定功率 P_1 计算确定:

$$z = \frac{P_d}{(P_1 + \Delta P_1)K_\alpha K_L} \tag{6-13}$$

式(6-3)中，ΔP_1 为 $i\neq 1$ 时，单根普通 V 带额定功率的增量(kW)，其数值如表 6-6 所示；K_α 为包角修正系数，其数值如表 6-7 所示；K_L 为带长修正系数，其数值如表 6-2 所示。

通过式(6-13)计算出的 z 值应进行圆整，若 V 带的根数过多，可能会导致各根 V 带受载不均，通常情况下，V 带的根数应不超过 10 根，否则就需修改 V 带的型号，重新进行设计与计算。

表 6-5　单根普通 V 带($i=1$ 时)的基本额定功率 P_1(kW)

型号	d_{d1}/mm	小带轮转速 n_1(r/min)										
		200	300	400	500	600	730	800	980	1 200	1 460	1 600	1 800
Y	20								0.01	0.02	0.02	0.03	
	28							0.03	0.04	0.04	0.04	0.05	
	31.5						0.03	0.04	0.04	0.05	0.06	0.06	
	40						0.04	0.05	0.06	0.07	0.08	0.09	
	50			0.05			0.06	0.07	0.08	0.09	0.11	0.12	
Z	50			0.06			0.09	0.10	0.12	0.14	0.16	0.17	
	63			0.08			0.13	0.15	0.18	0.22	0.25	0.27	
	71			0.09			0.17	0.20	0.23	0.27	0.31	0.33	
	80			0.14			0.20	0.22	0.26	0.30	0.36	0.39	
	90			0.14			0.22	0.24	0.28	0.33	0.37	0.40	
A	75	0.16		0.27			0.42	0.45	0.52	0.60	0.68	0.73	
	90	0.22		0.39			0.63	0.68	0.79	0.93	1.07	1.15	
	100	0.26		0.47			0.77	0.83	0.97	1.14	1.32	1.42	
	125	0.37		0.67			1.11	1.19	1.40	1.66	1.93	2.07	
	160	0.51		0.94			1.56	1.69	2.00	2.36	2.74	2.94	
B	125	0.48		0.84			1.34	1.44	1.67	1.93	2.20	2.33	
	160	0.74		1.32			2.16	2.32	2.72	3.17	3.64	3.86	
	200	1.02		1.85			3.06	3.30	3.86	4.50	5.15	5.46	
	250	1.37		2.50			4.14	4.46	5.22	6.04	6.85	7.20	
	280	1.58		2.89			4.77	5.13	5.93	6.90	7.78	8.13	
C	200	1.39	1.92	2.41	2.87	3.30	3.80	4.07	4.66	5.29	5.86	6.07	6.28
	250	2.03	2.85	3.62	4.33	5.00	5.82	6.23	7.18	8.21	9.06	9.38	9.63
	315	2.86	4.04	5.14	6.17	7.14	8.34	8.92	10.23	11.53	12.48	12.72	12.67
	400	3.91	5.54	7.06	8.52	9.82	11.52	12.10	13.67	15.04	15.51	15.24	14.08
	450	4.51	6.40	8.20	9.81	11.29	12.98	13.80	15.39	16.59	16.41	15.57	13.29

（续表）

型号	d_{d1}/mm	小带轮转速 n_1(r/min)											
		200	300	400	500	600	730	800	980	1 200	1 460	1 600	1 800
D	355	5.31	7.35	9.24	10.90	12.39	14.04	14.83	16.30	17.25			12.97
	450	7.90	11.02	13.85	16.40	19.67	21.12	22.25	24.16	24.84	16.70	15.63	13.34
	560	10.76	15.07	18.95	22.38	25.32	28.28	29.55	31.00	29.67	22.42	19.59	
	710	14.55	20.35	25.45	29.76	33.18	35.97	36.87	35.58	27.88	22.08	15.13	
	800	16.76	23.39	29.08	33.72	37.13	39.26	39.55	35.26	21.32			
E	500	10.86	14.96	18.55	21.65	24.21	26.62	27.57	28.52	25.53	16.25		
	630	15.65	21.69	26.95	31.36	34.83	37.64	38.52	37.14	29.17			
	800	21.70	30.05	37.05	42.53	46.26	47.79	47.38	39.08	16.46			
	900	25.15	34.71	42.49	48.20	51.48	51.13	49.21	34.01				
	1000	28.52	39.17	47.52	53.12	55.45	52.26	48.19					

表 6-6 单根普通 V 带($i\neq1$ 时)的额定功率增量 ΔP_1(kW)

型号	传动比 i	小带轮转速 n_1(r/min)											
		200	300	400	500	600	730	800	980	1 200	1 460	1 600	1 800
Y	1.35—1.51			0.00			0.00	0.00	0.01	0.01	0.01	0.01	
	1.52—1.99			0.00			0.00	0.00	0.01	0.01	0.01	0.01	
	≥2			0.00			0.00	0.00	0.01	0.01	0.01	0.01	
Z	1.35—1.51			0.01			0.01	0.01	0.02	0.02	0.02	0.02	
	1.52—1.99			0.01			0.01	0.02	0.02	0.02	0.02	0.02	0.03
	≥2			0.01			0.02	0.02	0.02	0.03	0.03	0.03	
A	1.35—1.51	0.02		0.04			0.07	0.08	008	0.11	0.13	0.15	
	1.52—1.99	0.02		0.04			0.08	0.09	0.10	013	0.15	0.17	
	≥2	0.03		0.05			0.09	0.10	0.11	0.15	0.17	0.19	
B	1.35—1.51	0.05		0.10			0.17	0.20	0.23	0.30	0.36	0.39	0.44
	1.52—1.99	0.06		0.11			0.20	0.23	0.26	0.34	0.40	0.45	0.51
	≥2	0.06		0.13			0.22	0.25	0.30	0.38	0.46	0.51	0.57
C	1.35—1.51	0.14	0.21	0.27	0.34	0.41	0.48	0.55	0.65	0.82	0.99	1.10	1.23
	1.52—1.99	0.16	0.24	0.31	0.39	047	0.55	0.63	0.74	0.94	1.14	1.25	1.41
	≥2	0.18	0.26	0.35	0.44	0.53	0.62	0.71	0.83	1.06	1.27	1.41	1.59
D	1.35—1.51	0.49	0.73	0.97	1.22	1.46	1.70	1.95	2.31	2.92	3.52	3.89	498
	1.52—1.99	0.56	0.83	1.11	1.39	1.67	1.95	2.22	2.64	3.34	4.03	4.45	5.01
	≥2	0.63	0.94	1.25	1.56	1.88	2.19	2.50	2.97	3.75	4.53	5.00	5.62
E	1.35—1.51	0.96	1.45	1.93	2.41	2.89	3.38	3.86	4.58	5.61	6.83		
	1.52—1.99	1.10	1.65	2.20	2.76	3.31	3.86	4.41	5.23	6.41	7.80		
	≥2	1.24	1.86	2.48	3.10	3.72	4.34	4.96	5.89	7.21	8.78		

表 6-7　普通 V 带的包角修正系数 K_α

小带轮包角 α_1	180°	175°	170°	165°	160°	155°	150°	145°	140°	135°	130°	125°
包角修正系数 K_α	1	0.99	0.98	0.96	0.95	0.93	0.92	0.91	0.89	0.88	0.86	0.84

9. 计算初拉力 F_0 和轴压力 F_Q

适当的初拉力 F_0 是保证 V 带传动的重要条件,初拉力过小则摩擦力小,V 带易打滑;初拉力过大则会降低 V 带的使用寿命。考虑到离心力的不利影响,单根普通 V 带的初拉力可按式(6-14)进行计算:

$$F_0 = 500\frac{P_d}{zv} \times \left(\frac{2.5}{K_\alpha} - 1\right) + qv^2 \qquad (6-14)$$

由于新带易于松弛,对于不能调整中心距的普通 V 带传动,安装新带时,初拉力可设定为计算值的 1.5 倍。

为了安装带轮的轴和轴承,还必须计算 V 带传动作用于轴上的径向压力(简称轴压力)F_r:

$$F_r = 2F_0 z \sin\frac{\alpha_1}{2} \qquad (6-15)$$

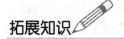
拓展知识

V 带传动的安装、维护与张紧

1. 带轮的安装

为避免 V 带的磨损,两带轮的轴线必须保持平行,其 V 型槽对称平面应保证重合,否则会降低其使用寿命,甚至导致 V 带的脱落。

2. V 带的安装

(1)一般应通过调整各带轮中心距的方法来安装 V 带,注意严禁使用撬棍,强行对 V 带在带轮上进行装拆操作。

(2)同组使用的 V 带应属于同一规格,不同厂家生产的 V 带、新旧 V 带不得同组使用。

(3)V 带装置应加装防护罩,以保障操作人员的安全。

3. V 带传动的日常维护

(1)V 带不宜与酸、碱或油接触,工作温度一般不超过 60 ℃。

(2)使用过程中,应定期检查 V 带是否有松弛(一般 V 带的寿命为 2 000~3 000 h)或断裂现象,若其中一根出现过度松弛或疲劳损坏,应立即全部更换新带。

4. 普通 V 带的张紧

安装 V 带时,应按规定的初拉力进行张紧,一般 V 带的张紧程度以大拇指能按下 15mm 为宜。对于中等中心距的 V 带传动,也可凭经验进行张紧。

V 带工作一段时间后,会由于塑性变形而松弛,致使有效拉力降低。为了保证其

动画6-06

滑槽式张紧

动画6-07

自动张紧

正常工作,需定期进行张紧,常用的张紧方法主要包括:

(1)滑槽式张紧。通过电机在滑槽上运动扩大中心距,达到张紧的目的。

(2)摆架式张紧。通过调节螺杆来调节电机轴的中心位置,扩大中心距,达到张紧的目的。

滑槽式张紧和摆架式张紧主要用于水平布置或水平倾斜不大的带传动机构。

(3)自动张紧。依靠电动机的自重,绕固定支撑轴摆动来自动调整中心距,达到张紧的目的,用于传动功率较小,且近似垂直布置的场合。

(4)张紧轮张紧。当中心距不便调整时,可采用张紧轮张紧。张紧轮一般位于松边内侧,并尽量靠近大带轮,此时,张紧轮受力小,V带的弯曲应力也不改变方向,这样能延长V带的使用寿命。

6.4 链传动的类型及特点

6.4.1 链传动的组成及类型

动画6-08

链传动

如图6-11所示,链传动是一种具有中间挠性件的啮合传动,主要由装在平行轴上的主动链轮1、从动链轮2和绕在链轮上的链条3组成,工作时,靠链条与链轮轮齿的啮合来传递运动和动力。

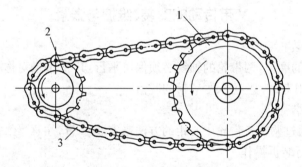

图6-11 链传动的组成

根据用途不同,链传动可分为传动链、输送链和曳引链三种。传动链又分为滚子链、套筒链、成形链和齿形链,通常在中等速度($v \leqslant 20$ m/s)下工作,主要用于传递运动和动力;输送链的工作速度$v \leqslant 0.25$ m/s,主要用于在运输机械中移动重物;曳引链的工作速度$v = 2 \sim 4$ m/s,主要用于拉曳或起重,下一节将重点介绍传动链中的滚子链。

6.4.2 链传动的特点

1. 链传动的优点

(1)与V带传动相比,链传动是啮合传动,没有弹性滑动及打滑现象,因此,具有准确的平均传动比,工作可靠,传动效率较高。

（2）在相同承载条件下，结构较为紧凑，且能在高温、低速、油污或有腐蚀介质等恶劣的条件下工作；与齿轮传动相比，成本低廉、安装方便，适用于中心距较大的场合。

2. 链传动的缺点

（1）瞬时传动比不恒定，传动不够平稳。

（2）工作中振动、冲击和噪音较大，不适合载荷变化很大和急速反转的场合。

（3）只能实现两平行轴之间的同向传动。

6.4.3　链传动的应用

链传动因其经济、可靠，广泛应用于农业、矿山、冶金、建筑、化工、起重运输和各种车辆的机械传动。

通常情况下，链传动的适用范围为：传递功率 $P \leqslant 100\ kW$，链速 $v \leqslant 20\ m/s$，传动比 $i \leqslant 8$，中心距 $a = 5 \sim 6\ m$，传递效率 $\eta = 0.95 \sim 0.98$。

6.5　滚子链传动的结构分析

6.5.1　滚子链的组成及分类

单排滚子链的结构如图 6 - 12 所示，它由内链板 1、外链板 2、销轴 3、套筒 4 和滚子 5 组成。其中，内链板 1 与套筒 4、外链板 2 与销轴 3 之间，均采用过盈配合固联。外链板 2 与销轴 3 构成一个个外链节，内链板 1 与套筒 4 则构成一个个内链节。滚子 5 与套筒 4、套筒 4 与销轴 3 之间，分别采用间隙配合。

当内、外链节间相对曲伸时，套筒 4 可绕销轴 3 自由转动。链传动工作时，活套在套筒 4 上的滚子 5 沿链轮的齿廓滚动，可以减轻链和轮齿之间的磨损。内、外链板通常制成∞字形，近似符合等强度要求并可减轻重量和运动时的惯性力。

链条的各零件均采用碳素钢或合金钢制成，经热处理以提高其强度和耐磨性。图 6 - 12 中 p 为链条的**节距**，表示链条上相邻两销轴中心的距离，节距是链传动最主要的参数之一。

为了形成首尾相接的环形链条，滚子链的接头形式主要有 3 种。如图 6 - 13 所示，

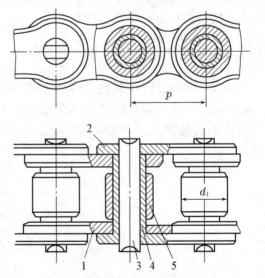

微课6-1

滚子链生产

图 6 - 12　单排滚子链的结构

1—内链板；2—外链板；3—销轴；
4—套筒；5—滚子。

当链节数为偶数时,内链节与外链节首尾相接,常用开口销(如图 6 - 13(a)所示,主要用于大节距)或弹簧卡(如图 6 - 13(b)所示,主要用于小节距)来锁紧;当链节数为奇数时,就需要使用过渡链节(如图 6 - 13(c)所示)。工作时,过渡链节会受到附加弯矩的作用,因此,应尽量避免使用奇数链节。

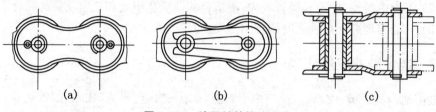

(a)　　　　　　　(b)　　　　　　　(c)

图 6 - 13　滚子链的接头形式

图 6 - 12 所示的滚子链属于单排链,当传递功率较大时,常用双排链(如图 6 - 14 所示)或多排链。排数越多承载能力越强,但排数也不宜过多(一般不超过 4 排),否则各排链条受力不均,会降低其使用寿命。

目前,滚子链已实现标准化,分成两种系列:A 系列用于重载、较高速度和重要的传动;B 系列用于一般的传动。其标记方法是:"链号—排数×链节数 GB/T 1243—2006"。

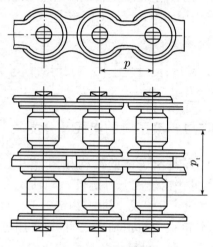

图 6 - 14　双排滚子链

6.5.2　链轮的齿形及结构

如图 6 - 15 所示,链轮的端面齿形可由 GB/T 1243—2006 规定的、标准齿槽形状给出,其啮合处的接触应力较小,具有较高的承载能力。

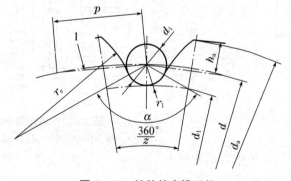

图 6 - 15　链轮的齿槽形状

1—节距多边形;d—分度圆直径;d_1—最大滚子直径;d_n—齿顶圆直径;d_1—齿根圆直径;h_a—节距多边形以上的齿高;p—弦节距,等于链条节距;r_e—齿槽圆弧半径;r_1—齿沟圆弧半径;z—齿数;α—齿沟角。

链轮的主要结构形式如图 6 - 16 所示,对于小直径的链轮,可制成实心式(如图 6 - 16(a));对于中等直径的链轮,可制成孔板式(如图 6 - 16(b));大直径的链轮常用组合式,其齿圈可以焊接(如图 6 - 16(c))或直接用螺栓(如图 6 - 16(d))联接在轮芯上。

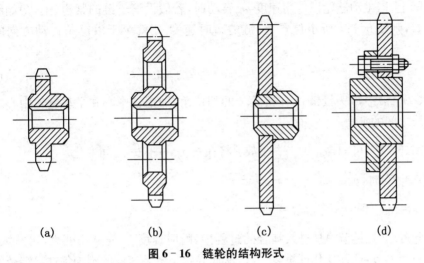

(a)　　　　(b)　　　　(c)　　　　(d)

图 6 - 16　链轮的结构形式

6.6　滚子链传动的运动分析

如图 6 - 17 所示,滚子链的传动可以看成是将链绕在两个正多边形的传动轮上构成的运动。此时,该正多边形的边长等于链条的节距 p,边数等于链轮的齿数 z。当链轮转过一周时,带动链条转过的长度为 zp,因此,链的平均速度 v(m/s)等于:

$$v = \frac{z_1 \times p \times n_1}{60 \times 1\,000} = \frac{z_2 \times p \times n_2}{60 \times 1\,000} \qquad (6 - 16)$$

式(6 - 16)中,z_1 和 z_2 分别为主动链轮和从动链轮的齿数;n_1 和 n_2 分别为主动链轮和从动链轮的转速(r/min)。

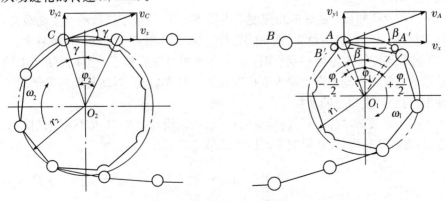

图 6 - 17　滚子链的运动分析

由此，可以得到链传动的平均传动比 $i = \dfrac{n_1}{n_2} = \dfrac{z_2}{z_1} = $ 常数 ，即链条的平均速度 v 和链传动的平均传动比 i 都等于常数。但实际上，即使主动链轮的转速 n_1 为恒定，链条的平均速度 v 和从动链轮的转速 n_2 也都是随时变化的。

实际上，当主动链轮以等角速度 ω_1 转动时，若假设滚子链的紧边（上边）始终处于水平位置，则图 6-17 所示位置上，链的瞬时速度 v_t 就等于沿链条传动方向的分量 v_x，即：

$$v_t = v_x = v_A \cos\beta = r_1 \omega_1 \cos\beta \qquad (6-17)$$

式(6-17)中，β 为铰链 A 在链轮上的相位角，即销轴中心和主动链轮中心之连线与铅垂线之间的夹角。

由图(6-17)可知：$\varphi_1 = \dfrac{360°}{z_1}$，故 β 将在 $-\dfrac{\varphi_1}{2} \sim +\dfrac{\varphi_1}{2}$ 之间变化。

当 $\beta = 0°$ 时，$v_t = v_{x\,\max} = r_1\omega_1 = v_A$。

当 $\beta = \pm\dfrac{\varphi_1}{2}$ 时，$v_t = v_{x\min} = r_1\omega_1 \cos\dfrac{180°}{z_1}$。

由此可见：在链节 AB 进入啮合的过程中，瞬时速度 v_t 先从小变大，再从大变小。每转过一个链节，这种变化就重复一次，从而导致了链条速度的不均匀性。链条的节距越大，链轮的齿数越少，β 角的变化范围就越大，链条速度的变化也越大。

在这一过程中，链条沿铅垂方向的速度分量 $v_{y1} = v_A\sin\beta = r_1\omega_1\sin\beta$ 也呈周期性变化，先从大变小，再从小变大，从而使滚子链在传动过程中不断地上下抖动。

在从动链轮处，有 $v_t = v_x = r_2\omega_2\cos\gamma$，其中 γ 也将在 $-\dfrac{180°}{z_2} \sim +\dfrac{180°}{z_2}$ 之间变化。

由此，可得到滚子链的瞬时传动比 i'：

$$i' = \dfrac{\omega_1}{\omega_2} = \dfrac{n_1}{n_2} = \dfrac{r_2\cos\gamma}{r_1\cos\beta} \qquad (6-18)$$

根据上述分析，可以得到以下几点结论：

（1）滚子链传动的瞬时传动比在一般情况下是不断变化的，仅当 $z_1 = z_2$，且链条的紧边长度恰好为链条节距 p 的整数倍（此时，可保证 β 与 γ 在每个瞬时都相等）时，才能得到恒定的瞬时传动比。

（2）链条速度和从动链轮的角速度呈周期性变化，使滚子链传动产生动载荷，且链轮的转速越高、链条的节距越大、链轮的齿数越少，工作时产生的动载荷就越大。

（3）链节与链轮的轮齿相啮合时，以一定的相对速度接近，会使传动产生冲击载荷。链条的速度在铅垂方向上发生变化以及滚子链在启动、制动及反向等情况下出现惯性冲击，也会产生相应的动载荷。

为了减小动载荷，提高滚子链传动的平稳性，在设计过程中，应尽量选用较小的链条节距、较多的链轮齿数，并限制主动链轮的最高转速。

拓展知识

链传动的安装与维护

1. 链传动的布置原则

链传动的布置是否合理,对传动能力及使用寿命均有较大的影响。链传动布置的主要原则包括:

(1) 两个链轮的回转平面必须布置于同一垂直平面内,不得布置在水平或倾斜平面内。

(2) 两个链轮的轴心线最好沿水平布置,或与水平面成 45°以下的倾角。水平布置时,若传动比 $i=2\sim3$,中心距 $a=30\sim50p$(p 为链条的节距),紧边在上、下均可;若传动比 $i<1.5$,中心距 $a>600p$ 时,则紧边必须在上,否则就需设置张紧轮,如图 6-18 (a)所示。

特殊情况下,只能进行垂直布置时,应采取中心距可调,增设张紧装置或上、下两轮错开(不在同一铅垂面内)等措施,如图 6-18(b)所示。

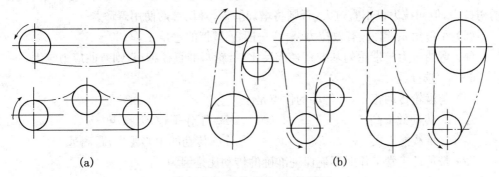

（a）　　　　　　　　　　　　　　　　（b）

图 6-18　链传动的布置与张紧

2. 链传动的安装与维护

链传动机构在安装与维护过程中,应注意以下几点:

(1) 两个链轮的回转平面之间的夹角不得超过 0.006 rad,轮宽的中心平面之轴向位移误差不得超过 $0.002a$(a 为两链轮的中心距)。

(2) 安装接头链节时,如采用弹簧卡作为锁紧件,应使其开口端背向链的运动方向,以免在运动过程中受到撞击而脱落。

(3) 日常维护时,应定期检查并清洗链条,及时更换已损坏的链节。若需更换的次数太多,可更换整根链条,以免新旧链节并用时加速链条的抖动并损坏。

(4) 通常情况下,链传动应加装防护罩,既可防尘,又能降低噪音,并起到安全防护的作用。

此外,链条的润滑对其传动能力和使用寿命的影响也很大,尤其是用于重载的场合。链传动的主要润滑方式包括:人工定期润滑、滴油润滑、油浴润滑、飞溅润滑和压力润滑等。

思考题

6-1 与平带相比,普通 V 带有哪些优点?

6-2 V 带工作时,其截面上会产生哪些应力? 各种应力是如何分布的? 最大应力作用在什么位置?

6-3 V 带传动张紧的目的是什么? 常用的张紧方法有哪些?

6-4 与带传动相比,链传动有哪些优缺点?

6-5 链传动的合理布置有哪些要求?

6-6 判断题

(1) 平带的横截面为扁平形,其工作面为侧面。

(2) V 带的横截面为梯形,其工作面为内表面。

(3) 在 V 带工作过程中,由于拉力差及弹性变形引起的弹性滑动是不可避免的,但仍能保证其恒定的传动比。

(4) 带传动的初拉力 F_0 越大,有效拉力越大,所以在安装带时,要保证带具有一定的初拉力,但初拉力也不宜过大,否则将增加磨损、降低带的使用寿命。

(5) 小包角 α_1 越大,有效拉力越大,一般 V 型带的包角 $\alpha_1 \geqslant 120°$。

(6) 弯曲应力与带轮的基准直径成反比,带轮基准直径越小,则弯曲应力越大。

6-7 选择题

(1) 与齿轮传动相比,链传动的优点是_____。
　　A. 传动效率高　　　　　　　　B. 工作平稳,无噪声
　　C. 承载能力大　　　　　　　　D. 传动的中心距大,距离远

(2) 带传动正常工作时不能保证准确的传动比是因为_____。
　　A. 带的材料不符合胡克定律　　B. 带容易磨损和变形
　　C. 带在带轮上打滑　　　　　　D. 带的弹性滑动

(3) V 带传动中,选择小带轮基准直径的依据是_____。
　　A. 带的型号　　B. 带的速度　　C. 主动轮转速　　D. 传动比

(4) 带传动的最大应力发生在带绕入_____处。
　　A. 两带轮的紧边中间　　　　　B. 大带轮
　　C. 小带轮　　　　　　　　　　D. 两带轮的松边中间

(5) 链的长度用链节来表示,链节数最好取_____。
　　A. 偶数　　　　　B. 奇数　　　　　C. 任意数

(6) 因链轮具有多边形特点,链传动的运动表现为_____。
　　A. 均匀性　　　　B. 不均匀性　　　C. 间歇性

第 7 章

其他常用机构

学习目标

掌握棘轮机构的组成、工作原理和类型,了解棘轮机构的特点及应用;掌握槽轮机构的组成、工作原理和类型,了解槽轮结构的特点及应用;掌握不完全齿轮机构的组成、工作原理和类型,了解不完全齿轮机构的特点和应用;了解凸轮间歇运动机构的组成、工作原理、类型、特点和应用;掌握螺旋机构的组成、工作原理和类型,了解螺旋机构的特点及应用等基本知识点。

单元概述

在许多机械中,有时需要将原动件的等速连续转动变为从动件的周期性、停歇间隔的单向运动(又称步进运动)或者是时停时动的间歇运动,如自动机床中的刀架转位和进给运动、成品输送及自动化生产线中的运输机构等。能实现间歇运动的机构称为间歇运动机构。本章的重点是棘轮机构、槽轮机构、不完全齿轮机构、凸轮间歇运动机构和螺旋机构的工作原理、特点以及各自的应用;难点包括棘轮转角的调节、槽轮机构的运动系数、运动特性及其设计要点以及螺旋机构运动分析等。

7.1 棘轮机构

7.1.1 棘轮机构的工作原理

如图 7-1(a)所示,棘轮机构主要由原动件(摇杆)1、棘轮 2、驱动棘爪 3、制动爪 5 和机架等组成。弹簧片 6 使制动爪 5 和棘轮 2 保持接触,摇杆 1 与棘轮 2 的回转轴 4 重合。

工作时,棘轮 2 固联在轴 4 上,其轮齿分布在轮的外缘(也可分布在内缘或端面)。原动件(摇杆)1 空套在轴 4 上,当摇杆 1 逆时针方向摆动时,与它相联的驱动棘爪 3 便借助弹簧或自重的作用插入棘轮的齿槽内,使棘轮 2 随之转过一定的角度;当原动件(摇杆)1 顺时针方向摆动时,驱动棘爪 3 便在棘轮齿背上滑过。这时,弹簧片 6 迫使制

微课7-1

棘轮的
工作原理

动画7-01

外棘轮机构

动爪 5 插入棘轮的齿槽,阻止棘轮顺时针方向转动,故棘轮静止不动。当原动件(摇杆)连续往复摆动时,棘轮做单向间歇运动。

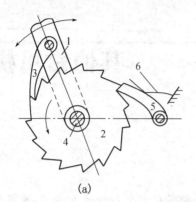
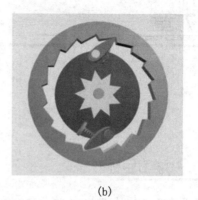

(a)　　　　　　　　　　　　(b)

图 7-1　棘轮机构

7.1.2　棘轮机构的分类及其工作特性

棘轮机构分为**轮齿式**和**摩擦式**两大类,其中轮齿式应用较为广泛。轮齿式分为外啮合(如图 7-1(a))和内啮合棘轮机构(如图 7-1(b)),外啮合棘轮机构的棘爪均安装在棘轮的外部,而内啮合棘轮机构的棘爪则安装在棘轮内部。外啮合棘轮机构加工、安装和维修方便,应用较广;内啮合棘轮机构的特点是结构紧凑,外形尺寸小。轮齿式棘轮机构结构简单,易于制造,运动可靠,从动棘轮转角容易实现有级调整,但棘爪在齿面滑过引起噪声与冲击,在高速时尤为严重,故常在低速、轻载的场合用作间歇运动控制。

若改变原动件的结构形状,可以得到如图 7-2 所示的**双动式棘轮机构**。此时,原动件往复摆动时都能使棘轮沿同一方向转动,驱动棘爪可做成直头或钩头等多种形式(如图 7-2(a)和图 7-2(b)所示)。

动画7-02

直头
双动棘轮
动画7-03

钩头
双动棘轮

(a)　　　　　　　　　　　　(b)

图 7-2　双动式棘轮机构

如图 7-3(a)所示,可变向棘轮机构的棘轮齿部做成方形,当棘爪 1 处于图中实线位置时,棘轮 2 沿逆时针方向做间歇运动;当棘爪翻转到虚线位置时,棘轮沿顺时针方向做间歇转动。如图 7-3(b)所示为另一种可变向的棘轮机构,当棘爪 1 在图示位置时,棘轮 2 沿逆时针做间歇转动,若要求棘轮做反向间歇转动,只需拔出销子 3,将棘爪 1 提起并绕自身轴线转过 $180°$,后再插入棘轮 2 齿中即可。而若拔出销子,将棘爪提起并绕自身轴线转 $90°$ 放下,架在壳体顶部的平台上,使棘轮与棘爪脱开,则棘爪不驱动棘轮,这种棘轮机构应用在牛头刨床工作台进给机构。

动画7-04

双向棘轮
(1)
动画7-05

双向棘轮
(2)

(a)　　　　　(b)

图 7-3　双向式棘轮机构

　　在上述轮齿式棘轮机构中,棘轮的转角都是相邻两齿所夹中心角的倍数,即棘轮的转角是有级改变的。如果要实现无级改变,需要采用无棘齿的棘轮。图 7-4(a)是摩擦式外棘轮机构,图 7-4(b)是摩擦式内棘轮机构。这种机构是通过棘爪 1 与棘轮 2 之间的摩擦力来传递运动(3 为制动棘爪),故又称**摩擦式棘轮机构**。摩擦式棘轮机构在传动过程中很少发生噪声,工作平稳,但其接触表面间容易发生滑动,运动可靠性差,限制了其广泛运用。

动画7-06

摩擦式
外棘轮
动画7-07

摩擦式
内棘轮

 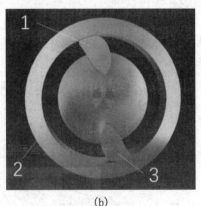

(a)　　　　　(b)

图 7-4　摩擦式棘轮机构

　　棘轮机构除了常用于实现间歇运动外,还能实现超越运动。如图 7-5 所示为自行车后轮轴上的棘轮机构,外缘的链轮与有内齿的棘轮是固定在一起的构件,这个构件与轮毂之间有滚动轴承,两者可相对转动。棘轮固定在轮毂上。轮毂与自行车后轮固定。当脚蹬踏板时,经链轮 1 和链条 2 带动内圈具有棘齿的链轮 3 顺时针转动,再通过棘爪 4 的作用,使后轮轴 5 顺时针转动,从而驱使自行车前进。当自行车前进时,如果踏板不动,后轮轴 5 便会超越链轮 3 而转动,让棘爪 4 在棘轮齿背上滑过,从而实现不蹬踏板的自由滑行。

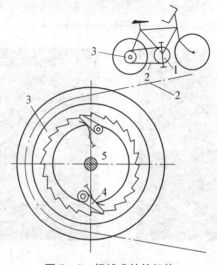

图 7－5　超越式棘轮机构

7.1.3　棘轮转角的调节

1. 调节摇杆摆动角度大小,控制棘轮的转角

如图 7－6 所示,棘轮机构是利用曲柄摇杆机构带动棘轮做间歇运动,利用可调节螺钉改变曲柄的长度 r 以实现摇杆摆角大小的改变,从而改变棘轮转角。

2. 用遮板调节棘轮转角

如图 7－7 所示,在棘轮的外面罩一遮板(遮板不随棘轮转动),使棘爪行程的一部分在遮板上滑过,不与棘轮的齿面接触,通过变更遮板的位置即可改变棘轮转角的大小。

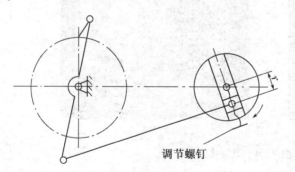

调节螺钉

图 7－6　改变曲柄长度调节棘轮转角

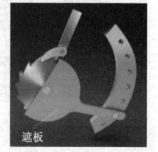

遮板

图 7－7　用遮板调节棘轮转角

7.1.4　棘轮机构的功能及应用

棘轮机构结构简单、制造容易、运动可靠,棘轮每次转过的转角等于棘轮齿距角的整数倍,且棘轮的转角可在较大的范围内调节,但工作时存在较大的冲击与噪声、运动精度不高,常用于低速轻载的场合。通常用来实现各种机床和自动机的间歇进给式输送和超越等工作要求。棘轮机构还常用作防止机构逆转的停止器,这类停止器广泛应用于卷扬机、提升机及运输机中。

1. 进给

如图 7-8 所示,自动浇注输送装置可利用棘轮机构间歇送料,以压缩空气为原动力的气缸带动摆杆摆动,通过锯齿式棘轮机构使流水线的输送带做间歇输送运动,输送带不动时,进行自动浇注。调节气缸活塞的行程,可调节棘轮的转角,从而调节砂型移动的距离。

如图 7-9 所示的牛头刨床工作台的横向进给机构采用了矩形齿棘轮机构,工作台的进给由丝杠带动,丝杠的转动就由棘轮带动。当刨刀工作时,棘轮停歇,工作台不动;当刨刀回程时,棘轮带动丝杠转动,丝杠再带动工作台进给。

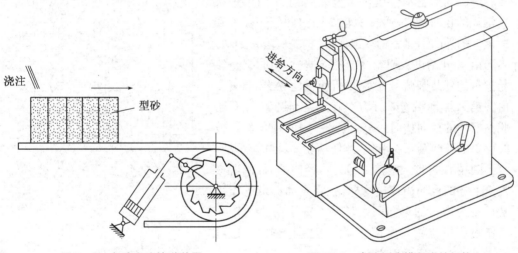

图 7-8　自动浇注输送装置　　　图 7-9　牛头刨床横向进给机构

2. 制动

如图 7-10 所示,为防止机构逆转,停止器通过棘爪卡在棘轮,这样可以防止链条断裂时卷筒出现顺时针回转。

3. 超越

内啮合棘轮机构结构紧凑,并具有从动件可超越主动件转动的特性,称之为棘轮机构的超越性能,因此,广泛用于超越离合器。如图 7-5 所示的自行车后轮轴的棘轮机构就能实现超越运动。

图 7-10　提升机的棘轮停止器

7.2 槽轮机构

槽轮机构的典型机构是由主动拨盘、从动槽轮及机架组成,可将主动拨盘的连续转动变换为槽轮的间歇转动,并具有结构简单、尺寸小、机械效率高、能较平稳地间歇转位等特点。

7.2.1 槽轮机构的组成及工作原理

微课7-2

槽轮的工作原理

动画7-08

外槽轮机构

如图 7-11 所示,槽轮机构(又称马尔他机构)由具有径向槽的槽轮 2、带有圆销 A 的拨盘 1 和机架组成。当拨盘 1 做等速转动时,驱使槽轮 2 做时转时停的间歇运动。拨盘 1 上的圆销 A 尚未进入槽轮 2 的径向槽时,通过槽轮 2 的内凹锁止弧 β 和拨盘 1 的外凸圆弧 α 相互卡住,使槽轮 2 静止不动。当圆销 A 开始进入槽轮 2 的径向槽时,这时锁止弧与拨盘的外凸圆弧开始脱开而使槽轮松开,槽轮 2 由圆销 A 驱动沿逆时针方向转动。当圆销 A 开始脱离槽轮的径向槽时,槽轮的另一内凹锁止弧又被拨盘 1 的外凸圆弧 α 卡住,致使槽轮 2 又静止不动,直到圆销 A 再进入槽轮 2 的另一径向槽时,两者又重复上述的运动循环。这样,就将主动拨盘的连续转动变为槽轮的单向间歇转动。为了防止槽轮在工作过程中位置发生偏移,除上述锁止弧外,也可采用其他专门的定位装置。

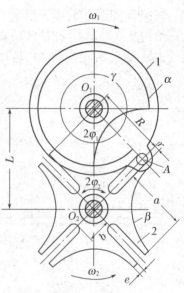

图 7-11 槽轮机构

7.2.2 槽轮机构的类型、特点及应用

动画7-09

内槽轮机构

动画7-10

空间槽轮机构

槽轮机构有外啮合槽轮机构(如图 7-11)和内啮合槽轮机构(如图 7-12(a)),前者拨盘与槽轮转向相反,后者拨盘与槽轮转向相同,均属于平面槽轮机构,此外还有空间槽轮机构,如图 7-12(b)所示。为了满足某些特殊的工作要求,在某些机械中还用到一些特殊型式的槽轮机构,如不等臂长的多销槽轮机构、球面槽轮机构、偏置槽轮机构等。

槽轮机构结构简单、转位方便、工作可靠、传动平稳性较好,能准确控制槽轮转动的角度,但是槽轮的转角大小受槽数 z 的限制,不能调整,且在槽轮转到的始、末位置加速度变化大,存在冲击。因此,只能用在低速且要求间歇地转动一定角度的自动机的转位或分度机构中。

图 7-13 所示槽轮机构是用于六角车床刀架转位的。刀架装有 6 把刀具,与刀具一体的是六槽外槽轮,拨盘回转一周,槽轮转过 60°,将下一道工序所需的刀具转换到

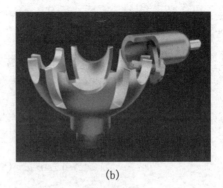

(a)　　　　　　　　　　　　(b)

图 7‒12　内啮合槽轮机构和空间槽轮机构

工作位置上。

图 7‒14 所示的电影放映机卷片机构,当拨盘使槽轮转动一次时,卷过一张底片,此过程射灯不发光;当槽轮停歇时,射灯发光,银幕上出现该底片的投影。因为人有"视觉暂留现象"的生理特点,所以断续出现的投影看起来就是连续动作。

动画7-11

槽轮转位机构

图 7‒13　刀架转位机构　　　　　图 7‒14　电影放映机卷片机构

7.2.3　槽轮机构的运动系数及运动特性

1. 槽轮机构的运动系数

在单销外槽轮机构中,当主动拨盘回转一周时,从动槽轮运动时间 t_d 与主动拨盘转一周的总时间 t 之比称为槽轮机构的**运动系数**,并以 k 表示,即:

$$k=\frac{t_d}{t}=\frac{1}{2}-\frac{1}{z} \tag{7-1}$$

式(7‒1)中 z 为槽轮的槽数。

如果在拨盘上均匀地分布 n 个圆销,当拨盘转动一周时,槽轮将被拨动 n 次,则该槽轮机构的运动系数为:

$$k=n\left(\frac{1}{2}-\frac{1}{z}\right) \tag{7-2}$$

运动系数 k 必须是大于零而小于 1。

2. 普通槽轮机构的运动特性

主动拨盘以等速度 ω_1 转动。当主动拨盘处在位置角 φ_1 时,从动槽轮所处的位置角 φ_2、角速度 ω_2 及角加速度 α_2 分别为:

$$\varphi_2=\arctan[\lambda\sin\varphi_1/(1-\alpha\cos\varphi_1)]\quad(-\varphi_1<\alpha<\varphi_1) \tag{7-3}$$

$$\omega_2=\omega_1\lambda(\cos\varphi_1-\lambda)/(1-2\lambda\cos\varphi_1+\lambda^2) \tag{7-4}$$

$$\alpha_2=\omega_1^2\lambda(\lambda^2-1)\sin\varphi_1/(1-2\lambda\cos\varphi_1+\lambda^2)^2 \tag{7-5}$$

式中 $\lambda=k/L=\sin(\pi/z)$。

当拨盘的角速度 ω_1 一定时,槽轮的角速度及角加速度的变化取决于槽轮的槽数 z,且随槽数 z 的增多而减少。此外,圆销在啮入和啮出时,有柔性冲击,其冲击将随 z 减少而增大。

7.2.4 槽轮机构的设计要点

1. 槽轮槽数 z 的确定

由式 $k=\dfrac{1}{2}-\dfrac{1}{z}$ 可知:槽轮槽数 z 愈多,k 愈大,槽轮转动的时间增加,停歇的时间缩短。因 $k>0$,故槽数 $z\geqslant3$,但当 $z>12$ 时,k 值变化不大,故很少使用 $z>12$ 的槽轮。因此,一般取 $z=3\sim12$,而常用槽数为 3,4,6,8。

一般情况下,槽轮停歇时间为机器的工作行程时间,槽轮传动的时间则是空行程时间。为了提高生产率,要求机器的空行程时间尽量短,即 k 值要小,也就是槽数要少。由于 z 愈少,槽轮机构运动和动力性能愈差,故一般在设计槽轮机构时,应根据工作要求、受力情况、生产率等因素综合考虑,合理选择 k 值,再来确定槽数 z。一般多取 $z=4$ 或 6。

2. 圆销数 n 的确定

单销外啮合槽轮机构的 k 值总是小于 0.5,即槽轮的运动时间总是小于其停歇时间。如果要求 $k>0.5$ 的间歇运动时,可以采用多销外啮合槽轮机构,其销数 n 应满足式:

$$n\leqslant2z(z-2) \tag{7-6}$$

当 $z=3$ 时,$n=1\sim6$;当 $z=4$ 时,$n=1\sim4$;当 $z=5$ 或 6 时,$n=1\sim3$;当 $z\geqslant7$ 时,$n=1\sim2$。

槽轮机构中圆柱销的数量、槽轮上径向槽的数量及几何尺寸等是槽轮机构的主要参数,槽轮机构设计参阅相关机械设计手册。

【例 7-1】 有一外啮合槽轮机构,已知槽轮槽数 $z=6$,槽轮的停歇时间为 1 s,槽轮的运动时间为 2 s,求槽轮机构的运动特性系数及所需的圆销数目。

解 当主动拨盘 1 回转一周时,槽轮 2 的运动时间为 $t_d=2\times6=12$ s

主动拨盘转一周的总时间为 $t=(1+2)\times6=18$ s

所以 $k=\dfrac{t_d}{t}=\dfrac{12}{18}=\dfrac{2}{3}$，因为 $k=n\left(\dfrac{1}{2}-\dfrac{1}{z}\right)$，所以 $n=2$

7.3 不完全齿轮机构

不完全齿轮机构是由普通齿轮机构演变而得的一种间歇运动机构。不完全齿轮机构的主动轮的轮齿不是布满在整个圆周上，而只有一个或几个齿，并根据运动时间与停歇时间的要求，在从动轮上加工出与主动轮相啮合的齿。不完全齿轮机构设计灵活、从动轮的运动角范围大，很容易实现一个周期中的多次动、停时间不等的间歇运动，但加工复杂，在进入和退出啮合时速度有突变，引起刚性冲击，不宜用于高速传动；主、从动轮不能互换。不完全齿轮机构同齿轮啮合相同，可分为外啮合（如图 7-15(a)）、内啮合（如图 7-15(b)）及不完全齿轮齿条机构。

动画7-12外啮合不完全齿轮机构

动画7-13

内啮合不完全齿轮机构

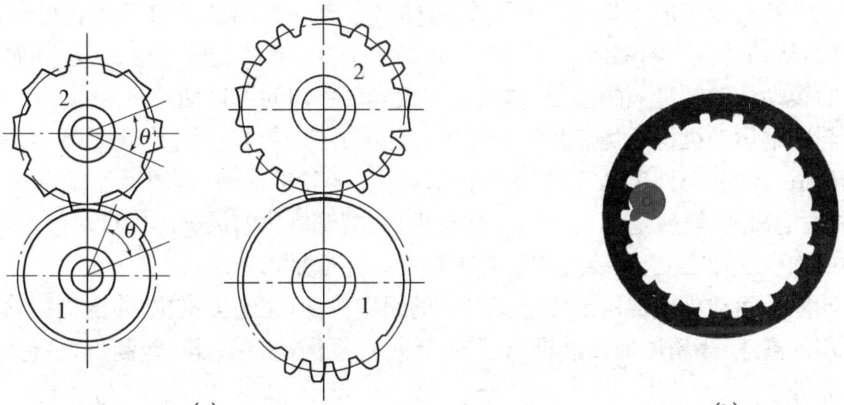

图 7-15   不完全齿轮机构

不完全齿轮机构的主动轮 1 为只有一个齿或几个齿的不完全齿轮，从动轮 2 可以是普通的完整齿轮，也可以由正常齿和带锁止弧的厚齿彼此相间地组成，如图 7-15(a)所示。当主动轮 1 的有齿部分作用时，从动轮 2 就转动；当主动轮 1 的无齿圆弧部分作用时，从动轮停止不动。因此，当主动轮连续转动时，从动轮获得时转时停的间歇运动。停歇时从动轮上的锁止弧与主动轮上锁止弧密合，保证从动轮停歇在确定的位置上而不发生游动现象。从图中可以看出，当主动齿轮转过一转时，从动齿轮分别转过 1/8、1/4 转。

不完全齿轮机构，由于主动轮被切齿的范围可按需要设计，能满足对从动轮停歇次数、停歇和运行时间等多种要求。与其他间歇运动结构相比，不完全齿轮机构的结构更为简单，工作更为可靠，且传递力大，从动轮转动和停歇的次数、时间、转角大小等的变化范围均较大，在运行过程中较槽轮机构平稳。不完全齿轮机构也存在加工工艺较复杂，从动轮在运动开始和终了时有较大的冲击等缺点，不宜用于高速传动。常用于多工位自动、半自动机中工作台间歇转动的转位机构，以及某些间歇进给机构、计数机构等。

如果将不完全齿轮机构中的齿轮之一变为不完全齿条,同样可实现机构的间歇运动,不同的是输出运动是间歇移动,如图 7 - 16 所示。

图 7 - 16 不完全齿轮齿条机构

7.4 凸轮间歇运动机构

凸轮间歇运动机构是利用凸轮的轮廓曲线,通过对转盘上滚子的推动,将凸轮的连续转动变换为从动转盘的间歇转动的机构。如图 7 - 17(a)所示,它一般由主动凸轮 1、从动转盘 2 和机架组成。主动凸轮 1 的圆柱面上有一条两端开口不闭合的曲线沟槽(或凸脊),从动转盘 2 的端面上有均匀分布的滚子 3。当凸轮转动时,通过其曲线沟槽(或凸脊)拨动从动转盘上的滚子,使从动转盘实现单向间歇运动。

凸轮间歇运动机构的优点是结构简单,运转可靠,转位精确,传动平稳、无噪声;且通过选择适当的从动件运动规律和合理设计凸轮的轮廓曲线,即可减小动载荷和避免冲击,以适应高速运转,这是它不同于棘轮机构、槽轮机构的最突出优点。但是,凸轮间歇运动机构存在加工复杂、装配调整要求精度高等不足。

凸轮间歇运动机构常用于传递交错轴的间歇传动,在轻工机械、冲压机械等高速机械中常用的高速、高精度的步进进给、分度转位等机构,如卷烟机、包装机、多色印刷机、高速冲床等。

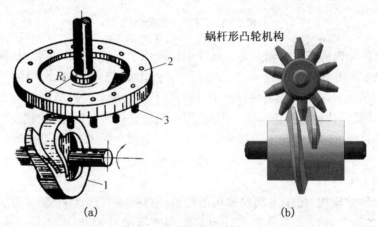

蜗杆形凸轮机构

(a)   (b)

图 7 - 17 凸轮间歇机构

凸轮间歇机构是凸轮机构的发展,它有两种类型:

1. 圆柱凸轮间歇机构

圆柱凸轮间歇机构如图 7 - 17(a)所示,圆柱形凸轮 1,在 β 角范围内为曲线沟槽,它迫使滚子 3 推动从动盘 2 转动,在剩余角度$(2\pi-\beta)$范围内为与轴线垂直的棱边,从动轮停止不动,并被棱边锁止。它适用于与轴线相交的间歇运动。

2. 蜗杆凸轮间歇机构

蜗杆凸轮间歇机构如图 7 - 17(b)所示,凸轮相当于蜗杆,有一条突脊;转盘相当于蜗轮,有若干滚子。运动传递过程和锁止情况与圆柱凸轮间歇机构相同。它适用于两轴线交错的间歇传动。

7.5　螺旋机构

利用螺旋副传递运动和动力的机构称为螺旋机构,通常由螺杆和螺母组成,主要是利用螺纹零件将回转运动转变为直线运动,同时传递运动和动力,也可用于调整零件的相互位置,它在几何和受力关系上与螺纹连接相似。

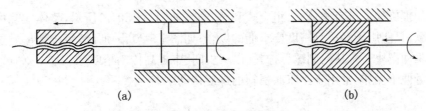

图 7 - 18　螺旋传动的运动

根据螺杆和螺母的相对运动关系,常用螺旋传动的运动形式分为两种:如图 7 - 18(a)所示的螺杆转动、螺母移动的螺旋传动,多用于机床的进给机构;如图 7 - 18(b)所示的螺母固定、螺杆转动并移动的螺旋传动,多用于螺旋起重器或螺旋压力机中。

螺旋传动按其使用要求不同可分为三类:

(1) 传力螺旋。以传递动力为主,要求用较小的力矩转动螺杆或螺母,而使螺母或螺杆产生轴向移动和较大的轴向力,这个轴向力可以用来起重和加压。一般速度不大,多为间歇工作,通常要求自锁,如起重螺旋(如图 7 - 19(a))及螺旋压力机(如图 7 - 19(b))。

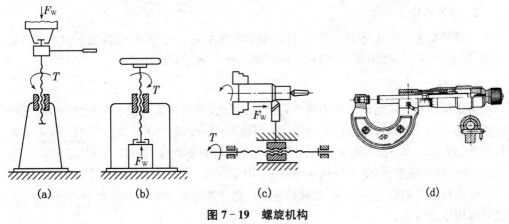

图 7 - 19　螺旋机构

（2）传导螺旋。以传递运动为主，并要求具有很高的运动精度，它常用作机床刀架或工作台的进给机构（如图 7-19(c)）。

（3）调整螺旋。用于调整并固定零件或部件之间的相对位置，调整螺旋不经常转动，一般在空载下进行调整，如机床、仪器或测试装置中微调机构的螺旋（如图 7-19(d)）。

螺旋传动按其螺旋副的摩擦性质可分为滑动螺旋、滚动螺旋和静压螺旋（利用液压泵供给压力油，使螺杆与螺母的螺纹表面被一层油膜分离，当螺杆或螺母转动时，产生液体摩擦）。滑动螺旋结构简单、便于制造、易于自锁，但其摩擦阻力大、传动效率低、磨损大、传动精度低。滚动螺旋和静压螺旋的摩擦阻力小、传动效率高，但结构复杂，在高精度、高效率的重要传动中广泛采用。

7.5.1 滑动螺旋传动

螺旋副做相对运动时产生滑动摩擦的螺旋，称为**滑动螺旋**。

1. 螺母的结构

滑动螺旋的螺母有整体式、组合式和对开式，如图 7-20(a)所示，整体式螺母不能调整间歇，只能用于轻载且精度要求低的场合；如图 7-20(b)所示，组合螺母通过拧紧螺钉 2 驱动楔块 3 将其两侧螺母拧紧，以减少间歇，提高传动精度；如图 7-20(c)所示，对开螺母便于操作，常用于车床溜板箱的螺旋传动中。

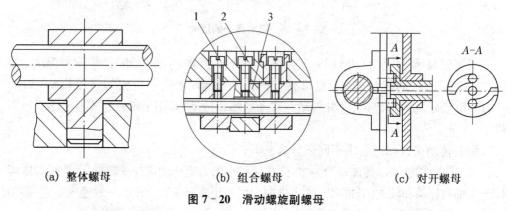

(a) 整体螺母　　　　(b) 组合螺母　　　　(c) 对开螺母

图 7-20　滑动螺旋副螺母

2. 螺杆结构

传动螺旋通常采用牙型有矩形、梯形或锯齿形的右旋螺纹，特殊情况下也采用左旋螺纹，如为了符合操作习惯，普通车床横向进给丝杠采用左旋螺纹。

3. 材料

由于滑动螺旋副运动过程中摩擦较严重，因此，要求螺旋传动材料的耐磨性、抗弯性能都要好。一般螺杆选用原则如下：① 高精度传动时多选用碳素工具钢；② 需要较高硬度，如 50～56HRC 时，可采用铬锰合金钢；当需要硬度为 35～45HRC 时可采用 65Mn 钢；③ 一般要求（如普通机床丝杠）可用 45 钢。

螺母材料可用铸造锡青铜，重载低速时可选用强度高的铸造铝铁青铜，轻载低速时也可选用耐磨铸铁。

7.5.2 滚动螺旋传动

在螺杆和螺母之间设有封闭循环的滚道,滚道间填充钢珠,使螺旋副的滑动摩擦变为滚动摩擦,从而减少摩擦,提高传动效率,这种螺旋传动称为**滚动螺旋传动**,又称滚珠丝杠。

按用途分类,滚珠丝杠可分为定位滚珠丝杠和传动滚珠丝杠两类。定位滚珠丝杠是通过旋转角度和尺寸控制轴向位移量,称为 **P 类滚珠丝杠**。传动滚珠丝杠是用于传递动力的滚珠丝杠,称为 **T 类滚珠丝杠**。

按滚珠的循环分类,滚珠的循环方式分为内循环和外循环两类。

(1) 内循环滚珠丝杠。如图 7 - 21 所示,滚珠在循环回路中始终和螺杆接触,在螺母的侧孔内,装有接通相邻滚道的返向器(或称回珠装置)。借助于返向器上回珠槽的作用,迫使滚珠沿滚道滚动,翻越丝杠螺纹滚道牙顶后,重新回到初始滚道,构成了一个循环的滚珠链(即为一个列),故又称为单圈内循环。一个螺母通常装配 2～4 个返向器,为使滚珠螺母的结构紧凑,返向器沿螺母圆周均匀分布。内循环的每一封闭循环滚道只有一圈滚珠,滚珠数量较少,因此,流动性好、摩擦损失少、传动效率高、径向尺寸小,但返向器及螺母上定位孔的加工要求较高。内循环滚珠丝杠适用于中小导程、中低速度场合。

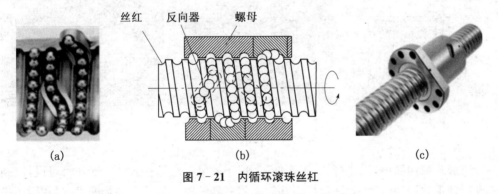

图 7 - 21 内循环滚珠丝杠

(2) 外循环滚珠丝杠。滚珠在循环回路中脱离螺杆的滚道,在螺旋滚道外进行循环。常见的外循环形式有螺旋槽式、插管式和端面端盖式。

螺旋槽式外循环滚珠丝杠如图 7 - 22(a)所示,在滚珠螺母外圆柱面上加工有螺旋形凹槽作为滚珠循环通道,凹槽的两端分别加工有与螺旋滚道相切的通孔,将两个挡珠器(端部导流器)装于螺母内表面侧孔中,弧形挡珠杆与螺旋滚道相吻合,杆端部舌形部分可引导滚珠进入回珠通孔,返回初始螺旋滚道,形成滚珠链运动。为防止滚珠从回珠槽内脱出,用套筒紧套在螺母外圆柱上,从而构成了滚珠链的封闭循环运动。

螺旋槽式外循环滚珠丝杠结构简单,螺母外径较插管式小 20%～30%,轴向排列紧凑,节约空间;有效负载滚珠多,承载能力较强;刚度大,转速高;运行噪声低。

如图 7 - 22(b)所示,插管式外循环滚珠丝杠是将部分的成形弯管插入螺旋滚道一列工作圈两端与滚道相切的通孔内,代替螺旋槽式的凹槽,以插入孔中的弯管端部舌形斜口或另装其他形式的挡珠器来引导滚珠进出弯管以构成循环通道。

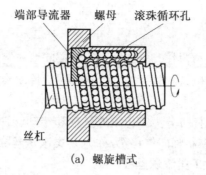

(a) 螺旋槽式

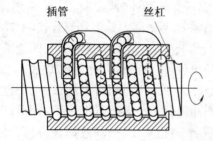

(b) 插管式

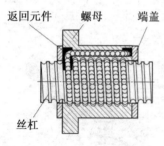

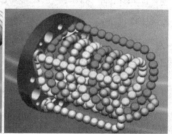

(c) 端面端盖式

图 7－22　外循环滚珠丝杠

　　插管式结构简单,工作可靠,工艺性好,适于批量生产,适用性广,回珠管可设计、制造成较理想的运动通道,允许丝杠副有较高的临界转速。相对于螺旋槽式,滚珠循环进出回珠孔时急剧转弯而影响运转灵活性的缺点得到了极大改善,但弯管凸出于螺母外部,使螺母径向尺寸增大,在设备部件内部安装受到限制,弯管本身壁薄且耐磨性差,当利用弯管端部斜口做挡珠器用时,寿命更短。

　　插管式结构应用极为广泛,并正在逐渐取代螺旋槽式滚珠丝杠。由于它适用于重载高速的驱动系统,也适用于精密定位系统,不论大导程、小导程、多线螺纹的滚珠丝杠副,都显示出独特的优越性。

　　如图 7－22(c)所示,端面端盖式外循环滚珠丝杠在螺母端部配置滚珠返向器,在螺母内设置贯通孔的循环方式。在螺母壁厚上钻有轴向通孔作为滚珠的返回通道,螺母两端面装有返向器,返向器接口与螺纹滚道相切,引导滚珠进入回珠通孔构成闭合回路,可为多线螺纹,各自形成一个滚珠链。其特点是:螺母径向、轴向尺寸小;高承载、高可靠性、低噪声;滚珠循环部的加工复杂。

　　端面式外循环式结构适用于低承载且速度、精度较高的场合,或高承载且速度、精度较低的场合;端盖式外循环式结构适用于多线、高承载、低转速、低精度传动行业的应用场合。

滚珠丝杠的特征代号及标注、设计计算等,可查阅相关手册和资料。

7.5.3　螺旋机构运动分析

1. 单螺旋机构

在如图 7-19(a)所示的螺旋起重机构中,螺母和螺杆组成了单个螺旋副,当螺杆相对螺母转过角度 φ 时,螺母将沿螺杆轴向移动的距离为 s,其值为:

$$s=l\varphi/(2\pi) \tag{7-7}$$

式(7-7)中 s 为螺母(螺杆)的位移;l 为螺旋的导程(螺距);φ 为螺杆转过的角度。位移 s 的方向按螺纹的旋向,可用左(右)手螺旋定则确定。

2. 双螺旋机构

同一螺杆上制出两段螺纹和螺母组成的螺旋机构称为双螺旋机构。如图 7-23 所示为一个双螺旋快速旋转机构,它的两个螺旋旋向相反。

当双螺旋机构两段螺纹旋向相同时,此双螺旋机构为差动螺旋机构。差动螺旋机构中螺纹旋向相同的螺杆存在两段不同导程 l_A 和 l_B。当螺杆转过角度 φ 时,螺母相应移动的距离为 s,即:

$$s=(l_A-l_B)\varphi/(2\pi) \tag{7-8}$$

当导程 l_A 与 l_B 相差很小时,位移 s 很小。这种差动螺旋机构又称为微动螺旋机构,常用于微调、测微和分度机构中。

图 7-23　双螺旋快速旋转机构

当双螺旋机构两段螺纹旋向相反时,此双螺旋机构为复式螺旋机构。复式螺旋机构中螺杆的螺纹旋向相反,存在两段不同导程 l_A 和 l_B。当螺杆转过角度 φ 时,螺母相应移动的距离为 s,即

$$s=(l_A+l_B)\varphi/(2\pi) \tag{7-9}$$

复式螺旋机构可实现螺母的快速移动,可以实现速调,在圆规速调机构和虎钳钳口调节机构等领域中广泛应用。

拓展知识

<h1 style="text-align:center">滑动螺旋传动的设计计算</h1>

传动螺旋的主要失效形式是螺纹磨损。通常先由耐磨性条件算出螺杆的直径和螺母高度,并参照标准确定螺旋各主要参数,最后进行强度、自锁、稳定性等校核。

1. 耐磨性计算

影响磨损的因素很多,目前还没有一个完善的耐磨性计算方法。实践证明,螺纹表面的压强直接影响螺纹的磨损,因此,螺旋传动的耐磨性计算主要是限制螺纹接触表面的压强,即:

$$P=\frac{F}{\pi d_2 hz}=\frac{Fp}{\pi d_2 hH'}\leqslant[P] \tag{7-10}$$

式中 F 为轴向载荷,p 为螺距,d_2 为螺纹中径,h 为螺纹工作高度,H' 为螺纹的旋合圈数,$[P]$ 为螺旋副的许用压强,其大小见表 7-1 所示:

表 7-1 螺旋副的许用压强

配对材料		钢对铸铁	钢对青铜	淬火钢对青铜
许用压强 (MPa)	速度 $v<12$ m/min	4~7	7~10	10~13
	低速,如人力驱动等	10~18	16~25	—

注:对于精密传动或要求使用寿命长时,可取表中值的 1/2~1/3。

一般螺母高度 h 与螺纹中径 d_2 有一定比例,为了设计方便,令 $\varphi=\dfrac{H'}{d_2}$。

整理后得螺纹中径的设计公式

$$d_2\geqslant\sqrt{\frac{Fp}{\pi\varphi h[P]}} \tag{7-11}$$

计算出中径后,应按标准选取相应的公称直径及螺距,对有自锁性要求的螺旋还应进行自锁性设计。

2. 强度校核

① 螺杆的强度校核。螺杆工作时承受轴向力 F(拉伸或压缩)和转矩 T 联合作用。根据第四强度理论,螺杆螺纹部分的强度条件为:

$$\sigma_v=\sqrt{\left(\frac{4F}{\pi d_1^2}\right)^2+3\left(\frac{T}{0.2d_1^3}\right)^2}\leqslant[\sigma] \tag{7-12}$$

式中 $[\sigma]$ 为螺杆材料的许用应力,d_1 为螺纹小径。

② 螺牙的强度校核。由于螺杆材料的强度一般高于螺母,通常只需计算螺母螺牙的强度。把螺母上的一圈螺牙展直后相当于一个悬臂梁,螺纹牙的剪切和弯曲强度条件分别为

$$\tau = \frac{F}{\pi D a z} \leqslant [\tau] \tag{7-13}$$

$$\sigma_w = \frac{3Fh}{\pi D a^2 z} \leqslant [\sigma_w] \tag{7-14}$$

式中 D 为螺母螺纹的公称直径，a 为螺纹牙根部宽度。对于梯形螺纹，$a = 0.65p$，对于锯齿形螺纹，$a = 0.74p$，$[\tau]$、$[\sigma_w]$ 分别为螺母螺牙的许用切应力和许用弯曲应力。

螺母和螺杆材料相同时，按螺杆计算，将 D 改用 d_1。

③ 螺杆稳定性的校核。对于长径比大的受压细长螺杆，在轴向载荷 F 作用下可能失去稳定，因此，需验算其稳定性。

由材料力学可知，保证稳定性的条件是：

$$\frac{F_{cr}}{F} \geqslant 2.5 \tag{7-15}$$

式(7-15)中 F_{cr} 为螺杆的临界载荷，它取决于材料和螺杆的长细比(柔度) $\lambda = \frac{\mu l}{i}$。

当 $\lambda \geqslant 100$ 时，临界载荷 F_{cr} 由欧拉公式决定，$F_{cr} = \frac{\pi^2 EI}{(\mu l)^2}$。

式中 E 为螺杆材料弹性模量；I 为螺杆危险截面的惯性矩，可按螺纹小径 d_1 计算。l 为螺杆的最大工作长度。μ 为长度系数，与螺杆端部结构有关，对于起重机可视为一端固定，一端自由，取 $\mu = 2$；对于压力机可视为一端固定，一端铰支，取 $\mu = 0.7$；对于传导螺杆可视为两端铰支，取 $\mu = 1$。i 为螺杆危险截面惯性半径。

当 $\lambda < 100$ 时，$\sigma_b \geqslant 370$ MPa 的普通碳素钢临界载荷为：$F_{cr} = (304 - 1.12\lambda)\frac{\pi d_1^2}{4}$；

$\sigma_b \geqslant 470$ MPa 的优质碳素钢临界载荷为：$F_{cr} = (461 - 2.57\lambda)\frac{\pi d_1^2}{4}$。

当 $\lambda < 40$ 时，不必进行稳定性校核。

思 考 题

7-1 试分析棘轮机构、槽轮机构、不完全齿轮机构、凸轮间歇运动机构和螺旋机构的工作原理、特点以及各自的应用。

7-2 棘轮机构的转角可调吗？采用什么方法可以改变的棘轮机构转角范围？

7-3 为什么槽轮机构的运动系数不能大于 1？

7-4　请分析如图所示的机构的运动。

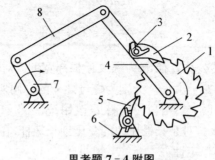

思考题 **7-4** 附图

7-5　如图所示,这是什么机构? 并请分析该机构的运动。

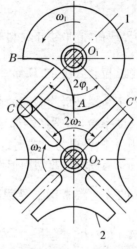

思考题 **7-5** 附图

7-6　如图所示为手动压力机的结构示意图,螺杆与螺母的相对运动关系属于哪一种运动方式?

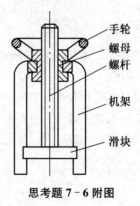

思考题 **7-6** 附图

7-7　在如图所示的螺旋机构中,左旋双线螺杆的螺距为 3mm,转向如图所示,试确定当螺杆转动 180°时,螺母移动的距离和移动的方向?

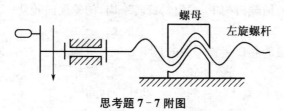

思考题 7-7 附图

7-8　如图所示滑板,由差动螺旋带动在导轨上移动,螺纹 A 为 M12×1.25,螺纹 B 为 M10×0.75。若两螺纹均为左旋,手柄按如图所示方向转动一周时,滑板移动方向和距离如何?

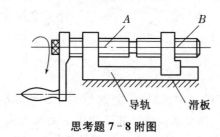

思考题 7-8 附图

7-9　判断题

(1) 摩擦式棘轮机构工作原理是依靠主动棘爪与无齿棘轮之间的摩擦力来推动棘轮转动的。

(2) 在摇杆摆角不变的前提下,转动覆盖罩,遮挡部分棘齿,这样,当摇杆逆时针摆动时,棘爪先在罩上滑动,然后才嵌入棘轮的齿槽中推动其运动,起到调节棘轮的转角大小的作用。

(3) 槽轮机构主要由带圆销的主动拨盘 1,带径向槽的从动槽轮 2 和机架组成。

(4) 在一对齿轮传动中的主动齿轮 1 上只保留 1 个或几个轮齿,这样的齿轮传动机构叫不完全齿轮机构。

(5) 传力螺旋是以传递径向力为主,如起重螺旋或加压装置的螺旋。

(6) 传导螺旋是以传递轴向力为主,如机床的进给丝杠等。

(7) 将不完全齿轮机构中的齿轮之一变为不完全齿条,同样可实现机构的间歇运动,不同的是输出运动是间歇移动。

(8) 自行车后轴上俗称的"飞轮",实际上是内啮合棘轮机构。

7-10　选择题

(1) 普通的滑动传力螺旋中,广泛采用了哪些螺纹?

　　A. 梯形和三角形螺纹　　　　　B. 梯形和锯齿形螺纹

　　C. 矩形与锯齿形螺纹　　　　　D. 矩形与梯形螺纹

(2) 在单向间歇运动机构中,_____的间歇回转角可以在较大的范围内调节。

　　A. 连杆机构　　　　　　　　　B. 槽轮机构

　　C. 棘轮机构　　　　　　　　　D. 不完全齿轮机构

（3）在单向间歇运动机构中，_____可以获得不同转向的间歇运动。

A. 槽轮机构　　　B. 棘轮机构　　　C. 不完全齿轮机构　D. 连杆机构

（4）在双圆销外槽轮机构中，拨盘每旋转一周，槽轮反向转动_____次。

A. 1　　　　　　　B. 2　　　　　　　C. 3

（5）电影放映机的卷片装置采用的是_____机构。

A. 不完全齿轮　　B. 棘轮　　　　　C. 槽轮

（6）在棘轮机构中，增大摇杆的长度，棘轮的转角_____。

A. 减小　　　　　B. 增大　　　　　C. 不变

（7）在双圆销外槽轮机构中，拨盘每旋转一周，槽轮转过_____。

A. 90°　　　　　　B. 180°　　　　　C. 45°

（8）转塔车床刀架转位机构主要功能是用_____机构来实现转位的。

A. 棘轮　　　　　B. 槽轮　　　　　C. 不完全齿轮

习　题

7-1　如图所示螺旋机构中，螺杆 1 分别与构件 2 和 3 组成螺旋副，导程分别为 $l_{12}=2$ mm，$l_{13}=3$ mm。如果要求构件 2 和 3 如图示箭头方向由距离 $H_1=100$ mm 快速趋近至 $H_2=90$ mm，试确定：（1）两个螺旋副的旋向（螺杆 1 的转向如图）；（2）螺杆 1 应转过多大的角度？

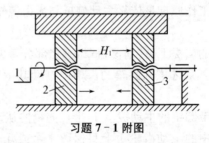

习题 7-1 附图

7-2　螺旋机构如图所示，A、B、C 均为右旋，导程分别为 $l_A=6$ mm，$l_B=4$ mm，$l_C=2$ mm。试求当构件 1 按图示方向转 1 转时，构件 2 的轴向位移 s_2 及转角 φ_2。

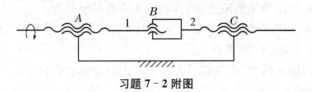

习题 7-2 附图

7-3　试计算螺旋千斤顶的螺杆和螺母的主要尺寸，已知起重量 $F_a=40$ kN，有效起重高度 $l=200$ mm，采用梯形螺纹，螺杆用 45 号钢，螺母用铝青铜 ZCuAl10Fe3。

7-4　已知槽轮的槽数 $z=6$，拨盘的圆销数 $n=1$，转速 $n_1=60$ r/min，求槽轮的运动时间和静止时间。

第8章

机构变异与创新

学习目标

理解运动副及构件的演化与变异、机构的倒置与创新方法,了解创新机构的应用;掌握机构的串联、并联、复合、叠加等组合方式,了解组合机构的应用及功能。

单元概述

常用的变异创新设计法主要包括构件的变异、运动副的变异和机构的倒置等;机构组合是机构创新构型的重要方法之一,组合方式一般分为四种:串联式组合、并联式组合、复合式组合和叠加式组合。本章的重点包括机架的变换、运动副的演化与变异;难点是四种机构的组合创新方法及应用。

机械系统的创新在很大程度上取决于机构的创新,而机构变异是机构创新设计的主要方法之一,它是以现有机构为基础,对组成机构的因素进行改变或变换,从而得到一个具有全新功能、性能更加完善的创新机构。

8.1 机架的变换

在一个基本的机构中,以不同的构件为机架,可以得到不同功能的机构。转换后的机构、构件的数目及构件之间的联接方式并没有改变,但机构的功能与性能却发生了很大变化,因此,机构机架的变换是机械创新设计的一项重要内容。

8.1.1 铰链四杆机构的机架变换

铰链四杆机构是平面四杆机构最基本的型式,通过机架的变换,可以分别得到曲柄摇杆机构、双曲柄机构、双摇杆机构。曲柄摇杆机构可将整周的回转运动转换成摇杆的摆动,如牛头刨床横向进给机构(如图8-1)。机构工作时,齿轮1带动齿轮2及与齿轮2同轴的曲柄3一起转动,连杆4使带有棘爪的摇杆5绕 D 点摆动。与此同时,棘爪推动棘轮6上的轮齿,使与棘轮联接在一起的丝杠7转动,从而完成工作台的横向进给运动。

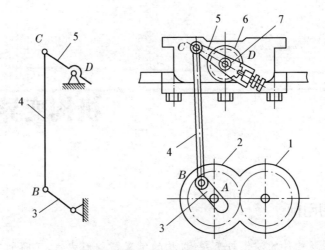

图 8 – 1　曲柄摇杆机构在牛头刨床上的应用

如图 8 – 2 所示,火车机车的联动车轮采用的平行四边形机构属于双曲柄机构,运动时两曲柄转向、转速和角速度相同,使被联动的各从动车轮与主动车轮的运动相同,但是由于该机构具有运动的不确定性,所以运用第三个平行曲柄 CD 消除运动不确定的状态。

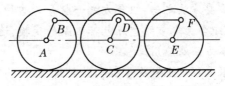

图 8 – 2　火车机车的联动车轮

如图 8 – 3 所示,加热炉炉门启闭机构是一个双摇杆机构,此时,连架杆 AB 和 CD 均是摇杆。

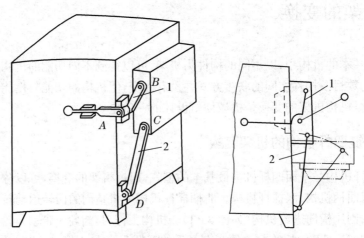

图 8 – 3　加热炉炉门启闭的双摇杆机构

8.1.2　具有一个移动副的四杆机构的机架变换

曲柄滑块机构由机架 1、曲柄 2、连杆 3 及滑块 4 组成,如图 8-4(a)所示,其中滑块 4 与机架 1 形成移动副。该机构是将曲柄 2 的转动转变为滑块 4 的移动,或者将滑块 4 的移动转化为曲柄 2 的转动(如图 8-4(b)所示的雨伞骨架机构)。

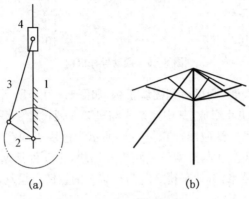

(a)　　　　　　　　　　　(b)

图 8-4　曲柄滑块机构

若以曲柄 2 为机架时,则可得到导杆机构,如图 8-5(a)所示,这种机构以构件 2 为机架,使杆 1 绕铰链中心转动。当机架 2 的长度小于杆 3 的长度,杆 1 能够做整周的回转时,称为**转动导杆机构**;否则杆 1 只能做不足一周的回转,称为**摆动导杆机构**,如图 8-6(a)所示。

动画8-02

转动导杆机构

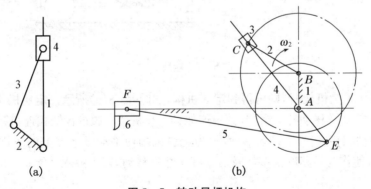

(a)　　　　　　　　　　　(b)

图 8-5　转动导杆机构

转动导杆机构具有很好的传力性,机构紧凑。在工程中应用广泛,如图 8-5(b)所示的小型刨床,曲柄 2 的整周转动带动滑块 3 做摆动与转动运动,导杆 4 在滑块 3 的带动下绕铰链 A 做整周转动,同时通过连杆 5 带动刨刀架与刨刀沿机架往复移动,实现刨削运动。

摆动导杆机构的应用如图 8-6(b)所示的牛头刨床刨刀驱动机构,曲柄 AB 的转动带动滑块 B 做摆动与转动,在滑块 B 的带动下,导杆 BC 绕 C 点做摆动,同时与导杆 BC 铰链联接的滑块 D 驱动刨刀在机架中进行往复移动。

动画8-03

摆动导杆机构

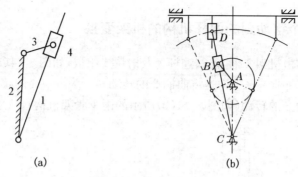

图 8-6 摆动导杆机构

若以连杆 3 为机架时,则可得到**摇块机构**,如图 8-7(a)所示。摇块机构由机架 3、连架杆 2、连杆 1 及摇块 4 组成,其中摇块 4 与机架 3 通过铰链联接。摇块机构在液压与气压传动系统中得到广泛应用,图 8-7(b)所示为摇块机构在自卸货车上的应用,此时,以车架为机架,液压缸 4 与车架铰链联接成摇块,主动件活塞及活塞杆 1 可沿液压缸中心线往复移动成导路,带动车箱 2 绕与车架 3 的铰链点摆动,实现卸料或复位。

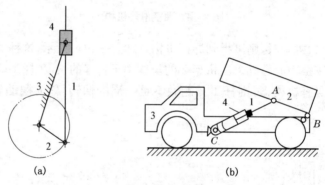

图 8-7 摇块机构

若以滑块 4 为机架时,则可得到**定块机构**,如图 8-8(a)所示。定块机构由机架 4、连架杆 3、连杆 2 及移动杆 1 组成,其中连架杆 3 与机架 4 通过铰链相连,移动杆 1 与机架 4 通过移动副相连。图 8-8(b)所示为定块机构在手动汲水器上的应用,用手上下扳动手柄 3,使作为导路的活塞 4 及活塞杆 1 往复移动,实现汲水功能。

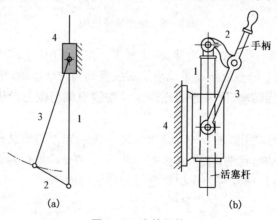

图 8-8 定块机构

8.1.3　具有两个移动副的四杆机构的机架变换

如图 8-9 所示,正切机构由连架杆 1、滑块 2、连杆 3 及机架 4 组成,其中,连架杆 1 与滑块 2 及连杆 3 与机架 4 分别形成两个不相邻的移动副,这种机构构件 3 的位移与主动件曲柄 1 转角的正切成正比 $y=l\tan\varphi$,故称为**正切机构**。

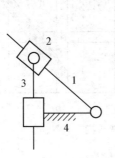 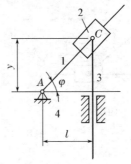

图 8-9　正切机构

如图 8-10 所示,正弦机构由连架杆 1、滑块 2、连杆 3 及机架 4 组成,其中连杆 3 分别与滑块 2 和机架 4 形成两个相邻的移动副。这种机构中,构件 3 的位移 s 与主动件曲柄 1 的转角 φ 的正弦成正比,即 $s=a\sin\varphi$,故称为**正弦机构**,正切机构与正弦机构常用于计算机构中。

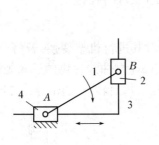

图 8-10　正弦机构

如图 8-11(a)所示,**双转块机构**由转块 1、连杆 2、转块 3 及机架 4 组成,其中,转块 1、3 分别与机架铰链联接,且与连杆 2 形成移动副,机构的主动件(转块 1)与从动件(转块 3)具有相等的角速度。滑块联轴器(如图 8-11(b)所示)就是这种机构的应用实例,它可用来联接中心线不重合的两根轴。

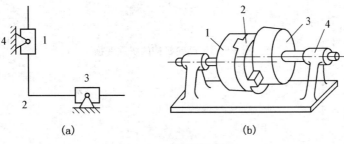

(a)　　　　　　　　　　(b)

图 8-11　双转块机构

如图 8-12(a)所示,**双滑块机构**由滑块 1、滑块 3、连杆 4 及机架 2 组成,其中,滑块 1、3 与机架 2 形成两个相邻的移动副。椭圆仪(如图 8-12(b))是双滑块机构的典型应用,当滑块 1 和 3 沿机架 2 的十字槽滑动时,连杆 4 上的各点便描绘出长、短径不同的椭圆。

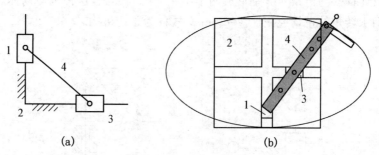

图 8-12 双滑块机构

8.1.4 高副机构的机架变换

高副没有相对运动的可逆性,如圆与直线组成的高副中,当直线相对于圆做纯滚动时,直线上某点的运动轨迹是**渐开线**;当圆相对于直线做纯滚动时,圆上某点的运动轨迹则是**摆线**。渐开线与摆线的性质不同,所以组成高副的两个构件的相对运动没有可逆性。由此可知:高副机构经过机架变换后,所形成的新机构与原机构的性质会有很大的区别,这就为通过高副机构的机架变换提供了创造性的机会。

1. 凸轮机构的机架变换

常用的凸轮机构如图 8-13(a)所示,通过对其进行机架变换:若将凸轮作为机架时(如图 8-13(b)),从动推杆一边自转,一边按凸轮廓曲线提供的运动规律进行移动;若将滚子推杆作为机架时(如图 8-13(c)),凸轮一边自转,一边沿导路方向移动。

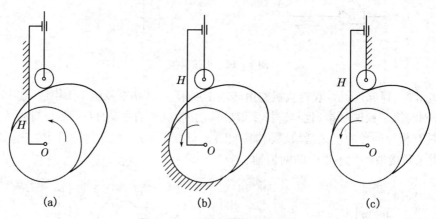

图 8-13 凸轮机构的机架变换

2. 齿轮机构的机架变换

若将定轴轮系(如图 8-14(a))中的任意一个齿轮作为机架,则该定轴轮系变异成为行星轮系,如图 8-14(b)所示。

(a)　　　　　　　　　　　　(b)

图 8-14　齿轮机构的机架变换

3. 螺旋机构的机架变换

螺旋机构的机架变换有多种形式,其特点及应用为:

(1) 螺母固定,螺杆"转动＋移动"。如图 8-15(a)所示,此时螺母与固定钳口联接成整体且固定不动,螺杆与活动钳口通过转动副联接。转动手柄时,使螺杆回转并移动,带动活动钳口的移动而实现工件的夹紧和松开。

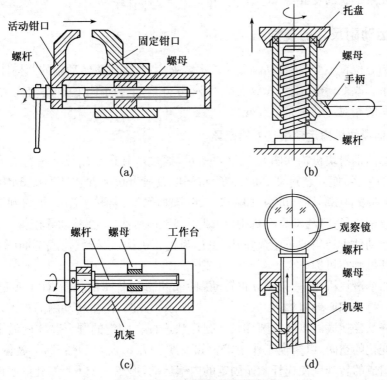

(a)　　　　　　　　　　　　(b)

(c)　　　　　　　　　　　　(d)

图 8-15　螺旋机构的机架变换

(2) 螺杆固定不动,螺母"回转＋移动"。如图 8-15(b)所示,此时螺杆与底座连成整体且固定不动,手柄与螺母连成一体,托盘套在螺母上。转动手柄时,使螺母回转并沿直线移动,从而支顶或放下工件。

(3) 螺杆转动,螺母做直线运动。如图 8 - 15(c)所示,此时螺母与工作台连成整体,螺杆与机架通过转动副联接。摇动手柄时,使螺杆回转,螺母带动工作台实现左右直线移动。这种结构广泛应用于车床大、中、小滑板移动机构及其他机床工作台移动机构。

(4) 螺母转动,螺杆做直线运动。如图 8 - 15(d)所示,此时螺母与机架通过回转副联接,螺杆与观察镜连成整体。转动螺母时,螺杆带动观察镜上下移动。

8.2 运动副的演化与变异

运动副是构件与构件之间的可动联接,其作用是传递运动、动力或改变运动形式。运动副元素的特点直接影响机构动力的传递效率和运动的传递精度,通过机构运动副的演化与变异,可以增强运动副元素的接触强度,减少运动副元素的摩擦与磨损,改善机构的受力状态及其运动与动力效果,优化原有机构的工作性能,从而创新实现新的功能。因此,对运动副元素的演化与变异设计也是机构创新设计的一种常用方法。

运动副的变异方式有很多种,常用的有高副与低副之间的变换、运动副尺寸的变异和运动副元素形状的变异等。

8.2.1 运动副尺寸的变异

保持圆心位置不变,将转动副尺寸放大或缩小,则构成该转动副的两构件之间的相对运动关系不改变;移动副尺寸放大或缩小,导杆运动方向不改变,则构成该移动副的两构件之间的相对运动关系不改变。

1. 曲柄滑块机构运动副尺寸的变异

常用的曲柄滑块机构如图 8 - 16(a)所示,通过对其运动副尺寸进行变异:若扩大转动副 C 的半径,使其超过杆 2 的长度,将杆 2 改成滑块 2 并在环形槽 3 内绕 C 点转动,即可得到移动环形导杆机构(如图 8 - 16(b)所示)。若转动副 C 扩大到无穷大,环形槽变成直槽,可得到**移动导杆机构**(如图 8 - 16(c)所示)。在移动导杆机构中,导杆 3 的位移与原动件 1 转角的正弦成正比,也称为正弦机构,这样就构成了如图 8 - 16(d)所示的缝纫机刺布机构。

对于曲柄滑块机构,如果继续将转动副扩大并超过杆 1 的长度,杆 1 就变成了圆盘 1,这样就可得到**偏心轮机构**,如图 8 - 17(a)所示。此时,由于转动副的扩大,构件的形状分别由杆状变换成圆盘状或圆环状。圆环状连杆在固定的圆形腔体内做平面运动,形成不断变化的空间,以实现工作要求。如图 8 - 17(b)所示的活塞泵,其偏心盘和圆环形连杆组成的转动副使连杆紧贴固定的内壁运动,形成一个不断变化的腔体,有利于流体的吸入和压出。

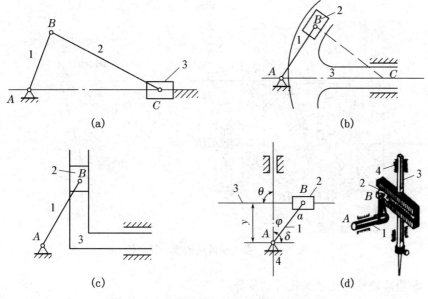

图 8‑16 曲柄滑块机构运动副尺寸的变异

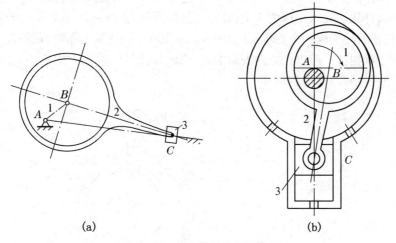

图 8‑17 偏心轮机构及其应用

2. 曲柄摇杆机构运动副尺寸的变异

对于曲柄摇杆机构,转动副 B 的直径尺寸加大到将转动副 A 包括在其中时,曲柄变成了偏心轮,如图 8‑18 所示的颚式破碎机的偏心轮机构,工作时,由电动机驱动带轮,通过偏心轮使动颚前后上下摆动。当动颚上升时,动颚板向定颚板接近,物料被挤压、搓、辗等多重破碎;当动颚下行时,动颚板在复位弹簧的作用下离开定颚板,已被破碎的物料在重力的作用下从出料口自由卸出。随着电动机连续传动,破碎机动颚板做周期性的压碎和排料,实现批量生产。偏心轮机构可以解决由于曲柄过短,不能承受较大载荷的问题,因此,多用在承受较大载荷的机械中。

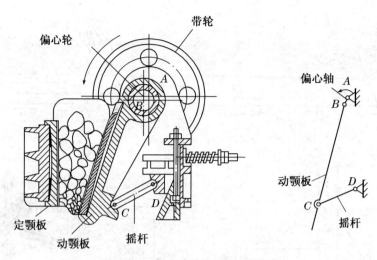

图 8 - 18　颚式破碎机的偏心轮机构

3. 曲柄摇块机构运动副尺寸的变异

对于曲柄摇块机构,如图 8 - 19(a)所示,转动副 B 的直径尺寸加大到将转动副 A 包括在其中时,曲柄 1 就变成了偏心盘 1,而连杆 2 就设计成一端为圆环状,另一端为杆状的套圈,杆状端插入支撑块 3 上,并沿支撑块滑动,支撑块 3 与壳体 4 组成转动副,曲柄摇块机构就转变成一个旋转泵(如图 8 - 19(b))。旋转泵工作时,偏心盘 1 绕中心 A 转动,圆环状构件 2 沿机壳的内表面滑动,则液体按图示箭头方向流动,套圈 2 的叶片 a 用以把吸入腔与输出腔隔开。

动画8-06

曲柄摇块泵

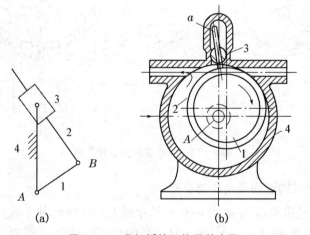

(a)　　　　　　(b)

图 8 - 19　曲柄摇块机构及其应用

8.2.2　运动副元素接触性质与形状的变异

机构运动副是两构件直接接触并能产生相对运动的可动联接,两个构件上参与接触而构成运动副的点、线、面等元素被称为运动副元素。因为运动副的作用、性质主要取决于运动副元素的形状,因此,在机械创新上,运动副元素接触性质与组成形状的变异有着深远意义。

1. 运动副元素接触性质的变异

由于高副机构是点、线接触，往往受到较大的压力，容易产生磨损，承载能力较弱，稳定性差，而低副是面接触的，能承受较大的压力，又因为接触面大，所以稳定性良好。因此，用低副来代替高副是改进机构受力状况和力学性能的途径之一（详见本书第 1章）。如图 8-20 所示，在偏心圆凸轮机构中，当高副被低副代换后，并不影响机构的运动特性，但由于改进后为低副机构，耐磨性能较好，加工也更容易，因而提高了其使用性能，降低了成本。

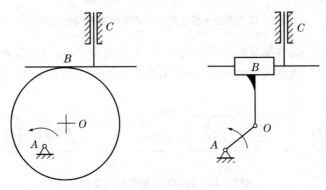

图 8-20　偏心圆凸轮机构的高副低代

2. 运动副元素形状的变异

运动副元素形状的变异多为组成运动副的构件形状的变异，它对机械结构的创新设计有着很大的意义。在图 8-21(a)所示的移动凸轮机构中，移动凸轮与斜面接触。若在移动平面上进行绕曲，就变成盘形凸轮机构的平面高副（如图 8-21(b)），若在水平平面上绕曲就演化成螺旋机构的螺旋副（如图 8-21(c)）。

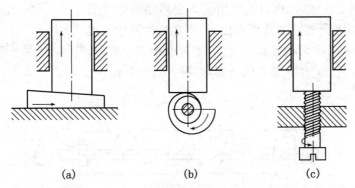

(a)　　　　　　(b)　　　　　　(c)

图 8-21　移动凸轮机构的运动副元素形状的变异

动画8-07

输出停歇
摆动机构

如图 8-22 所示，对于摆动导杆机构，当曲柄做整周转动时，导杆在左右极限位置做瞬时停留。如果对摆动导杆机构进行运动副元素形状变异，用滚子替代滑块，并在导杆上加圆弧槽，此时，曲柄上的滚子在其中运动，导杆即可以实现左边极限位置长时间停歇。

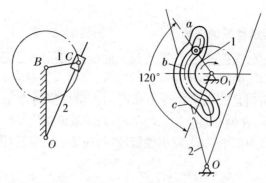

图 8-22　摆动导杆机构的运动副元素形状的变异

　　如图 8-23 所示,在移动副的变异设计中,为了减少摩擦,可以采用滚动摩擦替代滑动摩擦,如滚动导轨替代滑动导轨;为了提高移动副联接的可靠性,也可以考虑虚约束的应用。

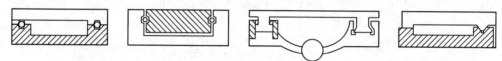

图 8-23　移动副元素形状的变异

　　当运动副元素在机构的一个运动周期内重复再现时,原始机构就可以演化为具有新功能的机构。如图 8-24 所示的电动锯条凸轮机构,其凸轮轮廓曲线是一个具有 12 个凸凹圆弧形的曲线,从动构件是由两个圆柱滚子摆杆构成。机构工作时,一个滚子位于凹曲线底部,另一个则位于顶部,或反之,由此完成锯条往复运动的动作要求。

　　螺旋副用于传动时,可以实现由转动变移动的运动变换,若从螺旋副旋转推进工作原理出发,将螺杆的形状改成叶片状、置于密闭圆筒状容器内,此时物料就相当于螺母,**图 8-24　电动锯条的凸轮机构** 经过这样的替代就产生了螺旋输送器,如图 8-25 所示。

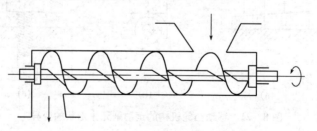

图 8-25　螺旋输送器

8.3 机构的组合与创新设计

按技术来区分,创新可分为两类:一类是采用全新的技术,称为突破性创新;另一类是采用已有的技术进行重组,称为组合性创新。组合性创新相对于突破性创新更容易实现,是一种成功率较高的创新方法。常用的基本机构如齿轮机构、凸轮机构、四杆机构和间歇机构等,可以胜任一般性的设计要求,随着生产的发展,以及机械化、自动化程度的提高,对其运动规律和动力特性都提出了更高的要求。这些常用的基本机构往往无法满足要求,为解决这些问题,可以将两种以上的基本机构进行组合,即将几个基本机构按一定的原则或规律组合成一个复杂的机构,这个复杂的机构一般有两种形式:一种是几种基本机构通过某种联接方法直接组合在一起,成为性能更加完善、运动形式更加多样化的复杂的机械系统,称为组合机构;另一种则是将几种基本机构组合在一起,互不联接、单独工作,其设计要点是组合体的各基本机构还保持各自的特征,各机构的运动和动作协调配合,以实现组合的目的,这种形式被称作为机构的组合。

机构的组合充分利用了基本机构的良好性能,改善了它们的不良特性,运用机构组合原理,可以构造出既满足工作要求,又具有良好运动和动力性能的机构。

机构的组合方式可划分为以下 4 种:串联式机构组合、并联式机构组合、复合式机构组合、叠加式机构组合。

8.3.1 串联式机构组合的创新设计

串联式机构组合是由两个以上的基本机构依次串联而成的,前置机构的输出构件和输出运动成为后置机构的输入构件和输入运动,从而得到满足工作要求的机构。其特征是前置机构与后置机构都是单自由度机构。

按照两个基本机构联接点的位置分为Ⅰ型串联和Ⅱ型串联。联接点设在前置机构中做简单运动的连架杆上,称为**Ⅰ型串联**(如图 8-26(a));联接点设在前置机构中做复杂运动的连杆上,称为**Ⅱ型串联**(如图 8-26(b))。

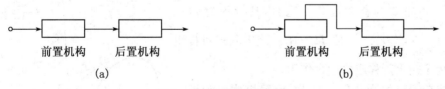

图 8-26 串联式机构组合

1. Ⅰ型串联组合的创新设计

Ⅰ型串联组合中,将后置机构的主动件联接在前置机构的一个连架杆上。前置机构是连杆机构,连杆机构的输出构件一般是连架杆,它能实现往复摆动、往复移动及变速转动输出,可具有急回特性。通常采用的后置机构有:连杆机构、凸轮机构、齿轮机构、槽轮机构、棘轮机构等。

在图 8-27(a)所示的缝纫机梭心摆动机构中,前置机构为铰链四杆机构,后置机构为导杆机构,其中导杆 O_BC 与摇杆 O_BB 固联为一体。当主动曲柄 O_AA 回转时,从动摇杆 O_BB 做往复摆动,其最大摆角为 ψ_3。该摆角无法满足缝纫机梭心摆动的摆角要求,为此,通过串联一个导杆机构,则摇杆 O_CC 的摆角 ψ_5 可达 200°左右,由此就增大了输出摆角,即可满足缝纫机梭心的摆动要求,该串联式机构组合实现了输出摆角增大的作用。

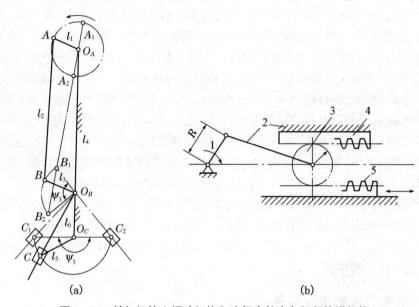

图 8-27 缝纫机梭心摆动机构和连杆齿轮齿条行程倍增机构

在图 8-27(b)所示的连杆齿轮齿条行程倍增机构,前置机构为连杆机构,后置机构为齿轮齿条机构。主动曲柄 1 转动,推动齿轮 3 与上、下齿条 4、5 啮合传动,上齿条 4 固定,下齿条 5 做往复移动,其行程 $H=4R$,即把连杆机构的输出行程扩大了一倍。显然,在输出位移相同的前提下,其曲柄比一般对心曲柄滑块机构的曲柄可缩小一半,从而可缩小整个机构尺寸。若将齿轮 3 改为双联齿轮 3-3′,节圆半径分别为 r_3、r_3',齿轮 3 与固定齿条 4 啮合,齿轮 3′ 与移动齿条 5 啮合,其行程为 $H=2\left(1+\dfrac{r_3'}{r_3}\right)R$,当 $r_3'>r_3$ 时,$H>4R$。该串联式机构组合实现了输出行程成倍增大作用。

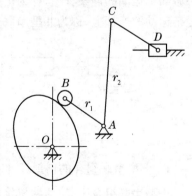

图 8-28 增大运动行程的凸轮—连杆机构

当前置机构为凸轮机构时,后置机构可利用凸轮机构输出构件的运动规律,改善其运动特性,或使其运动行程增大。如图 8-28 所示的增大运动行程的凸轮-连杆机构,其前置机构为摆动从动件凸轮机构,后置机构为摇杆滑块机构。凸轮机构的从动件与摇杆滑块机构的主动件固联为一体。该机构利用一个输出端半径 r_2 大于输入端半径 r_1 的摇杆 BAC,使 C 点的位移大于 B 点的位移,从而可在凸轮尺寸较小的情况下,使滑块 D 获得较大行程。

当前置机构为齿轮机构时,齿轮机构的输出通常为转动或移动。后置机构可以是各种类型的基本机构,均可获得各种减速、增速以及其他的功能要求。如图 8-29 所示的齿轮和圆柱凸轮组合的行程增大(减小)机构,其前置机构为齿轮机构,后置机构为圆柱凸轮机构。齿轮 2 与凸轮 3、5 固定联接,齿轮 1 转动时,齿轮 2 带动凸轮一起转动,但由于凸轮机构 5-4 中的从动件 4 不能左右移动,故凸轮 5 边转边移,凸轮 3 也边转边移,带动从动件 6 往复移动,使从动件 6 的行程增大或减小。若凸轮 3、5 曲线槽的升

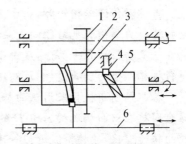

图 8-29　齿轮和圆柱凸轮组合的行程增大(减小)机构

程分别是 s_3、s_5,从动件 6 的移动距离 s_6 则是 s_3 与 s_5 的合成:$s_6 = s_3 \pm s_5$。若两凸轮的曲线槽同向时,上式用正号,即机构为行程增大机构;曲线槽反向时用负号,即机构为行程减小机构。

2. Ⅱ型串联组合的创新设计

在Ⅱ型串联组合中,后置机构的输入构件,一般与前置机构中做平面复杂运动的连杆在某一点联接。利用前置机构与后置机构联接点处的特殊运动轨迹,如直线、圆弧曲线、"8"字自交形曲线等,使机构的输出构件获得某些特殊的运动规律,如停歇、行程两次重复等。

如图 8-30(a)所示的具有运动停歇的六杆机构,在铰链四杆机构 $ABCD$ 中,连杆 E 点的轨迹上有一段近似直线,以 F 点为转动中心的导杆在导向槽与 E 点轨迹的近似直线段重合,当 E 点沿直线部分运动时导杆停歇。同样如图 8-30(b)所示的四杆机构 $BCDE$,当曲柄 BC 作为主动件转动一周时,连杆 CD 上 A 点轨迹是 8 字形的曲线,A 点铰链联接着杆 AF,带动滑块 5 在导路上往复运动两次,具有以上两个六杆机构都是将后置机构串联联接在前置四杆机构做复杂运动的连杆上的一点。

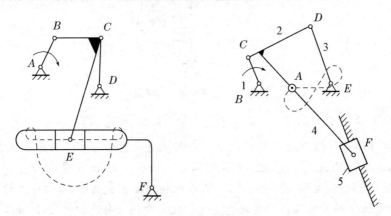

图 8-30　Ⅱ型串联组合的创新设计

[例 8-1]　槽轮机构常用于转位和分度的机械装置中,但它的运动和动力特性不太理想,尤其在槽数较少的外槽轮机构中,其角速度和角加速度的波动均达到很大数

值,造成工作台转位的不稳定。其原因是主动拨盘一般做匀速转动,并且回转半径不变。当运动传递给槽轮时,由于主动拨盘的滚销在槽轮的传动槽内沿径向相对滚移,致使槽轮受力作用点也沿径向发生变化。若滚销以不变的圆周速度传递运动时,导致槽轮在一次转位过程中,角速度由小变大,又由大变小。为了改进该装置存在的缺点,现进行机构组合的创新设计,试对图示的双曲柄——槽轮机构进行分析。

答 该创新机构采用双曲柄机构与槽轮机构的串联式组合方式。槽轮机构的主动拨盘固接在双曲柄机构 $ABCD$ 的从动曲柄上,从动曲柄上 E 点的变化速度能够中和槽轮的转速变化,使槽轮能近似等速转位。

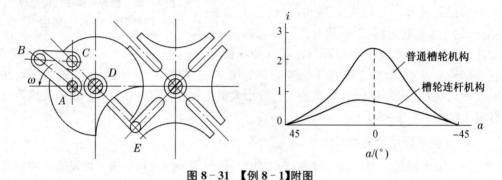

图 8-31 【例 8-1】附图

【例 8-2】 分析图示牛头刨床导杆机构的组合方式。

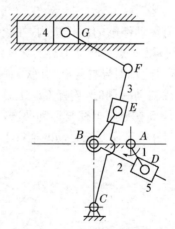

图 8-32 【例 8-2】附图

答 牛头刨床导杆机构的前置机构为转动导杆机构,输出杆 BE 做非匀速运动,从而使从动件 4 实现近似匀速往复移动。其中转动导杆机构 ABD 为前置机构,曲柄 1 为主动件,绕固定轴 A 匀速转动,使该机构的从动件 2 输出非匀速转动。六杆机构 $BCEFG$ 为后置机构,主动构件为 BE,即前置机构的输出构件 2,因构件 2 输入的是非匀速运动,所以中和了后续机构的转速变化。故当曲柄 1 匀速转动时,滑块 4 在某区段内实现近似匀速往复移动。该机构为导杆机构与六杆机构的串联组合。

8.3.2　并联式机构组合的创新设计

动画8-08

并联组合机构

两个或两个以上的基本机构并列布置,称为并联式机构组合。简单的并联式机构组合,其输入或输出运动的性质是简单的移动、转动或摆动;复杂型的并联式机构组合,主要用于实现复杂的运动或动作要求,其输出形式一般按功能要求而设定。并联式机构组合按照各基本机构运动传递方式分为以下三个类型,如图 8 - 33 所示。

Ⅰ型并联:各个基本机构具有各自的输入运动,共同的输出运动,主要功能是实现各基本机构输出运动的合成。设计时并联的基本机构要协调,以满足所要求的输出运动。

Ⅱ型并联:各个基本机构有共同的输入与输出运动,主要功能是先将一个运动分解传递给各独立基本机构,然后将各基本机构的输出运动通过共用的运动输出构件合成为一个运动。

Ⅲ型并联:各个基本机构有共同的输入构件,但却有各自的输出构件。主要功能是将一个运动同时输入到各基本机构中,得到相互独立且相互协调的运动输出。

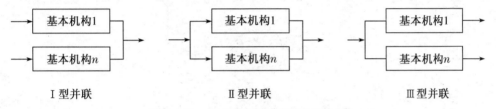

图 8 - 33　并联式机构组合的主要类型

1.　Ⅰ型并联组合的创新设计

在图 8 - 34(a)所示的刻字成形机构中,两个凸轮机构的凸轮均为原动件,当凸轮转动时,两凸轮滚子从动件推杆分别控制滑块中心在 x 与 y 方向的移动,实现特定的轨迹 $y = y(x)$。

飞机上采用的襟翼操纵机构如图 8 - 34(b)所示,它由两个尺寸相同的齿轮齿条机构并联组合而成,两个可移动的齿条分别用两个直动油缸推动。这种设计的创新点是:两个直动油缸共同控制襟翼,襟翼的运动反应速度快;其次,当其中一个发生故障时,仍可以用另一个直动油缸单独驱动襟翼,增大了操纵系统的可靠性与安全系数。

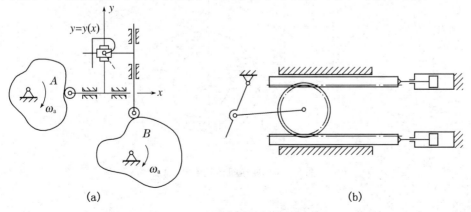

(a)　　　　　　　　　　　　　　　(b)

图 8 - 34　Ⅰ型并联组合的创新设计

多缸发动机曲柄连杆机构,由多个曲柄滑块机构并联组合而成。各曲柄滑块机构的曲柄为制成一体的曲轴,当运动由各曲柄滑块机构的活塞输入时,曲柄即可实现无止点位置的定轴回转运动,且具有良好的平衡、减振作用。

2. Ⅱ型并联组合的创新设计

如图 8-35 所示,间歇传送机构由两个齿轮机构和两个连杆机构组成,齿轮 1 经两个齿轮 2 与 2′带动一对曲柄 3 与 3′同步转动,曲柄使连杆 4(送料动梁)平动,5 为工作滑轨,6 为被推送的工件。由于送料动梁上任一点的运动轨迹如点划线所示,故可间歇地推送工件。该机构将齿轮机构的连续转动转化为间歇运动,运动可靠,常用于自动机的物料间歇送进。

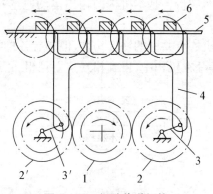

图 8-35 间歇传送机构

3. Ⅲ型并联组合的创新设计

如图 8-36 所示,冲压机凸轮连杆机构的输入构件为两个同轴转动的盘状凸轮,凸轮 1 与推杆 2 组成移动从动件凸轮机构,凸轮 1′和摆杆 3 组成摆动从动件凸轮机构,当凸轮 1 与 1′转动时,推杆 2 实现左右移动,同时,摆杆 3 实现摆动,并带动连杆机构运动,使执行构件滑块 5 沿固联在推杆 2 上的滑道上下移动。冲压机凸轮连杆机构在设计时应注意推杆 2 与滑块 5 的协调运动关系。

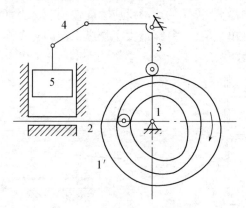

图 8-36 冲压机凸轮连杆机构

【例 8-3】 请对图示 V 形发动机的双曲柄滑块机构进行分析。

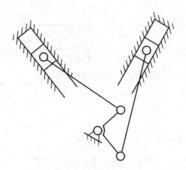

图 8-37 【例 8-3】附图

答 两个汽缸做 V 形布置,它们的轴线通过曲柄回转的固定轴线,当分别向两个活塞输入运动时,曲柄可实现无死点的定轴回转运动,并且还具有良好的平衡、减振作用。该机构是双曲柄滑块机构的并联组合。

8.3.3 叠加式机构组合的创新设计

机构的叠加组合是机构组合理论的重要组成部分,是机构创新设计的重要途径。机构叠加组合是指在一个基本机构的可动构件上再安装一个以上基本机构的组合方式,其输出运动是若干个机构输出运动的合成。支撑其他机构的基本机构称为基础机构,安装在基础机构可动构件上面的机构称为附加机构。其主要功能是实现特定的输出,完成复杂动作。机构类型通常选择单自由度机构,使其运动的输入输出形式简单,以达到容易控制的目的,实现水平移动,通常选择移动式油缸或气缸、齿轮齿条机构等;实现垂直移动,选择移动式液压缸或气缸、"X"形连杆机构、螺旋机构等;实现转动,采用齿轮机构、带传动机构或链传动机构等;实现平动,采用平行四边形机构等;实现伸缩、仰俯、摆动,可选择摆动液压缸或气缸、曲柄摇块机构等。

机构叠加组合按照叠加型式可分为以下两种类型:

Ⅰ 型叠加机构:如图 8-38(a)所示,Ⅰ 型叠加机构是指动力源作用于附加机构上(主动机构为附加机构,或由附加机构输入运动),附加机构在驱动基础机构运动的同时,也可以有自己的运动输出。附加机构安装在基础机构的可动构件上,同时其输出构件也能驱动基础机构的某个构件。Ⅰ 型叠加机构的联接方式比较复杂,但也有章可循。当齿轮机构为附加机构、连杆机构为基础机构时,联接点可选在附加机构的输出齿轮和基础机构的输入连杆上;当基础机构是行星齿轮系机构,可把附加齿轮机构安置在基础轮系机构的系杆上。

如图 8-38(b)所示的电风扇扇叶传动机构,蜗杆蜗轮为附加机构,行星轮系为基础机构。蜗杆传动机构安装在行星轮系机构的系杆 H 上,由蜗轮给行星轮提供输入运动,带动系杆缓慢转动。附加机构驱动扇叶转动,并通过基础机构的运动实现附加机构 360° 全方位慢速转动。该机构可设计出理想的电风扇,扇叶转数可通过电动机调速调整。附加机构的机架(基础机构的系杆)转动速度可以通过改变齿轮的齿数进行调整。

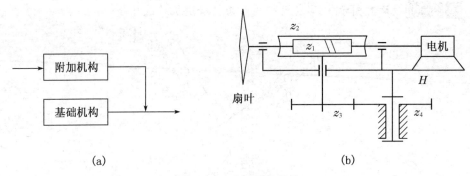

(a)

(b)

图 8-38   Ⅰ型叠加机构

Ⅱ型叠加机构:如图 8-39(a)所示,附加机构和基础机构分别有各自的动力源,或有各自的运动输入构件,最后由附加机构输出运动。Ⅱ型叠加机构的特点是附加机构安装在基础机构的可动构件上,再由设置在基础机构可动构件上的动力源驱动附加机构运动。进行多次叠加时,前一个机构即为后一个机构的基础机构。如图 8-39(b)所示的户外摄影车机构,其基础机构为平行四边形机构 $ABCD$,附加机构为平行四边形机构 $CDEF$,附加机构 $CDEF$ 安装在基础机构 $ABCD$ 的可动构件 CD 上,可动构件 AD 上的液压缸 2 驱动附加机构 $CDEF$,液压缸 1 驱动基础机构 $ABCD$。Ⅱ型叠加机构间的联接方式较为简单,且规律性强,应用最为普遍。

动画8-09

户外摄影
车机构

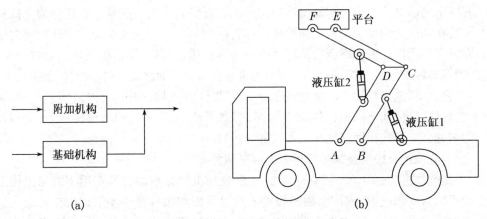

(a)

(b)

图 8-39   Ⅱ型叠加机构

机构叠加组合按照主要功能可分为以下两种类型。

(1) 运动独立式。指各机构的运动关系是相互独立的,其最后一个子机构往往动作要求比较复杂。如图 8-40(a)所示的电动玩具马的主体运动机构,其机构能够模仿奔马前进的运动形态。工作时分别由转动构件 4 和曲柄 1 输入转动,曲柄摇块机构中导杆 2 的摇摆和升降使其 M 点的轨迹可以实现马的俯仰和升降的奔驰势态,以两杆机构(4、5)作为基础机构使马做前进运动,三种运动形态合成奔马前进的运动形态。

(2) 运动相关式。指各机构之间的运动有一定的影响,通常设定一个子机构为基础机构,另一子机构为附加机构,通过附加机构叠加在基础机构的一个活动构件上,同时附加机构的从动件又与基础机构的另一活动构件固接,使得输入一个独立运动,却输出两个运动合成的复合运动。如图 8-40(b)所示的摇头电扇的传动机构。电动机安装在双摇杆机构的摇杆上,向蜗杆输入转动,双摇杆机构的主动构件是由电动机轴通过蜗杆蜗轮传动的,两个机构的运动通过蜗轮与连杆的固接互相影响,使得电扇在实现蜗杆带动翼片快速转动的同时又以较慢的速度摆动。

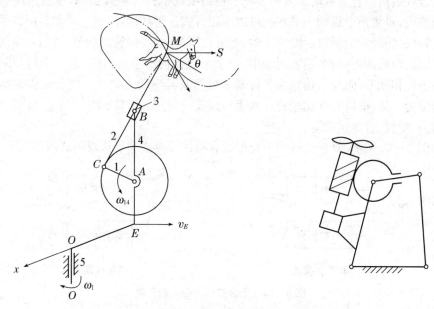

图 8-40　两种类型的机构叠加组合

　　虽然基于叠加组合方法的设计构思难度较大,但是其组合成的新机构具有很多优点,可实现复杂的运动要求,机构的传力性能较好,减小了传动功率,由此可见,叠加组合方法为创建叠加机构提供了理论基础。

　　【例 8-4】　试对如图 8-41 所示液压挖掘机进行机构分析。

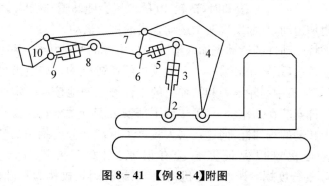

图 8-41　【例 8-4】附图

　　答　该液压挖掘机是机构的叠加组合,由三套液压缸机构叠加组成。

　　第一套液压缸机构 1～4 以挖掘机机身 1 为机架,机构的运动可以使大转臂 4(输出构件)实现俯仰动作。

　　第二套液压缸机构是 4～7,叠加在第一套机构的大转臂 4 上,机构运动结果可使小转臂 7(输出构件)实现伸缩摇摆。

　　第三套机构是由 7～10 组成的液压缸机构,叠加在第二套机构的小转臂 7 上,最终使铲斗10完成复杂的挖掘动作。

8.3.4 复合式机构组合的创新设计

复合式机构组合是以两个或两个以上自由度的机构为基础机构,单自由度的机构为附加机构,再将两个机构中某些构件以一定方式进行联接,组成一个单自由度的组合机构,基础机构通常为两自由度的机构,如五杆机构、差动齿轮机构等,或引入空间运动副的空间运动机构;其两个输入运动中,一个来自机构的主动构件,另一个则与附加机构的输出件相联系;附加机构则为各种基本机构及其串联式组合。复合式机构组合中各机构融为一体,能够实现比较特殊的运动规律,如停歇、逆转、加速、减速、前进、倒退,以及增力、增程、合成运动等。

如图8-42所示,复合式机构组合形式有构件并接式和机构反馈式两种。

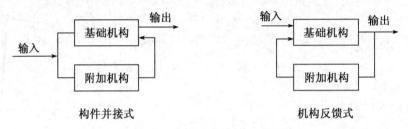

图8-42 复合式机构组合的分类

构件并接式将原动件的运动一方面传给一个单自由度的附加机构,转换成另一运动后,再传给两个自由度的基础机构,同时原动件又将其运动直接传给该基础机构,而后者将输入的两个运动合成为一个输出。在如图8-43(a)所示的差动链传动机构中,链轮5、8、10、9是基础机构,凸轮K、差动杠杆6是附加机构。运动同时输入给链轮5和凸轮K,链轮9为运动输出构件,链轮8和杆7构成链条长度自动补偿装置。当差动杠杆6上的滚子G在凸轮上滚动时,链轮10的位置会随凸轮廓线的变化而发生改变,使链轮9得到附加运动,从而实现两个运动合成的复杂运动。

机构反馈式将原动件的运动先输入给两个自由度的基础机构,基础机构的输出经过单自由度附加机构后,转化成另一个运动反馈给基础机构。如滚齿机分度蜗轮误差补偿机构,在滚齿加工中齿轮滚刀和被加工的工件被强制地按照一定的运动关系进行运动。被加工工件安装在工作台上,工作台下部安装着分度蜗轮。齿轮的加工精度取决于它在机床上转动的均匀性,而这在很大程度上取决于分度蜗轮的精度。分度蜗轮制造虽很精密,但仍难以保证完全没有误差,因此需要进行误差补偿。在如图8-43(b)所示的分度蜗轮误差补偿机构中,以蜗杆蜗轮机构为基础机构,凸轮机构为附加机构,蜗轮为输出构件。运动输入给蜗杆,等速转动的蜗杆带动蜗轮转动的同时,同轴的凸轮转动,凸轮从动件随着凸轮轮廓曲线的变化沿着导路方向来回运动,其输出反馈作用于蜗杆,使蜗杆沿其轴向做往复运动,蜗杆的转动与轴向移动的合成使蜗轮转速变得时快时慢,从而实现按一定运动规律周期性的变速转动。

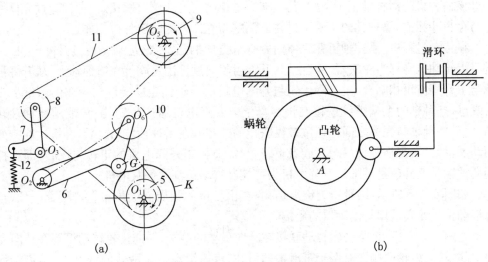

图 8-43　差动链传动机构和分度蜗轮误差补偿机构

创新实例分析——家用自助型播种机

　　机械创新设计渗透在人们生活、学习和生产的方方面面,在小面积土地的农业生产中,若租用大型的翻土车和播种装置,不仅不便于小面积土地的播种,而且会影响农作物的生长与产量,且费用昂贵。若农业生产者自行耕种,则又需要生产者进行翻土、播种和埋土等操作,费时费力。针对这种情况,经过实际生产操作的调研,设计了一款适用于家庭播种的自助型装置,其内部主要结构如图 8-44 所示。

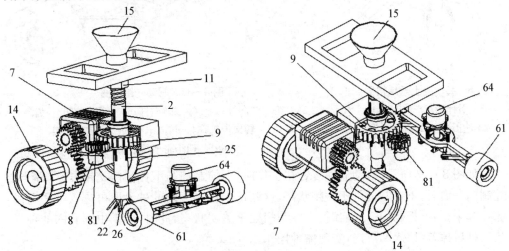

图 8-44　家用自助型播种机的内部结构

1—壳体;2—播种轴;8—升降电机;9—升降齿轮;11—螺母;

15—料斗;22—出种口;25—键;81—主升降齿轮。

该播种机的播种轴呈中空状,其上端通过螺纹与壳体侧壁联接,播种轴穿过壳体侧壁与存料斗相连,播种轴的下端穿过壳体侧壁与壳体外侧的出种口相连。

在传动过程中,播种轴可在壳体内做垂直方向的运动,该运动是通过升降电机、主升降齿轮和从升降齿轮实现。其中,从升降齿轮通过键固定联接在播种轴上,从升降齿轮与主升降齿轮相啮合,主升降齿轮与升降电机的转轴固定联接。在壳体的侧壁上设有螺母,播种轴的上端螺纹联接在该螺母上。升降电机通过齿轮传动,带动播种轴转动,由于播种轴与壳体之间是通过螺纹联接的,因此,在播种轴转动之后,在螺纹联接的驱动下,即可实现播种轴的上升或者下降,只需要控制升降电机的正转与反转,即可控制播种轴是上升还是下降。升降电机为可控制转动角度的伺服电机。

如图 8-45 所示,出种口为锥形结构,在出种口的圆周面上均布有若干翻土爪,且每根翻土爪的底端均与出种口的底端齐平设置。

如图 8-46 所示,驱动轮转动联接在转向支架的两端,转向齿轮转动设置在转向支架中部,转向齿轮两侧设有两个带滑槽的滑轨,齿轮滑动位于滑轨的滑槽内,两齿轮均与转向齿轮相啮合,第一转向杆与第二转向杆的中部与转向支架铰接,第一转向杆一端与齿条铰接,另一端与第二转向杆铰接,第二转向杆一端铰接于前轮上。工作时,齿条驱动第一转向杆摆动,由于第一转向杆与第二转向杆是铰接在一起的,因此,第二转向杆在摆动之后,也可以带动前轮摆动,同样的,为了能够精确地驱动前轮转动的角度,转向电机选用伺服电机。

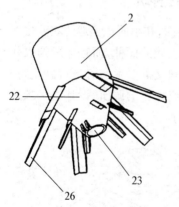

图 8-45 翻土爪结构图
2—播种轴;22—出种口;
23—出种门;26—翻土爪。

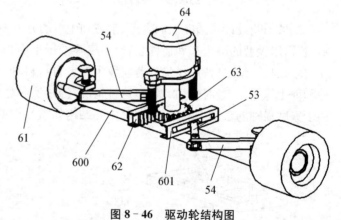

图 8-46 驱动轮结构图
53—第一转向杆;54—第二转向杆;61—两前轮;62—齿条;
63—转向齿轮;64—转向电机;600—转向支架;
601—两个带滑槽的滑轨。

如图 8-47 所示,自助播种装置在工作时,上控制门与下控制门交错开启,即当上控制门开启时,下控制门处于关闭状态,这样位于存料斗内的种子即可进入中间仓内,储存起来;当下控制门 4 开启时,上控制门处于关闭状态,此时,位于中间仓内的种子,从出种口掉落,掉入凹坑内,实现播种操作。

为实现上控制门与下控制门交错开启,在左上叶片与左下叶片之间以及右上叶片与右下叶片之间均铰接有连杆,由带自锁功能的外螺纹联接杆与内螺纹空心杆通过螺纹联接组成,以便于调整连杆的长度,使上控制门与下控制门沿集种管轴向相对位置改变时,保证对连杆长度的要求。连杆的长度略大于上控制门与下控制门之间的轴向距离,连杆铰接在远离转轴的一侧。在出种口上铰接有出种门,在出种门与下控制门之间铰接有驱动下控制门开启或者闭合的控制杆,该控制杆呈 Y 形设置,控制杆一端与出种门铰接,另一端与左下叶片以及右下叶片铰接。

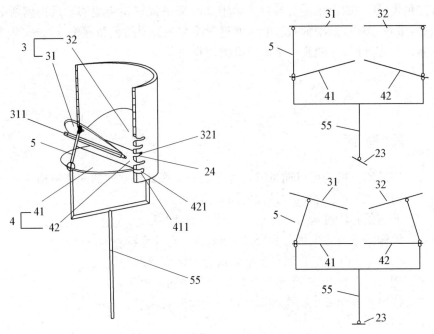

图 8 - 47　家用自助型播种机的工作原理

31—左上叶片;32—右上叶片;41—左下叶片;42—右下叶片;200—集种管;
311—左上转轴;321—右上转轴;24—腰形槽;411—左下转轴;421—右下转轴;
5—连杆;23—出种门;55—控制杆;24—腰形槽。

正常情况下,由于重力的作用,出种门处于打开状态,此时,下控制门处于打开状态,上控制门处于闭合状态。当播种轴下降,进行翻土时,出种门在与地面接触之后,地面上的泥土给出种门一个向上的作用力,致使出种门关闭,在出种门关闭过程中,带动控制杆上移,此时控制杆驱动左下叶片以及右下叶片互相靠近,下控制门闭合,下控制门通过连杆打开上控制门,种子从存料斗内进入中间仓内,为播种做好准备。当播种轴翻土完毕上升时,出种门不再受泥土的作用力,在自重与弹簧的回复力作用下打开,出种门带动控制杆下移,此时控制杆驱动左下叶片以及右下叶片互相远离,下控制门打开,下控制门通过连杆关闭上控制门,此时种子从中间仓内掉落翻好土的凹坑中,翻土时挖松的泥土在播种轴上升过程中覆盖在播出的种子上,实现埋土。播种完毕。同时出种装置回复正常状态。

虽然重力作用可以驱动出种门处于常开状态,但是为了防止出种门卡住,导致播种失败,在播种轴内设有弹簧,弹簧倾斜设置在播种轴内,弹簧一端粘接固定在播种轴内壁上,另一端粘接固定在控制杆上,弹簧的弹力可以驱动控制杆下移,实现出种门的常开。

当播种完毕之后,升降电机反向转动,驱动播种轴上移,此时翻土爪反向转动,将翻好的泥土重新覆盖在凹坑上,实现埋土操作,通过设置翻土装置以及播种装置,翻土装置可以自动实现翻土以及埋土,播种装置可以自动实现播种。机械化播种相比于手工播种,极大地节省了人力以及物力。

该案例解决了小面积土地播种的自动化问题,连杆机构、齿轮机构的巧妙运用,创新的方法很多,机构创新也不是可以简单用几段文字就叙述清楚的。机构创新更重要的方法是:多看、多想,勤动脑、勤动手,通过学习掌握必要的创新理论,通过实践丰富自己的积累。只有这样,才能真正掌握好机构创新的秘诀。

思 考 题

8-1　铰链四杆机构可以通过哪几种方法演变成其他型式的四杆机构?

8-2　请说明曲柄摇块机构是如何演化而来的?

8-3　何谓偏心轮机构? 它主要用于什么场合?

8-4　机构的组合方式可分为哪几种形式,各有什么特点?

8-5　请问Ⅰ型串联组合和Ⅱ型串联组合的结构特点是什么?

8-6　请简述Ⅰ型并联、Ⅱ型并联和Ⅲ型并联的主要区别。

8-7　按照主要功能机构叠加组合可分为哪几种类型?

8-8　判断题

(1) 曲柄滑块机构是由双曲柄机构演化而成的。

(2) 曲柄滑块机构是由曲柄摇杆机构演化而来的。

(3) 将曲柄滑块机构中的滑块改为固定件,则原机构将演化为摆动导杆机构。

8-9　选择题

(1) 牛头刨床的主运动采用的是_____机构。

　　A. 曲柄摇杆　　　　　　　B. 导杆　　　　　　　C. 双曲柄

(2) _____为曲柄滑块机构的应用实例。

　　A. 自翻汽车卸料装置　　　B. 内燃机　　　　　　C. 手动冲床

(3) 冲压机采用的是_____机构。

　　A. 移动导杆　　　　　　　B. 曲柄滑块　　　　　C. 摆动导杆

(4) 在曲柄滑块机构应用中,往往用一个偏心轮代替_____。

　　A. 滑块　　　　　　　　　B. 机架　　　　　　　C. 曲柄

第9章

联　接

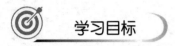
学习目标

了解联接的基本形式及应用；掌握螺纹的类型及主要参数，螺纹联接的预紧与防松；掌握键和销联接的分类及功用。

单元概述

机器是由不同的零部件组合而成的，当零件之间要形成一个运动整体来传递运动时，就需要把它们联接起来，保持空间位置的相互固定。联接是将两个或两个以上的零件连成一个整体的结构，常用的联接包括螺纹、键和销等。本章的重点包括常用联接的类型及应用、螺纹的预紧和防松等；难点是螺栓组联接的设计。

机械联接根据联接件与被联接件之间有无相对运动，可分为动联接和静联接两类，有相对运动的联接称为动联接；无相对运动的联接称为静联接。根据拆开联接时是否损坏联接件或被联接件，静联接又分为可拆联接或不可拆联接。

不可拆联接指当拆开联接时，至少需破坏或损伤联接中的一个零件，如铆接、焊接和胶接等。铆接是将铆钉穿过两个或两个以上被联接件上的预制钉孔，将被铆接件铆合在一起的一种联接，其优点是工艺设备简单，牢固可靠，耐冲击等；缺点是结构笨重，生产率低。焊接是把被联接的金属材料，经过局部加热、再冷却的方法，将两个或两个以上的金属零件熔接在一起的一种联接方式。由于焊接结构具有重量轻、施工简便、生产率高和成本低等优点，所以获得广泛的应用。胶接是利用粘合剂将被联接件粘接起来的一种联接，常用于木材、橡胶和金属零件的联接，胶接的优点是疲劳强度高，密封性能好，能防止电化学腐蚀，重量轻，外表光整，能联接不同材料的零件和较薄零件，因此，胶接是一种值得推广使用的联接形式。

可拆联接指当拆开联接时，无需破坏或损伤联接中的任何零件的联接，如螺纹联接、键联接和销联接等。本章仅讨论可拆联接，如螺纹联接、键联接和销联接等。

9.1 螺纹联接

9.1.1 螺纹的形成及其主要参数

将一倾斜角为λ的直线绕在圆柱上便形成一条螺旋线(如图9-1(a)),取一平面图形(如图9-1(b)),使它沿着螺旋线运动,运动时保持此图形通过圆柱的轴线,就可得到螺纹。

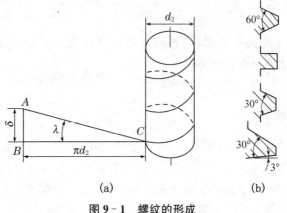

图 9-1　螺纹的形成

按照螺旋线的旋向,螺纹分为左旋螺纹和右旋螺纹。机械制造中一般采用右旋螺纹,有特殊要求时才采用左旋螺纹。按照螺旋线的数目,螺纹还分为单线螺纹和等距排列的多线螺纹(如图9-2)。在圆柱体表面上只有一条螺旋线,形成螺纹称为**单线螺纹**;在圆柱体表面上,若有两条或两条以上的等螺距螺旋线形成的螺纹,则为双线或多线螺纹。为了制造方便,螺纹的线数一般不超过4。单线螺纹一般用于联接,也可用于传动,多线螺纹常用于传动。按照尺寸单位不同,可分为米制和英制(螺距以每英寸牙数表示)两类。在我国,除了将管螺纹保留英制外,其余都采用米制螺纹。

图 9-2　单线螺纹和多线螺纹的示意图

按照母体形状,螺纹分为圆柱螺纹和圆锥螺纹。现以圆柱螺纹为例,说明螺纹的主要几何参数(如图 9-3)。

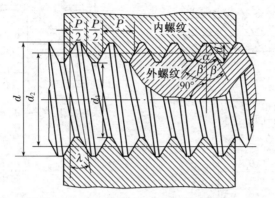

图 9-3 圆柱螺纹的主要几何参数

(1) 大径 d——与外螺纹牙顶(或内螺纹牙底)相重合的假想圆柱面直径。

(2) 小径 d_1——与外螺纹牙底(或内螺纹牙顶)相重合的假想圆柱面直径。

(3) 中径 d_2——也是一个假想圆柱的直径,该圆柱的母线上牙型槽沟和凸起宽度相等。

(4) 螺距 P——相邻两牙在中径圆柱面的母线上对应两点间的轴向距离。

(5) 导程 S——同一螺旋线上相邻两牙在中径圆柱面母线上的对应两点间的轴向距离,若螺旋线数为 n,则 $S=nP$。

(6) 螺纹升角 λ——中径圆柱面上螺旋线的切线与垂直于螺旋线轴线的平面的夹角,不同直径处,螺纹升角不同,通常按螺纹中径处计算。

$$\tan\lambda=\frac{S}{\pi d_2}=\frac{np}{\pi d_2} \tag{9-1}$$

(7) 牙型角 α——螺纹轴向平面内螺纹牙型两侧边的夹角。

9.1.2 螺纹的形式及联接件的材料

按照平面图形的形状,螺纹分为三角形螺纹、管螺纹、矩形螺纹、梯形螺纹和锯齿形螺纹。前两种主要用于联接,后三种主要用于传动,其中除了矩形螺纹外,都已标准化。

三角形螺纹(如图 9-4(a))的牙型角为 60°,其当量摩擦因数大,自锁性能好,螺纹牙根强度较高,广泛应用于零件联接。同一公称直径的三角形螺纹,按螺距大小分粗牙和细牙两类,一般联接多用粗牙,细牙螺纹的螺距小,升角也小,小径较大,故自锁性能好,对螺杆的强度削弱较少,适用于薄壁零件及微调装置。

矩形螺纹(如图 9-4(b))的效率高,多用于传动,但对中性差,牙根强度低,磨损后造成的轴向间隙难以补偿,精确制造困难。

梯形螺纹(如图 9-4(c))的效率虽较矩形螺纹低,但加工方便,对中性好,牙根强度高,故广泛用于传动。

锯齿形螺纹(如图 9-4(d))兼有矩形螺纹效率高和梯形螺纹牙根强度高的优点,但只能用于承受单向载荷的传动。

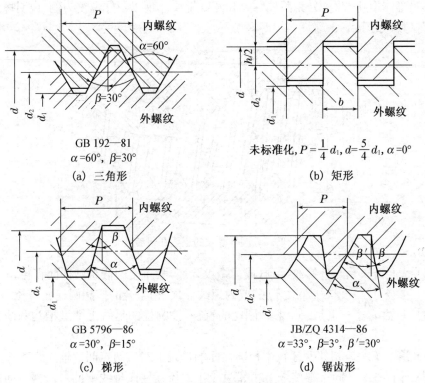

图 9-4 常见螺纹的类型

GB 192—81
$\alpha = 60°$, $\beta = 30°$
(a) 三角形

未标准化, $P = \frac{1}{4} d_1$, $d = \frac{5}{4} d_1$, $\alpha = 0°$
(b) 矩形

GB 5796—86
$\alpha = 30°$, $\beta = 15°$
(c) 梯形

JB/ZQ 4314—86
$\alpha = 33°$, $\beta = 3°$, $\beta' = 30°$
(d) 锯齿形

　　螺纹联接件有螺栓、螺母、螺钉、双头螺柱、垫片等,适合制造螺纹联接件的材料很多,常用的有 Q215、Q235、10、35、45 和 40Cr 等。国家标准规定螺纹联接件按其力学性能进行分级,同一材料通过不同工艺措施可制成不同等级的螺栓和螺母;规定性能等级的螺栓、螺母在图样中只标出性能等级,不标出材料牌号。

9.1.3 螺纹联接的主要类型

　　常见的螺纹联接有螺栓联接、螺钉联接、双头螺柱联接、紧定螺钉联接四种类型。

　　(1) 螺栓联接。螺栓联接分为**普通螺栓联接**和**铰制孔用螺栓联接**两种。普通螺栓联接(如图 9-5)的结构特点是被联接件上的通孔和螺栓杆间留有间隙,故孔的加工精度要求低,结构简单,装拆方便,适用于被联接件不太厚和两边都有足够装配空间的场合。铰制孔用螺栓联接(如图 9-6)的孔和螺栓杆多采用基孔制过渡配合,故孔的加工精度要求高,适用于利用螺杆承受横向载荷或需精确固定被联接件相对位置的场合。螺栓联接常用的联接件有螺栓、螺母、垫片。装配时先把螺栓插入被联接件的孔内,在穿出的螺栓尾部放上垫片,再旋上螺母。

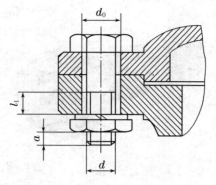

图 9-5　普通螺栓联接

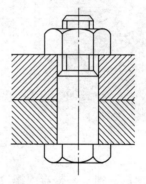

图 9-6　铰制孔用螺栓联接

（2）双头螺柱联接。双头螺柱联接如图 9-7 所示，它是将双头螺柱的一端旋紧在一被联接件的螺纹孔中，另一端则穿过另一被联接件的孔，再放上垫片，拧上螺母。双头螺柱联接适用于被联接零件之一太厚，不便制成通孔，或材料比较软且需经常拆装的场合。

（3）螺钉联接。螺钉联接如图 9-8 所示，它是将螺钉穿过一被联接件的孔，并旋入另一被联接件的螺纹孔中，螺钉联接适用于被联接零件之一太厚而又不需经常拆装的场合。

（4）紧定螺钉联接。紧定螺钉联接如图 9-9 所示，它利用拧入零件螺纹孔中的螺钉末端顶住另一零件的表面或顶入该零件的凹坑中，以固定两零件的相互位置，并可传递不大的载荷。

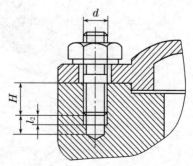

图 9-7　双头螺柱连接

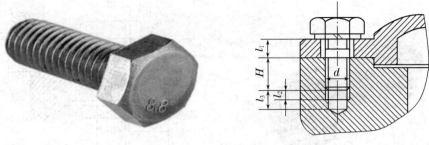

图 9‑8　螺钉连接

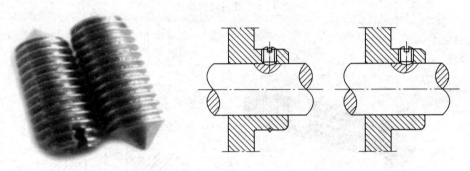

图 9‑9　紧定螺钉联接

　　(5) 螺母。螺母是带有内螺纹的联接件,如图 9‑10 所示。螺母按形状分为六角螺母、方螺母(很少用)和圆螺母。六角螺母应用最广泛,按其厚薄又分为:标准六角螺母,用于一般场合;扁螺母,用于轴向尺寸受限制的场合;厚螺母,用于经常拆装易于磨损处。圆螺母用于轴上零件的轴向固定。

　　(6) 垫圈。垫圈(如图 9‑11)是中间有孔的薄板状零件,是螺纹联接中不可缺少的附件。当被联接件表面不够平整时采用平垫圈,可以起垫平接触面的作用;弹簧垫圈还兼有防松的作用;当螺栓轴线与被联接件的接触面不垂直时需要用斜垫圈,以防止螺栓承受附加弯矩。

图 9‑10　螺母

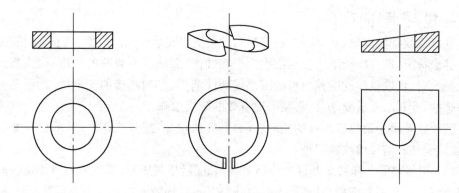

图 9‑11 平垫圈、弹簧垫圈和斜垫圈

9.1.4 螺纹联接的预紧和防松

1. 螺纹联接的预紧

　　绝大多数螺纹联接在装配时都必须拧紧,使螺栓受到拉伸、被联接件受到压缩,这种在承受工作载荷之前就受到的力称为**预紧力**。预紧的目的是为了提高联接的可靠性、紧密性和防松能力。对于承受轴向工作拉力的螺栓联接,还能提高螺栓的疲劳强度。对于承受横向载荷的普通螺栓联接,有利于增大联接中的摩擦力。预紧力的大小要适度,太小起不到预紧的作用,太大可能使螺栓过载断裂。对于重要的螺纹联接,装配时必须控制其预紧力的大小。**预紧力与拧紧力矩成正比**,一般可通过工人经验控制扳手力矩,也可通过测力矩扳手或定力矩扳手来控制力矩(如图 9‑12)。拧紧力矩由于受摩擦因数不符实际等影响可能计算不准确,影响预紧力的准确性。较准确地控制预紧力的方法是用测量拧紧时的螺栓伸长量来控制预紧力。

微课9‑1

螺纹的预紧

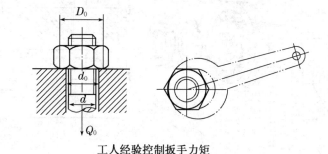

工人经验控制扳手力矩

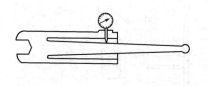 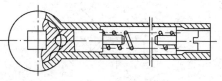

测力矩扳手或定力矩扳手来控制力矩

图 9‑12 拧紧力矩的控制

动画9‑01

测力矩扳手

动画9‑02

定力矩扳手

2. 螺纹联接的防松

联接螺纹都能满足自锁条件,且螺母和螺栓头部支承面处的摩擦也能起防松作用,故在静载荷下,螺纹联接不会自动松脱。但在冲击、振动或变载荷的作用下,或当温度变化很大时,螺纹副间的摩擦力可能减小或瞬间消失,影响联接的安全性,甚至会引起严重事故。因此,在重要场合,必须采取有效的防松措施。

防松就是阻止螺母和螺栓的相对转动,其方法很多,按其工作原理,可分为摩擦防松、直接锁住和破坏螺纹副三种。

(1) 弹簧垫圈。弹簧垫圈材料为弹簧钢,装配后垫被压平,其反弹力能使螺纹间保持对顶螺母压紧力和摩擦力(如图 9-13(a))。同时垫圈斜口的尖端抵住螺母与被联接件的支承面也有防松作用。弹簧垫圈结构简单,使用方便,但在振动冲击载荷作用下,防松效果较差,用于一般的联接。

(2) 对顶螺母。利用两螺母的对顶作用使螺栓始终受到附加的拉力和附加的摩擦力,结构简单,防松效果好,适用于低速、平稳和重载的固定装置的联接(如图 9-13(b))。

(3) 尼龙圈锁紧螺母防松。螺母中嵌有尼龙圈,装配后尼龙圈内孔被胀大,箍紧螺栓。尼龙弹性好,与螺纹牙接触紧密,摩擦大,但不宜用于频繁装拆和高温场合(如图 9-13(c))。

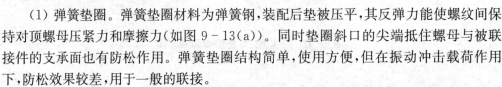

(a)   (b)   (c)

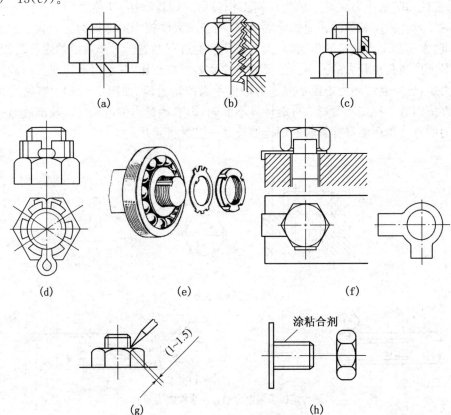

图 9-13 螺纹联接的防松方法

　　(4) 六角开槽螺母和开口销。六角开槽螺母拧紧后用开口销穿过螺栓尾部小孔和螺母的槽,也可以用普通螺母拧紧后再配钻开口销孔,适用于有较大冲击、振动的高速机械中运动部件的联接(如图 9-13(d))。

　　(5) 圆螺母用止动垫圈。使垫圈内翅嵌入螺栓(轴)的槽内,拧紧螺母后将垫圈外翅之一折嵌于螺母的一个槽内。圆螺母为细牙螺纹,防松可靠,主要用于滚动轴承内圈与轴的固定(如图 9-13(e))。

　　(6) 带舌止动垫圈。螺钉拧紧后,将双耳止动垫圈分别向螺母和被联接件的侧面折弯贴紧,即可将螺钉锁住(如图 9-13(f)),结构简单,使用方便,防松可靠。

　　(7) 冲点防松。拧紧螺母后,在内外螺纹的旋合缝隙处用冲头冲几个点,使其发生塑性变形,防止螺母退出,属破坏性防松,不能重复装拆,用于一次性联接(如图 9-13(g))。

　　(8) 胶接防松。用粘合剂涂于螺纹旋合表面,拧紧螺母后粘合剂能自行固化,起到防松效果(如图 9-13(h))。

9.1.5　螺栓组联接的设计

　　大多数情况下的螺栓联接都是成组使用的。设计螺栓组联接时,通常先选定螺栓的数目及布置形式,然后再确定螺栓的直径。

　　螺栓组联接结构设计就是确定联接接合面的几何形状和螺栓的布置形式,使各螺栓和联接接合面的受力均匀,便于加工和装配。为了获得合理的螺栓组联接结构,应注意以下几个问题:

　　(1) 为了装拆方便,应留有装拆紧固件的空间,如螺栓与箱体、螺栓与螺栓的扳手活动空间(如图 9-14),紧固件装拆时的活动空间等。

　　(2) 为了联接可靠,避免产生附加载荷,螺栓头、螺母与被联接件的接触表面均应平整,并保证螺栓轴线与接触面垂直。在铸、锻件等粗糙表面上安装螺栓时,应制成凸台或沉头座。当支承面为倾斜表面时,应采用斜面垫圈等。

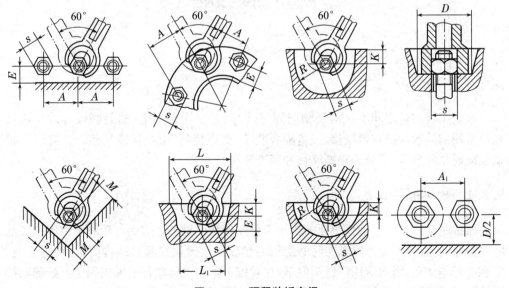

图 9-14　预留装拆空间

（3）在联接的接合面上，合理地布置螺栓（如图9-15）。螺栓在接合面上应对称布置，以使接合面受力均匀。为便于划线钻孔，螺栓应布置在同一圆周上，并取易于等分圆周的螺栓数，如3、6、8、12等。沿外力作用方向不宜成排地布置8个以上的螺栓，以防止螺栓受载严重不均。为了减少螺栓承受的载荷，对承受弯矩或扭矩作用的螺栓组联接，应尽可能将螺栓置在靠近接合面的边缘。

（4）为了便于制造和装配，同一组螺栓不论其受力大小，一般应采用同样的材料和尺寸。

（5）根据联接的重要程度，对螺栓联接采用必要的防松装置。

（6）对承受横向载荷较大的螺栓组，可采用减载装置承受部分横向载荷。

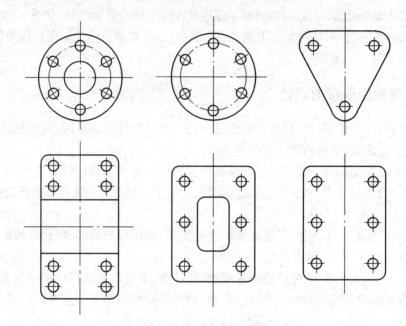

图9-15　合理布置螺栓

9.2　键联接

轴上零件与轴之间不仅需要轴向固定，而且需要周向固定（轴毂联接），以传递转矩。常用的轴毂联接有键联接、过盈配合联接、销联接等，键联接应用最广。键联接根据装配时是否预紧，可分为松键联接和紧键联接。

9.2.1　松键联接

松键联接依靠键与键槽侧面的挤压来传递转矩。键的上表面与轮毂上的键槽底部之间留有间隙，键不会影响轴与轮毂的同心精度。松键联接具有结构简单、装拆方便、定心性好等优点，因而应用广泛。但是，这种键不能实现传动件的轴向固定。松键联接包括平键、半圆键和花键联接。

1. 平键联接

平键是矩形截面的联接件,置于轴和轴上零件毂孔的键槽内,以侧面为工作面,工作时靠键和键槽的互相挤压传递转矩。按工作情况平键可分为普通平键和导向平键。

普通平键(如图 9-16)两端可制成圆头(A 型)、方头(B 型)或半圆头(C 型)。A 型键轴向定位好,应用广泛,但轴上键槽端部的应力集中较大;C 型键只能用于轴端,A、C 型键的轴上键槽用立铣刀切制;B 型键的轴上键槽用盘铣刀铣出,B 型键避免了圆头平键的缺点,单键在键槽中的固定不好,常用紧定螺钉进行固定。

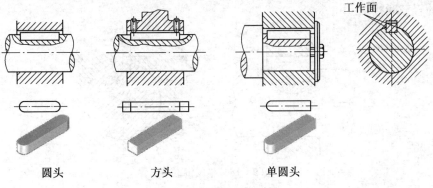

圆头　　　　　　　方头　　　　　　单圆头

图 9-16　普通平键联接

导向平键(如图 9-17)与普通平键结构相似,但比较长,其长度等于轮毂宽度与轮毂轴向移动距离之和,两端可制成圆头(A 型)、方头(B 型)。导向平键除实现周向固定外,还允许轴上零件有轴向移动,构成动联接。键用螺钉固定在轴槽中,键与毂槽为间隙配合,故轮毂件可在键上做轴向滑动,此时键起导向作用。为了拆卸方便,键上制有起键螺孔,拧入螺钉即可将键顶出。导向平键用于轴上零件移动量不大的场合,如变速箱中的滑移齿轮与轴的联接。

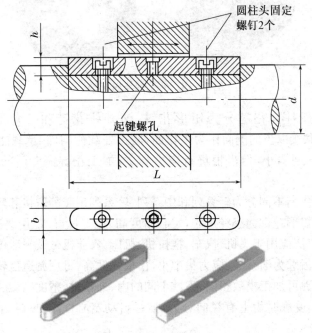

图 9-17　导向平键联接

选用圆头键时,轴上键槽用面铣刀加工;用方头键时,轴上键槽用盘铣刀加工;半圆头键常用于轴端,这种平键用于轴上零件与轴之间没有相对运动的静联接。

2. 半圆键联接

如图 9-18 所示,半圆键用于轴和轮毂之间的静联接,键的两个侧面为工作面,半圆键联接传递转矩的原理和平键相同,轴上的键槽用半径与键相同的盘状铣刀加工,因而键在槽中可绕其几何中心摆动,以适应轮毂键槽的斜度。这种联接的优点是工艺性较好,缺点是轴上键槽较深,对轴的强度削弱较大,一般用于传递转矩不大的锥形轴或轴端的轻载联接。

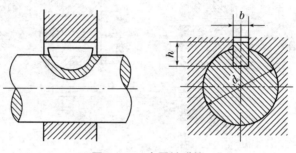

图 9-18 半圆键联接

3. 花键联接

如图 9-19 所示,花键联接是由带键齿的花键轴(外花键)和带键齿槽的轮毂(内花键)组成,工作面是齿侧面,可用于静联接或动联接,此联接在结构上可以近似看成多个均布的平键联接。

图 9-19 外花键与内花键

根据齿形的不同,花键分为矩形花键、渐开线花键和三角形花键三种(如图 9-20)。花键联接以齿的侧面作为工作面,联接处载荷均匀,承载能力高,定心性和导向性好,对轴的削弱小,但齿根仍有应力集中,加工花键需专门的设备和刀具,成本高。

矩形花键按齿高不同分为轻系列和中系列,轻系列用于静联接和轻载联接;中系列用于中等载荷。矩形花键为小径定心,定心精度高、稳定性好,能用磨削的方法消除热处理后的变形,广泛应用于飞机、汽车、拖拉机、机床、农业机械及一般传动装置中。

渐开线花键齿廓为渐开线,应力集中小,齿根强度高,可用制造齿轮的方法来加工,同一把滚刀或插刀可加工模数相同、齿数不同的内、外花键,精度高、互换性好。渐开线花键为齿形定心,受载时齿上有径向分力,能起自动定心作用,使各齿受载均匀,寿命长,用于载荷较大、定心精度要求高以及尺寸较大的联接。

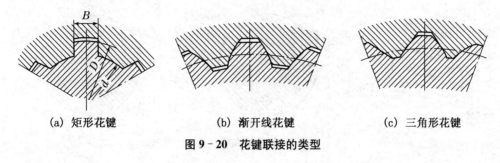

(a) 矩形花键　　　　　　(b) 渐开线花键　　　　　　(c) 三角形花键

图 9‐20　花键联接的类型

9.2.2　紧键联接

1. 楔键联接

如图 9‐21 所示,楔键的上表面与轮毂上键槽的底面各有 1∶100 的斜度,键楔入键槽后具有自锁性,可在轴、轮毂孔和键的接触表面上产生很大的楔紧力,工作时靠摩擦力实现轴上零件的周向固定并传递转矩,同时可实现轴上零件的单向轴向固定,传递单方向的轴向力。楔键联接会使轴上零件与轴的配合产生偏心,故适用于精度要求不高和转速较低的场合。常用的有普通楔键和钩头楔键。

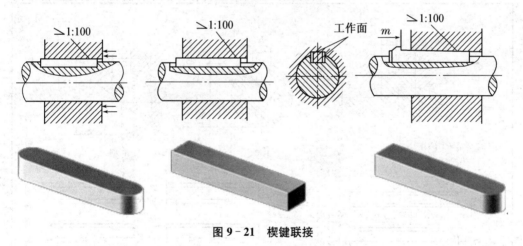

图 9‐21　楔键联接

2. 切向键联接

如图 9‐22 所示,切向键由一对普通楔键组成,装配时将两键楔紧,窄面为工作面,其中与轴槽接触的窄面过轴线,工作压力沿轴的切向作用,能传递很大的转矩。一对切向键只能传递单向转矩,传递双向转矩时,需用两对切向键,互成 120°～135°分布。切向键对中性较差,键槽对轴的削弱大,适用于载荷很大、对中性要求不高的场合,如重型及矿山机械。

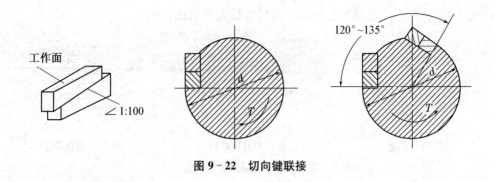

图 9-22 切向键联接

9.2.3 普通平键的选择

平键是标准件,选择的一般步骤是:先根据轴和轮毂联接的结构、使用条件和性能要求等选择键的类型;再根据轴的直径,从标准中选取键的尺寸;最后进行键联接的强度计算。在已知轴径 d 和相配轮毂宽度 B 的情况下,可以通过查表 9-1 来确定键的尺寸和相应的公差值。通过轴径 d 可以查出键的宽度 b 和高度 h,键的长度 $L=B-(5\sim10)$mm,但要符合表中的系列值,其中 B 为相配轮毂宽度。

表 9-1 普通平键及键槽尺寸 （单位:mm）

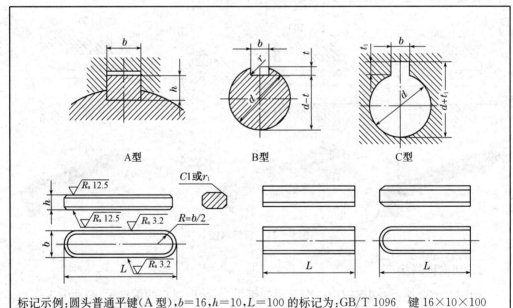

标记示例:圆头普通平键(A 型),$b=16$,$h=10$,$L=100$ 的标记为:GB/T 1096 键 16×10×100
方头普通平键(B 型),$b=16$,$h=10$,$L=100$ 的标记为:GB/T 1096 键 B16×10×100
半圆头普通平键(C 型),$b=16$,$h=10$,$L=100$ 的标记为:GB/T 1096 键 C16×10×100

（续表）

轴	键	键 槽											
公称直径 d	公称尺寸 $b \times h$	宽度 b						深 度				半径 r	
		公称尺寸 b	极限偏差					轴 t		毂 t_1			
			较松键连接		一般键连接		较紧键连接	公称尺寸	极限偏差	公称尺寸	极限偏差	最小	最大
			轴 H9	毂 D10	轴 N9	毂 Js9	轴和毂 P9						
>10~12	4×4	4	+0.030 0	+0.078 0.030	0 +0.030	±0.015	−0.012 −0.042	2.5	+ 0.10	1.8	+ 0.10	0.08	0.16
>12~17	5×5	5						3.0		2.3			
>17~22	6×6	6						3.5		2.8		0.16	0.25
>22~30	8×7	8	+0.036 0	+0.098 +0.040	0 +0.036	±0.018	−0.015 −0.051	4.0		3.3			
>30~38	10×8	10						5.0		3.3			
>38~44	12×8	12	+0.043 0	+0.120 +0.050	0 +0.043	±0.0215	−0.018 −0.061	5.0	+ 0.20	3.3	+ 0.20	0.25	0.40
>44~50	14×9	14						5.5		3.8			
>50~58	16×10	16						6.0		4.3			
>58~65	18×11	18						7.0		4.4			
>65~75	20×12	20	+0.052 0	+0.149 +0.065	0 −0.052	±0.026	−0.022 −0.074	7.5		4.9		0.40	0.60
>75~85	22×14	22						9.0		5.4			
键的长度系列	6,8,10,12,14,16,18,20,22,25,28,32,36,40,45,50,56,63,70,80,90,100,110,125,140,160,180,200, 220,250,280,320,360												

注：1. 在工作图中，轴槽深用 t 或 $(d-t)$ 标注，轮毂槽深用 $(d+t_1)$ 标注。

2. $(d-t)$ 和 $(d+t_1)$ 两组组合尺寸的极限偏差按相应的 t 和 t_1 极限偏差选取，但 $(d-t)$ 极限偏差值应取负号。

普通平键联接属于静联接，其主要的失效形式是键和轴及轮毂上的键槽三者中最弱者的工作面被压溃。导向平键联接和滑键联接属于动联接，其主要失效形式为工作面过度磨损。

普通平键联接的挤压强度条件为：

$$\sigma_p = \frac{4T}{hld} \leqslant [\sigma_p] \tag{9-2}$$

式 (9-2) 中，l 是键的工作长度，单位是 mm。对于圆头平键 $l=L-b$，对于方头平键 $l=L$，对于单头平键 $l=L-\dfrac{b}{2}$。$[\sigma_p]$ 是键联接中挤压强度最低的零件的许用挤压应力，单位为 MPa。

对于动联接则以许用压强 $[P]$ 代替式中的 $[\sigma_p]$，导向平键的挤压强度条件为：

$$\sigma_p = \frac{4T}{hld} \leqslant [P] \tag{9-3}$$

9.3 销联接

销联接通常用于固定零件之间的相对位置,也有用于轴毂或其他零件的联接,以传递不大的载荷,此外还可作为安全装置中的过载剪断元件。

销是标准的联接件,按结构可分为圆柱销、圆锥销和开口销等(如图 9 - 23)。按用途可以分为定位销、联接销和安全销(如图 9 - 24)。被联接件上的销孔一般需要进行配作,并进行铰制,销与孔多为过渡配合。销的材料常用 35 钢和 45 钢,并进行淬火处理。

圆柱销靠微量的过盈固定在孔中,配合精度高,但不宜经常装拆,否则会降低定位精度或紧固性。圆锥销有 1∶50 的锥度,小头直径为标准值,定位精确,装拆方便,具有自锁性,可多次装拆,且多次装拆对定位精度的影响也不大,应用较广。为确保销安装后不致松脱,圆锥销的尾端可制成开口的。为便于销的拆卸,圆锥销的上端也可做成带内、外螺纹的。开口销常用低碳钢丝制成,是一种防松零件。

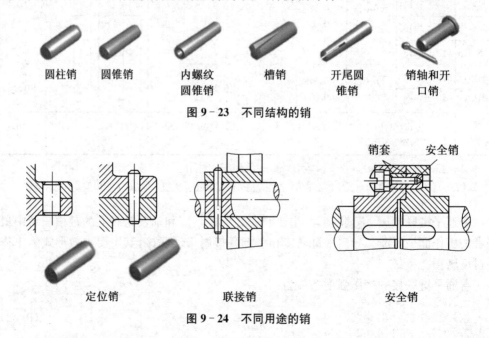

| 圆柱销 | 圆锥销 | 内螺纹
圆锥销 | 槽销 | 开尾圆
锥销 | 销轴和开
口销 |

图 9 - 23   不同结构的销

定位销   联接销   安全销

图 9 - 24   不同用途的销

定位销一般都不受载荷或只受很小的载荷,定位销的类型和尺寸有联接的结构或根据经验从标准中选取即可,一般也不做强度校核。但要注意,同一接合面上适用的定位销数目不得少于 2 个,否则不能起定位作用。销埋入一个被联接件的长度应大于 $(1\sim2)d$;两个销之间的距离应尽可能远些,以提高定位精度。

联接销的直径可根据联接结构的特点、工作要求,按照经验或规范选定。联接销要承受载荷,一般先选择其类型和尺寸,必要时按照剪切强度条件和挤压强度条件进行校核计算。设计联接销的链接结构时,应当注意安装后不易松脱和装拆方便。

安全销是安全装置中的重要元件,在机器过载时应当被剪断,否则不起安全保护作

用。因此,安全销的直径应按照过载时被剪断的强度条件来确定。设计安全销的联接
结构时,应当考虑销被剪断后不易飞出且易于更换;为避免销被剪断时损坏孔壁,也可
在销孔内加销套。

9.4　圆柱面过盈联接

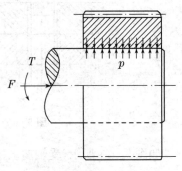

图 9-25　过盈配合联接

　　如图 9-25 所示,过盈联接是利用材料的弹性变形,把具有一定配合过盈量的轴和孔套装起来的联接。工作时,靠配合面上的摩擦力来传递载荷。过盈联接的结构简单,对中性好,对轴的强度削弱少,在冲击和振动载荷下工作可靠,但装拆困难,对配合尺寸的精度要求高,多用于受冲击载荷的零件与轴的联接,如某些齿轮、车轮和飞轮等的轴毂联接。

　　圆柱面过盈联接的装配可采用压入法或温差法。用压入法装配不可避免地会使被联接零件的配合表面受到擦伤,从而降低联接的紧固性,故压入法一般只适用于配合尺寸和过盈量都较小的联接。用温差法装配,被联接零件的配合表面不会引起损伤,故常用于要求配合质量高和配合尺寸与过盈量都较大的联接,如轴承与轴的配合。

拓展知识✏

普通螺栓联接的强度计算

1. 松螺栓联接的强度计算

　　松螺栓联接在装配时无需拧紧螺母,所以只有在承受工作载荷时螺栓才受到拉力的作用。在如图 9-26 所示的可转向吊挂滑轮螺纹联接中,为了保证吊挂滑轮在工作中能相对机架自由转动,螺母不能拧紧,故其为松螺栓联接。

　　松螺栓联接的强度条件为:

$$\sigma = \frac{F}{\frac{1}{4}\pi d_1^2} \leqslant [\sigma] \text{ 或 } d_1 \geqslant \sqrt{\frac{4F}{\pi[\sigma]}} \qquad (9-4)$$

　　式(9-4)中,F 是工作拉力;d_1 是螺栓的小径,单位是 mm;$[\sigma]$ 是螺栓材料的许用应力,单位是 MPa。

2. 紧螺栓联接的强度计算

　　如图 9-27 所示,受横向工作载荷的紧螺栓联接的强度条件为:

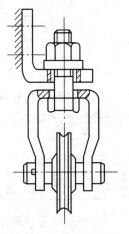

图 9-26　松螺栓联接

$$\sigma_e = \frac{1.3F'}{\frac{1}{4}\pi d_1^2} \leqslant [\sigma] \text{ 或 } d_1 \geqslant \sqrt{\frac{5.2F'}{\pi[\sigma]}} \tag{9-5}$$

式(9-5)中，F' 是螺栓所受的轴向预紧力；d_1 是螺栓的小径，单位是 mm；$[\sigma]$ 是螺栓材料的许用应力，单位是 MPa。

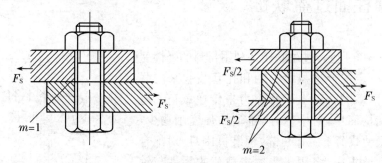

图 9-27 承受横向工作载荷的紧螺栓联接

如图 9-28 所示，受轴向工作载荷的紧螺栓联接的强度条件为：

$$\sigma_e = \frac{1.3F_Q}{\frac{1}{4}\pi d_1^2} \leqslant [\sigma] \text{ 或 } d_1 \geqslant \sqrt{\frac{5.2F_Q}{\pi[\sigma]}} \tag{9-6}$$

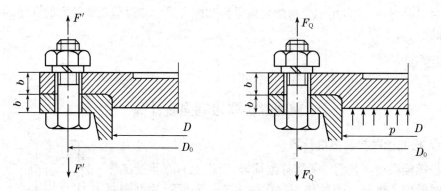

图 9-28 承受轴向工作载荷的紧螺栓联接

铰制孔用螺栓联接的失效形式一般为螺栓杆被剪断，螺栓杆或孔壁被压溃。因此，铰制孔用螺栓联接需进行剪切强度和挤压强度计算。

？ 思 考 题

9-1 试分析和比较普通螺栓和铁制孔用螺栓联接的特点？

9-2 为什么大多数的螺纹联接都要进行预紧和防松？预紧力如何控制？防松方法都有哪些？

9-3 平键、半圆键和楔键的工作面分别是哪个面？工作原理有何不同？分别应用在什么场合？

9-4 普通平键的截面尺寸和长度如何确定？其公称长度与工作长度之间有什么关系？

9-5 与平键相比，花键有哪些优点？

9-6 圆柱销和圆锥销各用于什么场合？圆锥销的锥度是多少？

9-7 判断题

(1) 一般键的失效是：轮毂、轴和键三者中材料最弱的一方被压溃，所以一般对弱的一方进行弯曲强度校核。

(2) 为便于划线钻孔，螺栓应布置在同一圆周上，但不能取等分圆周的螺栓数，如 3、4、6、8、12 等。

(3) 螺栓联接常用的联接件有螺栓、螺母、垫圈。装配时先把螺栓插入被联接件的孔内，在穿出的螺栓尾部放上垫圈，再旋上螺母。

(4) 双头螺柱联接，它是将双头螺柱的一端旋紧在一被联接件的螺纹孔中，另一端则穿过另一被联接件的孔，再放上垫圈，拧上螺母。双头螺柱联接适用于被联接零件之一太厚，不便制成通孔，或材料比较软且需经常拆装的场合。

(5) 螺钉联接是将螺钉穿过一被联接件的孔，并旋入另一被联接件的螺纹孔中。螺钉联接适用于被联接零件之一太厚而又需经常拆装的场合。

(6) 紧定螺钉联接是利用拧入零件螺纹孔中的螺钉末端顶住另一零件的表面或顶入该零件的凹坑中，以固定两零件的相互位置，并可传递不大的载荷。

(7) 螺纹预紧的目的是为了提高联接的啮合性、紧密性和防松能力。

(8) 防松就是阻止螺母和螺栓的相对弯曲。防松的方法很多，按其工作原理，可分为摩擦防松、直接锁住和破坏螺纹副等三种。

9-8 选择题

(1) _____是把被联接的金属材料，经过局部加热再冷却的方法，将两个或两个以上的金属零件熔接在一起的一种联接方式。

    A. 焊接   B. 螺钉联接   C. 过盈联接   D. 键联接

(2) 平键是矩形截面的联接件，置于轴和轴上零件毂孔的键槽内，以_____为工作面，工作时靠键和键槽的互相_____，传递转矩。

    A. 顶面，挤压   B. 侧面，扭转

    C. 侧面，挤压   D. 侧面，弯曲

(3) 半圆键用于静联接，也以_____作工作面。这种联接的优点是工艺性较好，缺点是轴上键槽较深，对轴的强度削弱较大，主要用于轻载或位于轴端零件的联接。

    A. 顶面   B. 侧面   C. 前面   D. 后面

(4) 花键联接以齿的_____作工作面。由于是多齿传递载荷，所以承载能力高，联接定心精度也高，导向性好，故应用较广。

    A. 顶面   B. 前面   C. 侧面   D. 后面

(5) 一般键的失效是：轮毂、轴和键三者中材料最弱的一方被压溃，所以一般对弱的一方进行_____强度校核。

    A. 扭转   B. 挤压   C. 弯曲   D. 拉压

(6) 预紧的目的是为了提高联接的_____、紧密性和防松能力。

A. 配合性   B. 一致性   C. 可靠性   D. 可移动性

（7）防松就是阻止螺母和螺栓的相对＿＿＿＿＿＿。防松的方法很多,按其工作原理,可分为＿＿＿＿＿＿、直接锁住和破坏螺纹副等三种。

A. 拉压,摩擦防松   B. 啮合,焊接防松

C. 弯曲,焊接防松   D. 转动,摩擦防松

（8）在联接的结合面上,合理地布置螺栓。螺栓在接合面上应＿＿＿＿＿＿布置,以使接合面受力均匀。

A. 对称   B. 非对称   C. 方形   D. 一边

（9）为便于划线钻孔,螺栓应布置在同一圆周上,并取易于等分＿＿＿＿＿＿的螺栓数,如 3、4、6、8、12 等。

A. 圆周   B. 对称   C. 方形   D. 一边

（10）为了便于制造和装配,同一组螺栓不论其受力大小,一般应采用＿＿＿＿＿＿材料和尺寸。

A. 左右不一样的   B. 上下边不一样的

C. 不同样的   D. 同样的

第 10 章

轴系零部件设计

 学习目标

了解轴与轴承的功用、分类及其选取,掌握轴系的结构设计过程及其要点,能够正确选用轴承的类型,掌握轴与轴承的设计计算,了解联轴器、离合器的类型、特点及应用。

 单元概述

轴是组成机器的主要零件之一,所有做回转运动的零件(例如齿轮、涡轮等),都必须安装在轴上才能实现运动及动力的传递,大多数轴还起着传递转矩的作用。因此,轴的主要功用是支承回转零件及传递运动和动力。轴承是用来支承轴及轴上零部件,并承受其载荷,保证轴的旋转精度,减少转轴与支承之间的摩擦和磨损。联轴器和离合器都是用来联接两轴,使两轴一起转动并传递转矩的装置。本章的重点包括轴的分类、轴的结构设计及其强度计算、滚动轴承代号的理解,以及联轴器和离合器的类型选择等。难点是向心角接触轴承的载荷计算。

10.1 轴

10.1.1 轴的分类

按照承受载荷的不同,轴可分为转轴、心轴和传动轴,如图 10-1 所示。

(1) **转轴**。工作中既承受弯矩又承受转矩的轴,这类轴在各种机器中最为常见,如减速器的轴、机床的主轴等。

(2) **心轴**。工作中只承受弯矩而不承受转矩的轴,如定滑轮轴。心轴又可分为转动心轴和固定心轴两种。

(3) **传动轴**。只承受转矩而不承受弯矩或弯矩很小的轴,如汽车的传动轴。

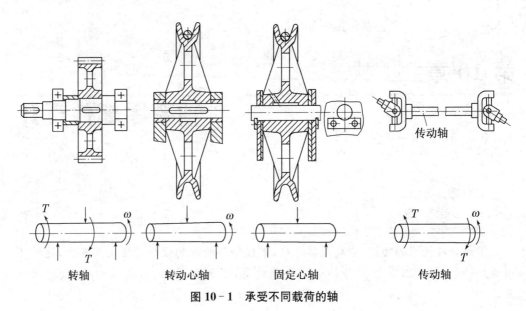

图 10-1　承受不同载荷的轴

　　如图 10-2 所示,按照轴线形状的不同,轴可分为曲轴、直轴和挠性软钢丝轴三大类。曲轴(如图 10-2(a))是专用零件,主要用在内燃机一类的活塞式机械中。直轴根据外形的不同,可分为光轴和阶梯轴两种。光轴(如图 10-2(b))的形状简单,加工容易,应力集中源少,但轴上的零件不易装配及定位;阶梯轴(如图 10-2(c))便于轴上零件的装拆和定位,省材料、重量轻,应用普遍。因此,光轴主要用于心轴和传动轴,阶梯轴则常用于转轴。挠性软钢丝轴(如图 10-2(d))是由几层紧贴在一起的钢丝层构成的,可以把转矩和旋转运动灵活地传到任何位置,常用于振捣器等设备中。

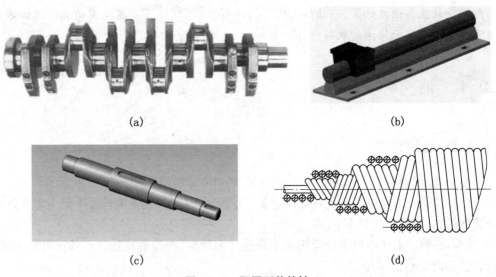

图 10-2　不同形状的轴

10.1.2　轴的材料

轴在工作时所受的应力大多为交变应力,其失效形式主要为疲劳失效。因此,轴的材料应有足够的强度,对应力集中敏感性低,此外还应满足刚度、耐磨性、耐腐蚀性及良好的加工性。轴常用的材料是碳素钢、合金钢及球墨铸铁和高强度铸铁等。

碳素钢比合金钢价格低廉,对应力集中敏感性较低,经热处理后的强度、塑性、韧性等力学性能较好,应用较为广泛。一般机器中的轴,可用 40、45、50 等牌号的优质中碳钢制造,尤以 45 号钢经调质处理最为常用。不重要的或受力较小的轴以及一般的传动轴也可以选用 Q235 和 Q255。

合金钢具有较高的力学性能与较好的热处理性能,但对应力集中较为敏感,且价格较高,多用于传递大动力、要求减小尺寸与质量、提高轴径的耐磨性以及处于高温或低温条件下工作的轴,例如采用滑动轴承的高速轴常用 20Cr、20CrMnTi 等低碳合金钢结构。常用的合金钢有 40Cr、40CrNiMoA、3Cr13、12CrNi3A、35CrMo 和 30CrMnSiA 等。

球墨铸铁和高强度铸铁的机械强度比碳钢低,但因铸造工艺性好,易于得到较复杂的外形,吸振性、耐磨性好,对应力集中敏感性低,价格低廉,故应用日趋增多。

轴的常用材料及其主要力学性能见表 10-1 所示:

表 10-1　轴的常用材料及其主要力学性能

材料牌号	热处理	毛坯直径 d/mm	硬度 HBW	抗拉强度 σ_b/MPa	屈服极限 σ_b/MPa	弯曲疲劳极限 σ_{-1}/MPa	备注
Q235A	—	—		440	240	200	用于不重要或载荷不大的轴
Q275A	—	—	190	520	280	220	
35	正火		143~187	520	270	250	用于一般轴
45	正火	≤100	170~217	600	300	275	用于较重要的轴,应用最广
	调质	≤200	217~255	640	360	300	
40Cr	调质	≤100	241~286	750	550	350	用于载荷较大而无很大冲击的轴
35SiMn 45SiMn	调质	≤100	229~286	800	520	400	性能接近于40Cr,用于中、小型轴
40MnB	调质	≤200	241~286	750	500	335	性能接近于40Cr,用于重载荷的轴
35CrMo	调质	≤100	207~269	750	550	390	用于重载荷的轴
20Cr	渗碳淬火回火	≤60	表面56~62HRC	650	400	280	用于要求强度、韧性及耐磨性均较好的轴
QT600-3	—		190~270	600	370	215	用于制造复杂外形的轴
QT800-2	—		245~335	800	480	290	

10.1.3 轴的结构设计

如图 10‐3 所示,圆柱齿轮减速器中的低速轴由轴头、轴颈、轴肩、轴环、轴端及轴身等部分组成。轴上截面不等的各部分统称为轴段,安装轮毂或与传动件配合的轴段称为**轴头**,与轴承配合的轴段称为**轴颈**,连接轴头和轴颈的非配合轴段称为**轴身**。用于轴向定位的台阶和环形部分分别称为**轴肩**和**轴环**。根据轴颈所受载荷的方向,轴颈又可分为承受径向力的**径向轴颈**和承受轴向力的**止推轴颈**。根据轴颈所在的位置又可分为**端轴颈**(位于轴的两端,只承受弯矩)和**中轴颈**(位于轴的中间,同时承受弯矩和扭矩)。

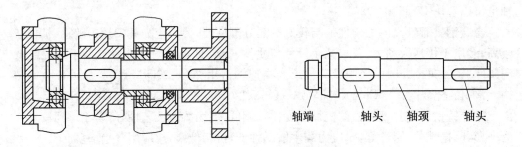

轴端 轴头 轴颈 轴头

图 10‐3 圆柱齿轮减速器低速轴

轴的设计主要解决两个方面的问题:一是轴的结构设计,二是轴的设计计算。轴的结构设计就是在满足强度、刚度和振动稳定性的基础上,根据轴上零件的定位要求及轴的加工、装配工艺性要求,合理地设计出轴的结构形状和全部尺寸。

轴的失效形式主要有因疲劳强度不足而产生的疲劳断裂、因静强度不足而产生的塑性变形或脆性断裂、磨损、超过允许范围的变形和振动等。

轴的设计应满足如下准则:

(1)根据轴的工作条件、生产批量和经济性原则,选取适合的材料、毛坯形式及热处理方法。

(2)根据轴的受力情况、轴上零件的安装位置、配合尺寸及定位方式、轴的加工方法等具体要求,确定轴的合理结构形状及尺寸,即进行轴的结构设计。

(3)轴的设计计算包括强度计算及校核,对于受力较大的细长轴和对刚度要求较高的轴,还需进行刚度计算。对高速工作下的轴,因有共振危险,故应进行振动稳定性计算。

轴的结构外形主要取决于轴在箱体上的安装位置及形式,轴上零件的布置和固定方式、受力情况和加工工艺等。为了便于轴上零件的装拆,将轴制成阶梯轴,中间直径最大,向两端逐渐直径减小,近似为等强度轴。

零件在轴上的定位分为轴向定位和周向定位。常用轴向定位方法有:轴肩(或轴环)、套筒、圆螺母、弹性挡圈、圆锥形轴头等。零件在轴上的周向定位方式可根据其传递转矩的大小和性质、零件对中精度的高低、加工难易等因素来选择。常用的周向定位方法有:键、花键、成形、弹性环、销、过盈等联接,统称轴毂联接。

1. 轴向定位和固定

(1)轴肩或轴环。如图 10‐4 所示,轴肩定位是最方便可靠的定位方法,但采用轴肩定位会使轴的直径加大,而且轴肩处由于轴径的突变而产生应力集中。因此,多用于轴向力较大的场合。定位轴肩的高度 $h=(0.07\sim0.1)d$,d 为与零件相配处的轴径尺寸,要求 $r_{轴}<R_{孔}$ 或 $r_{轴}<C_{孔}$。滚动轴承的定位轴肩高度必须低于轴承内圈端面的高度,以便拆卸轴承。非定位轴肩是为了加工和装配方便而设置,高度没有严格规定,一般取 $1\sim2$ mm。

微课10-1

轴向定位

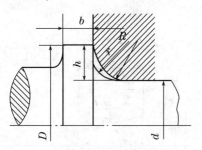

图 10-4　轴肩定位

　　(2) 套筒。采用套筒定位,结构简单,定位可靠,轴上不需要开槽、钻孔或切制螺纹,一般用于轴上两个零件之间的定位。如果两零件的间距较大时,不宜采用套筒定位,以免增大套筒的重量及材料用量。

　　(3) 圆螺母。轴上两零件距离较大,需要在轴上切制螺纹,对轴的强度影响较大,此时可以使用圆螺母,圆螺母一般用于固定轴端的零件,有双圆螺母和"圆螺母＋止动垫圈"两种形式(如图 10-5(a)和图 10-5(b))。

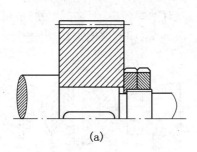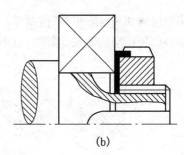

(a)　　　　　　　　　　　　　　　　(b)

图 10-5　圆螺母定位

　　(4) 弹性挡圈、紧定螺钉及锁紧挡圈。如图 10-6 所示,利用这些固定方法进行轴向定位,只适用于零件所受轴向力较小的场合。紧定螺钉和锁紧挡圈常用于光轴上零件的定位,对于承受冲击载荷和同心度要求较高的轴端零件,也可采用圆锥面定位。

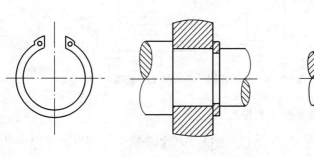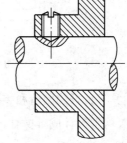

图 10-6　弹性挡圈和紧定螺钉

（5）轴端挡圈。轴端挡圈适用于固定轴端的零件，能承受较大的轴向力。轴端挡圈可采用单螺钉固定（如图 10 - 7），为了防止轴端挡圈转动造成螺钉松脱，可加圆柱销加以固定，也可采用"双螺母＋止动垫圈"等防松固定方法。轴端挡圈与轴肩、圆锥面与轴端挡圈可联合使用于轴端，能起到双向固定的作用，装拆方便，多用于承受剧烈振动或冲击的场合。

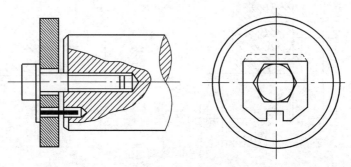

图 10 - 7　轴端挡圈

2. 周向定位和固定

轴上零件的周向固定是为了传递运动和转矩，防止零件与轴发生相对转动。常用的固定方式有键联接、过盈配合联接、圆锥销联接和成形联接（如图 10 - 8）。采用键联接时，为加工方便，各轴段的键槽宜设计在同一加工直线上，并应尽可能采用同一规格的键槽截面尺寸（如图 10 - 9）；过盈配合是利用轴和零件轮毂孔之间的配合过盈量来联接，能同时实现周向和轴向固定，结构简单，对中性好，对轴削弱小，但装拆不便；成形联接是利用非圆柱面与相同的轮毂孔配合，对中性好，工作可靠，但制造困难，应用较少。

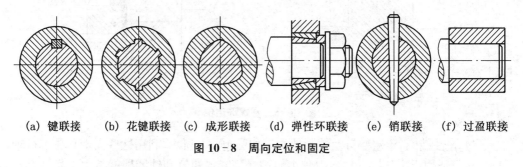

（a）键联接　（b）花键联接　（c）成形联接　（d）弹性环联接　（e）销联接　（f）过盈联接

图 10 - 8　周向定位和固定

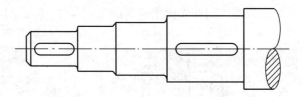

图 10 - 9　加工在同一条母线上的键槽

3. 具有良好的制造和装配工艺性

（1）将轴设计成阶梯轴，便于装拆。轴上磨削和车螺纹的轴段应分别设有砂轮越程槽和螺纹退刀槽。

（2）当轴上沿长度方向开有几个键槽时，应将键槽安排在轴的同一母线上。同一根轴上所有圆角半径和倒角的大小应尽可能一致，以减少刀具规格和换刀次数。为使轴上零件容易装拆，轴端和各轴段端部都应有 $45°$ 的倒角。

（3）为便于加工定位，轴的两端面上应设有中心孔。

（4）减小应力集中，改善轴的受力情况。

轴大多在交变应力下工作，结构设计时应减少应力集中，以提高轴的疲劳强度。轴截面尺寸突变处会造成应力集中，所以对阶梯轴，相邻两段轴径变化不宜过大，在轴径变化处应采用圆角过渡，过渡圆角半径不宜过小，并且尽量避免在轴上开横孔、切口和凹槽。必须要开横孔时，孔边要倒圆。此外，提高轴的表面质量，降低表面粗糙度，采用表面碾压、喷丸和渗碳淬火等表面强化方法，均可提高轴的疲劳强度。

为了减少轴所承受的弯矩，传动件应尽量靠近轴承，并尽可能不采用悬臂的支承形式，力求缩短支承跨距和悬臂长度等。当转矩由一个传动件输入，而由几个传动件输出时，为了减少轴上的转矩，应将输入件放在中间，不要置于一端。

10.1.4　轴的强度计算

一般情况下，在设计时，已知轴所传递的转矩，但不知道轴的形状和尺寸，无法确定支点间的距离和载荷的作用点，所以弯矩的大小也无法确定。因此，一般在进行轴的结构设计前，应先按纯扭转受力情况对轴的直径进行估算。

对于圆截面的实心轴，其抗扭强度条件为：

$$\tau = \frac{T}{W_P} = \frac{9.549 \times 10^6 P}{0.2d^3 n} \leqslant [\tau] \tag{10-1}$$

轴的设计计算公式为：

$$d \geqslant \sqrt[3]{\frac{T}{0.2n[\tau]}} = \sqrt[3]{\frac{9.549 \times 10^6 P}{0.2n[\tau]}} = C\sqrt[3]{\frac{P}{n}} \tag{10-2}$$

式中 T 为轴传递的扭矩，单位为 N·mm；W_p 为轴的抗扭截面系数，单位为 mm^3；P 为传递的功率，单位为 kW；n 为轴的转速，单位为 r/min；τ、$[\tau]$ 为轴的切应力和许用切应力；d 为轴的估算直径。常用材料的 $[\tau]$ 值和 C 值见表 10-2 所示：

表 10-2　轴常用几种材料的 $[\tau]$ 值及 C 值

轴的材料	Q235A,20	35	45	40Cr,35SiMn,38SiMnMo,3Cr13
$[\tau]$(MPa)	12～20	20～30	30～40	40～52
C	160～135	135～118	107～118	107～98

注：当作用于轴上的弯矩比传递的转矩小或只传递转矩，载荷较平稳，无轴向载荷或只有较小的轴向载荷，减速器的低速轴只做单向旋转时，$[\tau]$ 取较大值，C 取较小值，否则 $[\tau]$ 取较小值，C 取较大值。

完成轴的结构设计后，作用在轴上外载荷（扭矩和弯矩）的大小、方向、作用点、载荷种类及支点约束力等就已确定,可按弯扭合成的理论对轴的危险截面进行强度校核。进行强度计算时,通常把轴当作置于铰链支座上的梁,作用于轴上零件的力作为集中力,其作用点取为零件轮毂宽度的中点。支点约束力的作用点一般可近似地取在轴承宽度的中点上,具体的计算步骤如下:

第一步 画出轴的空间力系图。将轴上作用力分解为水平面分力和垂直面分力,并求出水平面和垂直面上的约束力。

第二步 分别作出水平面上的弯矩图和垂直面上的弯矩图。

第三步 计算出合成弯矩,绘出合成弯矩图。

第四步 作出扭矩图。

第五步 计算当量弯矩,绘出当量弯矩图。

第六步 校核危险截面的强度。

【例 10 - 1】 请设计如图 10 - 10 所示的单级斜齿圆柱齿轮减速器的低速轴,轴的输出端与联轴器相接。已知:该轴传递功率 $P=4$ kW,转速 $n=130$ r/min,轴上齿轮分度圆直径 $d=300$ mm,齿宽 $b=90$ mm,螺旋角 $\beta=12°$,法面压力角 $\alpha_n=20°$,载荷基本平稳,工作时单向运转。

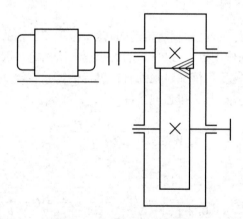

图 10 - 10 【例 10 - 1】附图

解 第一步 选择轴的材料,确定许用应力。

由于减速器传递的功率不大,且对材料无特殊要求,故选用 45 钢并经调质处理。

第二步 按扭转强度估算轴的最小直径。由表 10 - 2 查得:$[\tau]=30\sim40$ MPa,$C=107\sim118$。

因此,$d\geqslant C\sqrt[3]{\dfrac{p}{n}}=118\times\sqrt[3]{\dfrac{4}{130}}=36.97$ mm

考虑到键槽的影响,直径应增加 3% 左右,$d=36.97\times1.03=38$ mm

第三步 计算齿轮上的作用力。

齿轮所受的扭矩为:$T=9\,549\dfrac{p}{n}=293.8$ N·m$=2.938\times10^5$ N·mm

齿轮的圆周力:$F_t=\dfrac{T}{\dfrac{1}{2}d}=1.96$ kN

齿轮的径向力：$F_r = F_t \dfrac{\tan \alpha_n}{\cos \beta} = 0.73$ kN

齿轮的轴向力：$F_a = F_t \tan \beta = 0.42$ kN

第四步　设计轴的结构并绘制结构草图。由于设计的是单级减速器，可将齿轮布置在箱体内部中央，将轴承对称安装在齿轮两侧，轴的外伸端安装半联轴器。

① 确定轴上零件的位置和固定方式。要确定轴的结构形状，必须先确定轴上零件的装拆顺序和固定方式。这里可以让齿轮从轴的左端装入，齿轮的右端用轴肩（或轴环）定位，左端用套筒定位。齿轮的周向固定采用平键联接。轴承对称安装于齿轮的两侧，其轴向用轴肩定位，周向采用过盈配合定位。

② 确定各轴段的直径。联轴器直径最小值 $d_1 = 38$ mm；考虑到要对安装在轴上的联轴器进行定位，轴段上应有轴肩，相应轴肩直径可以设为 $d_2 = 45$ mm，为能很顺利地在轴上安装轴承，对应轴端必须满足轴承内径的标准，故取对应轴段的直径 $d_3 = 50$ mm；同样的方法确定与齿轮配合的轴段直径 $d_4 = 52$ mm，轴环直径为 $d_5 = 60$ mm，右侧轴承配合轴段的直径 $d_6 = 50$ mm。

③ 确定各轴段的长度。齿轮轮毂宽度为 90 mm，为保证齿轮固定可靠，对应配合轴段的长度应略短于轮毂的宽度，取为 87 mm，联轴器型号配合轴段宽度为 80 mm，轴承跨距 $l = 147$ mm。

按设计结果绘制出轴的结构如图 10-11 所示：

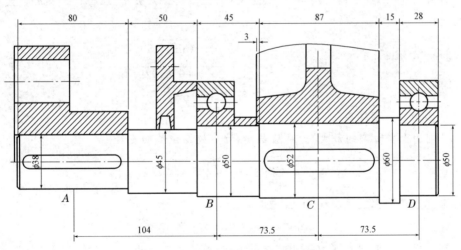

图 10-11　【例 10-1】轴的结构草图

第五步　按弯扭组合变形对轴径进行强度校核，其力学分析如图 10-12 所示：

$$R_{Bx} = R_{DX} = F_T / 2 = 980 \text{ N}$$

$$M_{CH} = R_{BX} \times 73.5 \text{ N} \cdot \text{mm} = 72\,030 \text{ N} \cdot \text{mm}$$

$$R_{Bz} = 790 \text{ N}, R_{Dz} = 61 \text{ N}$$

$$M_{CV}^{-} = R_{Bz} \times 73.5 = 58\,065 \text{ N} \cdot \text{mm}$$

$$M_{CV}^{+} = R_{Dz} \times 73.5 = 4\,485 \text{ N} \cdot \text{mm}$$

$$M_{C}^{-} = 92\,520 \text{ N} \cdot \text{mm}$$

$$M_{C}^{+} = 72\,169 \text{ N} \cdot \text{mm}$$

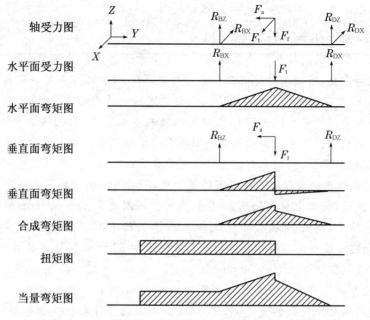

图 10-12 【例 10-1】按弯扭组合变形进行强度计算

计算当量弯矩 M_e,转矩按脉动循环考虑,应力折合系数 $\alpha=0.6$,C 剖面的最大当量弯矩为:

$$M_{Ce}^- = \sqrt{(M_C^-)^2+(\alpha T)^2}$$
$$= \sqrt{92\,520^2+(0.6\times294\,000)^2}$$
$$= 199\,190\ \text{N}\cdot\text{mm}$$

第六步 校核轴径。

C 剖面上当量弯矩最大,为危险截面,故应校核该截面直径。

$$d_C = \sqrt[3]{\frac{M_{Ce}^-}{0.1[\sigma_{-1}]_b}} = \sqrt[3]{\frac{199\,190}{0.1\times60}} = 32\ \text{mm}$$

考虑该截面上键槽影响,直径增加 3%

$$d_C = 1.03\times32\ \text{mm} = 33\ \text{mm}$$

结构设计确定的直径为 52 mm>33 mm,强度足够。

因所设计轴的强度裕度不大,此轴不必再做修改。

10.2 轴承

轴承是用来支承轴及轴上零部件,并承受其载荷,保证轴的旋转精度,减少转轴与支承之间的摩擦与磨损。根据轴承工作时的摩擦性质不同,轴承分为滑动轴承和滚动轴承两大类,滑动轴承和滚动轴承各有其优缺点和适用场合。

目前在机器中,滚动轴承的应用较滑动轴承广泛。这主要是因为,滚动轴承在较大的转速范围内摩擦损失较小,对起动状态没有特殊要求,工作时的维护要求不高。由于滚动轴承是专业化和标准化生产,因此,选用滚动轴承,对机器的设计、使用、制造和维护都带来了很大便利。

与滚动轴承相比,滑动轴承也具有一些独特的优点:结构简单,制造、加工和拆装方便,使用时,具有良好的耐冲击和吸振性能,运转平稳,旋转精度高、寿命长。滑动轴承主要用于大型汽轮机、发电机、压缩机、轧钢机以及高速磨床。滑动轴承的主要缺点是:维护复杂,对润滑条件较高,使用边界润滑时,摩擦损耗较大。

10.2.1 滑动轴承

滑动轴承按其摩擦性质可以分为**液体滑动摩擦轴承**和**非液体滑动摩擦轴承**两类。

在液体滑动轴承中,轴颈和轴承的工作表面被一层润滑油膜隔开,两零件之间没有直接接触,轴承的阻力只是润滑油分子之间的摩擦,所以摩擦系数很小,一般仅为 $0.001 \sim 0.008$。这种轴承的寿命长、效率高,但是制造精度要求也高,并需要在一定的条件下才能实现液体摩擦。

微课10-2

滑动轴承

在非液体滑动摩擦轴承中,轴颈与轴承工作表面之间虽有润滑油的存在,但在表面局部凸起部分仍发生金属的直接接触。因此,摩擦系数较大,一般为 $0.1 \sim 0.3$,容易磨损,但结构简单,对制造精度和工作条件的要求不高,所以在机械中得到广泛使用。

滑动轴承按照其所承受载荷方向可分为径向轴承和推力轴承。

1. 径向滑动轴承

常用的径向滑动轴承,我国已经制定了标准,通常情况下可以根据工作条件进行选用。径向滑动轴承可以分为整体式和剖分式(对开式)两大类:

(1) 整体式径向滑动轴承。如图 10 - 13 所示,典型的整体式滑动轴承由轴承座 3 和轴承套 4 组成,轴承套 4 压装在轴承座孔中,轴承座用螺栓与机座联接,顶部设有安装注油油杯的螺纹孔 1。轴套上开有油孔,并在其内表面开油沟 2 以输送润滑油。

这种轴承结构简单、制造成本低,但当滑动表面磨损后无法修整,而且装拆轴的时候只能做轴向移动,有时很不方便,有些粗重的轴和中间具有轴颈的轴(如内燃机的曲轴)就不便或无法安装。所以整体式滑动轴承多用于低速、轻载和间歇工作而且不经常装拆的场合,例如手动机械、农业机械中。

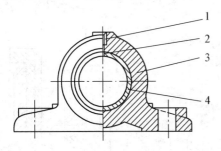

图 10 - 13　整体式径向滑动轴承

(2) 剖分式滑动轴承。如图 10 - 14 所示,典型的剖分式滑动轴承由轴承座 1、轴承盖 2、剖分轴瓦 3 和联接螺栓 4 等组成。轴瓦是轴承中直接和轴颈相接触的零件,为了节省贵重金属或其他需要,常在轴瓦内表面上贴附一层轴承衬,不重要的轴承也可以不装轴瓦。

为使轴承座与轴承盖很好对中,防止相对横向错动,接合面要做出阶梯形的定位止口。这种结构装拆方便,在接合面之间可放置垫片,通过调整垫片的厚度,以补偿磨损造成的轴瓦与轴颈间的间隙增大。

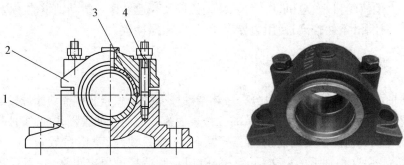

图 10 - 14 　 剖分式滑动轴承

轴承所受径向力方向一般不超过剖分面垂线左右 35°的范围,若载荷方向有较大偏斜时,则轴承的剖分面需斜向布置(通常倾斜 45°),使剖分面垂直于或接近垂直于载荷方向(如图 10 - 15)。

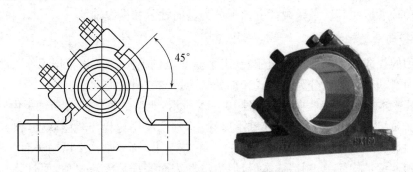

图 10 - 15 　 斜剖分式滑动轴承

2. 推力滑动轴承

推力滑动轴承用于承受轴向载荷,当与径向轴承联合使用时,也可以承受复合载荷。如图 10 - 16 所示,推力轴承结构由轴承座、套筒、径向轴瓦、止推轴瓦所组成。为了便于对中,止推轴瓦底部制成球面形式,并用销钉来防止它随轴颈转动,润滑油从底部进入,上部流出。

轴颈结构形式有实心式、单环式、空心式和多环式等几种(如图 10 - 17(a)～(d)),由于工作面上相对滑动速度不等,越靠近边缘处相对滑动速度越大,磨损越严重,会造成工作面上压强分布不均匀,相对滑动端面通常采用环状端面。当载荷较大时,可采用多环轴颈。

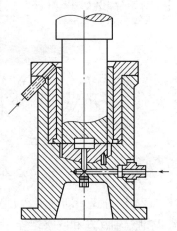

图 10 - 16 　 推力滑动轴承

多环轴颈不仅可以承受较大的轴向载荷,还可以承受双向的轴向载荷。

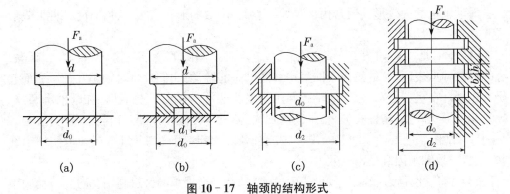

图 10－17　轴颈的结构形式

3. 轴瓦结构

　　轴瓦是滑动轴承中直接和轴颈接触的零件,其结构对轴承的性能有很大的影响。为使轴瓦既有一定的强度,又具有良好的减摩性,同时节约贵重材料,降低成本,常在轴瓦表面浇铸一层减摩性好的材料(如轴承合金),称为轴承衬。为使轴承衬与轴瓦结合牢固,可在轴瓦基体内壁制出沟槽。

　　常用的轴瓦结构有整体式和剖分式两种(如图 10－18),整体式轴承采用整体式轴瓦(又称轴套),这种形式的轴瓦分为光滑轴套和带纵向油槽轴套两种,需从轴端安装和拆卸,可修复性差;剖分式轴瓦用于剖分式轴承,可以直接从轴的中部安装和拆卸,可修复。

　　为了使润滑油能均匀流到整个工作表面上,轴瓦上要开出供油孔和油沟。油沟和油孔应开在非承载区,以保证承载区油膜的连续性,油沟和油孔的分布形式如图 10－19所示。

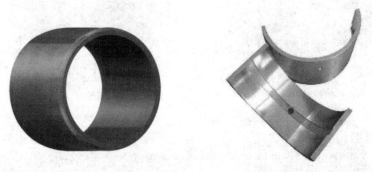

图 10－18　整体式轴瓦和剖分式轴瓦

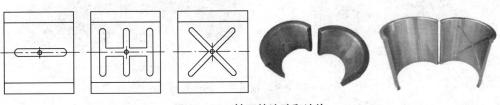

图 10－19　轴瓦的油孔和油沟

4. 滑动轴承的失效形式及材料选择

滑动轴承的失效形式通常由多种原因引起,失效的形式有很多种,有时几种失效形式并存,相互影响。

(1) 磨粒磨损。如图 10 - 20(a)所示,进入轴承间隙的硬颗粒物(如灰尘、砂砾等)有的嵌入轴承表面,有的游离于间隙中并随轴一起转动,它们都将对轴颈和轴承表面起研磨作用。在机器起动、停车或轴颈与轴承发生边缘接触时,它们都将加剧轴承磨损,导致几何形状改变、精度丧失,轴承间隙加大,使轴承性能在预期寿命前急剧恶化。

(2) 刮伤。进入轴承间隙的硬颗粒或轴颈表面粗糙的轮廓峰顶,在轴承伤划出线状伤痕,导致轴承因刮伤而失效。

(3) 胶合(也称为烧瓦)。如图 10 - 20(b)所示,当轴承温升过高,载荷过大,油膜破裂时,或在润滑油供应不足的条件下,轴颈和轴承的相对运动表面材料发生粘附和迁移,从而造成轴承损坏,有时甚至可能导致相对运动的中止。

(4) 疲劳剥落。如图 10 - 20(c)所示,在载荷反复作用下,轴承表面出现与滑动方向垂直的疲劳裂纹,当裂纹向轴承衬与衬背结合面扩展后,造成轴承衬材料的剥落。它与轴承衬和衬背因结合不良或结合力不足造成轴承衬的剥离有些相似,但疲劳剥落周边不规则,结合不良造成的剥离周边比较光滑。

(5) 腐蚀。如图 10 - 20(d)所示,润滑剂在使用中不断氧化,所生成的酸性物质对轴承材料具有腐蚀性,特别是铸造铜铝合金中的铅,易受腐蚀而形成点状剥落。氧对锡基巴氏合金的腐蚀,也会使轴承表面形成一层由 SnO_2 和 SnO 混合组成的黑色硬质覆盖层,它能擦伤轴颈表面,并使轴承间隙变小。此外,硫对含银或铜的轴承材料的腐蚀,润滑油中水分对铜铅合金的腐蚀,都应予以重视。

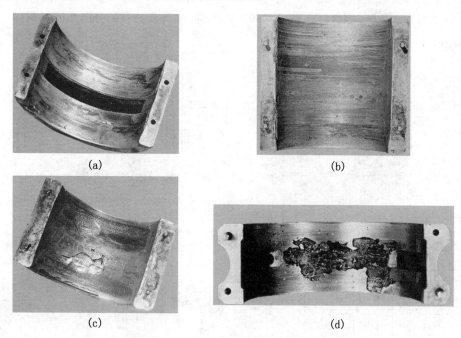

(a)

(b)

(c)

(d)

图 10 - 20 滑动轴承常见的失效形式

　　针对上述的失效形式,轴瓦与轴承衬的材料(统称轴承材料)性能应着重满足良好的减摩性、耐磨性和抗胶合性;良好的摩擦顺应性、嵌入性和磨合性;足够的强度和抗腐蚀能力及良好的导热性、工艺性、经济性等要求。

　　其中,**减摩性**是指材料副具有低的摩擦系数;**耐磨性**是指材料的抗磨性能(通常以磨损率表示);**抗胶合性**是指材料的耐热性和抗粘附性;**摩擦顺应性**是指材料通过表层弹塑性变形来补偿轴承滑动表面初始配合不良的能力;**嵌入性**是指材料容纳硬质颗粒嵌入,从而减轻轴承滑动表面发生刮伤或磨粒磨损的性能;**磨合性**是指轴瓦与轴颈表面经过短期轻载运转后,易于形成相互吻合的表面粗糙度。实际上没有一种轴承材料全面具备上述性能,因而必须针对各种具体的情况,仔细进行分析后合理选用。

　　常用的材料有金属材料,如轴承合金、铜合金、铝基合金和铸铁等;多孔质金属材料;非金属材料,如工程塑料、碳-石墨等。

　　① 轴承合金(通称巴氏合金或白合金)。轴承合金是锡、铅、锑、铜的合金,它以锡或铅作为基体,其内含有锑锡(Sb-Sn)或铜锡(Cu-Sn)的硬晶粒。硬晶粒起抗磨作用,软基体则增加材料的塑性。轴承合金的弹性模量和弹性极限都很低,在所有轴承材料中,它的嵌入性及摩擦顺应性最好,很容易和轴颈磨合,也不易与轴颈发生胶合。但轴承合金的强度很低,不能单独制作轴瓦,只能粘附在青铜、钢或铸铁轴瓦上作轴承衬。轴承合金适用于重载、中高速场合,价格较贵。

　　② 铜合金。铜合金具有较高的强度,较好的减摩性和耐磨性。由于青铜的减摩性和耐磨性比黄铜好,故青铜是最常用的材料。青铜有锡青铜、铅青铜和铝青铜等几种,其中锡青铜的减摩性和耐磨性最好,应用广泛。但锡青铜比轴承合金硬度高,磨合性及嵌入性差,适用于重载及中速场合。铅青铜抗胶合能力强,适用于高速、重载轴承。铝青铜的强度及硬度较高,抗胶合能力较差,适用于低速重载轴承。在一般机械中有50%的滑动轴承采用青铜材料。

　　③ 铝基轴承合金。铝基轴承合金在许多国家获得了广泛的应用。它有相当好的耐蚀性和较高的疲劳强度,摩擦性也较好。这些品质使铝基轴承合金在部分领域取代了较贵的轴承合金和青铜。铝基轴承合金可以制成单金属零件(如轴套、轴承等),也可以制成双金属零件,双金属轴瓦以铝基轴承合金为轴承衬,以钢作衬背。

　　④ 灰铸铁和球墨铸铁。普通灰铸铁或加有镍、铬、钛等合金成分的球墨铸铁,都可以用作轴承材料。这类材料中的片状或球状石墨在材料表面上覆盖后,可以形成一层起润滑作用的石墨层,故具有一定的减摩性和耐磨性。此外石墨能吸附碳氢化合物,有助于提高边界润滑性能,故采用灰铸铁作轴承材料时应加润滑油。由于铸铁性脆、磨合性能差,故只适用于轻载低速和不受冲击载荷的场合。

　　⑤ 多孔质金属材料。这是不同于金属粉末经压制、烧结而成的轴承材料。这种材料是多孔结构的,孔隙占体积的 10%～35%。使用前,先把轴瓦在加热的油中浸渍数小时,使孔隙中充满润滑油,因而通常把这种材料制成的轴承称为含油轴承。它具有自润滑性。工作时,由于轴颈转动的抽吸作用及轴承发热时油的膨胀作用,油便进入摩擦表面间起润滑作用;不工作时,因毛细管作用,油便被吸回到轴承内部,故在相当长的时间内,即使不加油仍能较好地工作。如果定期给以供油,则使用效果更好。但由于其韧性较小,故宜用于平稳无冲击载荷及中低速情况。常用的有多孔铁和多孔质青铜。多

孔铁常用来制作磨粉机轴套、机床油泵衬套、内燃机凸轮轴衬套等,多孔质青铜常用来制作电唱机、电风扇、纺织机械及汽车发电机的轴承。我国也有专门制造含油轴承的生产厂家,需要时可根据设计手册选用。

5. 滑动轴承的润滑

润滑的目的是减少摩擦和磨损,同时还可起到冷却、吸振、防尘、防锈等作用。

润滑剂类型有润滑油、润滑脂、固体润滑剂、气体润滑剂四种。常用的是润滑油和润滑脂。

润滑油的选用主要是指润滑油黏度的选择,应考虑轴承的载荷、速度、工作温度、摩擦表面状况以及润滑方式等条件。

为了获得良好的润滑效果,除了正确选择润滑剂外,还应选用合适的润滑方法和润滑装置。润滑油的供给可以是间歇或连续的。间歇供油润滑直接由人工用油壶向油杯中注油,适用于低速轻载和不重要的轴承。连续供油有以下几种方法:

(1) 滴油润滑。如图 10 - 21 所示,针阀式注油油杯用手柄 1 控制针阀运动,使油孔 3 关闭或开启,用调节螺母 2 控制供油量;如图 10 - 22 所示,芯捻油杯利用纱线的毛细管作用把油引到轴承中。

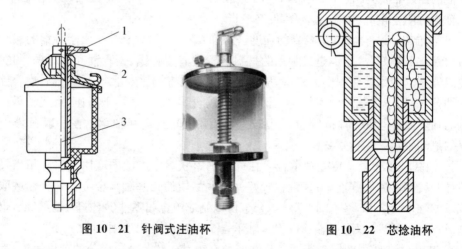

图 10 - 21　针阀式注油杯　　　　　　图 10 - 22　芯捻油杯

(2) 飞溅润滑。通常利用传动齿轮或甩油环将油池中的润滑油飞溅到箱体内壁上,再由油沟导入轴承中进行润滑。

(3) 压力循环润滑。利用油泵将具有一定压力的润滑油经油路导入轴承进行润滑,供油量充足,润滑可靠,并有冷却和冲洗轴承作用,但结构复杂,成本高,常用于高速、重载和载荷变化较大的轴承中。

润滑脂只能间歇供给,主要用于轴径速度小于 2 m/s、难以经常供油或摆动工作情况下。钙基润滑脂应用最广,但它在 100 ℃附近开始稠度急剧降低,因此,只能在 60 ℃下使用;钠基润滑脂滴点高,一般用于 120 ℃以下,但怕水;锂基润滑脂有一定的抗水性和较好的稳定性,适用于 -20 ℃~120 ℃。

10. 2. 2　滚动轴承

滚动轴承是标准件,主要用于支承轴颈及轴上的回转零件,其安装、使用和维护方便,应用十分广泛。滚动轴承的优点主要包括以下几个方面:

(1) 摩擦阻力小,功率消耗少,机械效率高,易起动。

(2) 尺寸已标准化,具有互换性,便于安装和拆卸,维修十分方便。

(3) 结构紧凑,重量轻,轴向尺寸小。

(4) 精度高,转速高,磨损小,使用寿命长。

(5) 轴向尺寸小,可同时承受径向和推力组合载荷。

滚动轴承的缺点是:承受冲击载荷能力差,高速、重载下寿命较低,振动及噪声较大。

滚动轴承的基本构造如图 10‑23(a)所示,由内外圈 1 和 2、滚动体 3 和保持架 4 组成。外圈通常与轴承座孔或机械部件的壳体配合,起支撑作用。内圈通常与轴配合并同步旋转。保持架能将滚动体均匀隔开,避免相互摩擦并引导其在正确的轨道上运动。

滚动体借助保持架均匀地排列在内、外圈之间,其形状、大小和数量直接决定轴承的承载能力,是滚动轴承的核心元件。常见的滚动体的类型有球、短圆柱面滚子、圆锥滚子、鼓形滚子、空心螺旋滚子、长圆柱滚子和针形滚子七种(如图 10‑23(b)所示)。此外,润滑剂也被认为是滚动轴承第五大件,主要起润滑、冷却、清洗等作用。

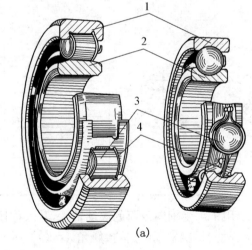

(a)

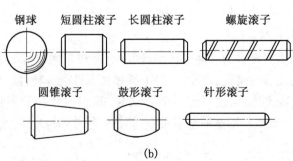

(b)

图 10‑23　滚动轴承的结构及常见滚动体的类型

轴承按其滚动体的种类可分为球轴承和滚子轴承(如圆柱滚子轴承、滚针轴承、圆锥滚子轴承和调心滚子轴承);按其工作时能否调心可分为调心轴承和非调心轴承;按滚动体的列数可分为单列轴承、双列轴承和多列轴承;按其部件能否分离可分为可分离轴承和不可分离轴承;按其外径尺寸大小,也可将轴承分为以下几类:

① 微型轴承——公称外径尺寸范围为 26 mm 以下的轴承。

② 小型轴承——公称外径尺寸范围为 28~55 mm 的轴承。

③ 中小型轴承——公称外径尺寸范围为 60~115 mm 的轴承。

④ 中大型轴承——公称外径尺寸范围为 120~190 mm 的轴承。

⑤ 大型轴承——公称外径尺寸范围为 200~430 mm 的轴承。

⑥ 特大型轴承——公称外径尺寸范围为 440~2 000 mm 的轴承。

⑦ 重大型轴承——公称外径尺寸范围为 2 000 mm 以上的轴承。

轴承按其所能承受的载荷方向(或公称接触角)的不同,可分为以下两类:

① 向心轴承——主要用于承受径向载荷的滚动轴承,其公称接触角 $\alpha = 0° \sim 45°$。按公称接触角不同,又分为公称接触角 $\alpha = 0°$ 的径向接触轴承(如深沟球轴承、圆柱滚子轴承等)和公称接触角 $\alpha = 0° \sim 45°$ 的向心角接触轴承(如角接触球轴承、圆锥滚子轴承等)。

微课10-3

滚动轴承的
类型及特点

表 10 - 3　各类轴承及其公称接触角

轴承类型	向心轴承		推力轴承	
	径向接触	向心角接触	推力角接触	轴向接触
公称接触角 α	$\alpha = 0°$	$0° < \alpha \leqslant 45°$	$45° < \alpha < 90°$	$\alpha = 90°$
图例 (以球轴承为例)				

② 推力轴承——主要用于承受轴向载荷的滚动轴承,其公称接触角 $90° > \alpha \geqslant 45°$。按公称接触角不同又分为:轴向接触轴承(公称接触角 $\alpha = 90°$ 的推力轴承)和推力角接触轴承(公称接触角 $90° > \alpha \geqslant 45°$ 的推力轴承)。

1. 滚动轴承的代号

滚动轴承的种类很多。为了便于选用,国家标准规定用代号来表示滚动轴承。其代号能表示出滚动轴承的结构、尺寸、公差等级和技术性能等特性。滚动轴承代号用字母加数字组成。完整的轴承代号包括前置代号、基本代号和后置代号三部分,见表10 - 4所示。基本代号表示轴承的基本类型、结构和尺寸,是轴承代号的基础。

表 10-4　轴承代号的构成

轴承代号					
前置代号	基本代号				后置代号
	轴承系列			内径代号	
	基本代号	尺寸系列代号			
		宽度(或高度)系列代号	直径系列代号		

（1）前置代号。见表 10-5 所示，前置代号用字母表示，用以说明成套轴承部件的特点。

表 10-5　前置代号字母含义

代号	含义	示例
L	可分离轴承的可分离内圈或外圈	LNU205
R	不带可分离内圈和外圈的轴承(滚针轴承仅适用于 NA 型)	RNU205
K	滚子和保持架组件	K81105
WS	推力圆柱滚子轴承轴圈	WS81105
GS	推力圆柱滚子轴承座圈	GS81105
F	凸缘外圈的向心球轴承(仅适用于 d≤10 mm)	F619/5
KOW-	无轴圈推力轴承	KOW-51105
KIW-	无座圈推力轴承	KIW-51106
LR	带可分离的内圈或外圈与滚动体组件轴承	——

（2）基本代号。基本代号由轴承类型代号、内径代号和尺寸系列代号三部分自左至右顺序排列组成。类型代号用阿拉伯数字(以下简称数字)或大写拉丁字母(以下简称字母)表示，尺寸系列代号和内径代号用数字表示。基本代号一般最多为 5 位。

① 类型代号。滚动轴承的类型很多，常用种类滚动轴承的主要性能和特点见表 10-6 所示：

表 10-6　常用滚动轴承的类型、代号、特点及应用(摘自 GB/T 272—2017)

轴承类型	结构简图 承载方向	类型代号	尺寸系列代号	轴承系列代号	特点和应用
调心球轴承		1	39	139	主要承受径向载荷,同时承受少量的轴向载荷。外圈滚道表面是以轴承中点为中心的球面,故能自动调心
			(1)0	10	
			30	130	
			(0)2	12	
			22	22	
			(0)3	13	
			23	23	

（续表）

轴承类型	结构简图 承载方向	类型代号	尺寸系列代号	轴承系列代号	特点和应用
调心滚子轴承		2	38	238	能承受很大的径向载荷和少量轴向载荷,耐振动及冲击。结构复杂,加工要求高,价格贵,能自动调心
			48	248	
			39	239	
			49	249	
			30	230	
			40	240	
			31	231	
			41	241	
			22	222	
			32	232	
			03	213	
			23	223	
圆锥滚子轴承		3	29	329	能同时承受较大的径向、轴向联合载荷,特点与角接触球轴承相似,但承载能力大。内外圈可离,装拆、调隙和补偿磨损方便,一般成对使用
			20	320	
			30	330	
			31	331	
			02	302	
			22	322	
			32	332	
			03	303	
			13	313	
			23	323	
推力球轴承		5	11	511	只能承受轴向载荷,且载荷作用线必须与轴线相重合,不允许有角偏差。垫圈与滚动体是分离的。两垫圈的内径稍有不同,"紧圈"与"活圈"分别装在轴和机座上。其中:单列——承受单向载荷双列——承受双向载荷高速时,滚动体离心力大,滚动体与保持架摩擦发热严重,寿命较低,用于轴向载荷大、转速不高的场合
			12	512	
			13	513	
			14	514	
			22	522	
			23	523	
			24	524	
深沟球轴承		6	17	617	主要承受径向载荷,同时也可承受一定量的轴向载荷。结构简单,易于制造,价格低;启动性能好,摩擦系数最小;承载能力较低,不耐冲击。当转速很高而轴向载荷不太大时,可代替推力球轴承承受纯轴向载荷
			37	637	
			18	618	
			19	619	
		16	(0)0	160	
		6	(1)0	60	
			(0)2	62	
			(0)3	63	
			(0)4	64	

（续表）

轴承类型	结构简图 承载方向	类型代号	尺寸系列代号	轴承系列代号	特点和应用
角接触球轴承		7	18	718	能同时承受径向和轴向载荷，公称接触角 α 有 15°、25°、40° 三种。公称接触角越大，轴向承载能力也越大，也可承受纯轴向载荷。通常成对使用，可以分装于两个支点或同装于一个支点上
			19	719	
			(1)0	70	
			(0)2	72	
			(0)3	73	
			(0)4	74	
推力圆柱滚子轴承		8	11	811	能承受很大的单向轴向载荷。多为单向推力轴承，主要用于承受轴向重载荷、转速较低的场合
			12	812	
圆柱滚子轴承		N	10	N10	用于承受径向负荷，不能承受轴向载荷。内、外圈可分开安装，对轴的变形敏感，允许的内、外圈轴线相对偏斜仅为 $2'\sim4'$。要求安装精度及轴的刚性好
			(0)2	N2	
			22	N22	
			(0)3	N3	
			23	N23	
			(0)4	N4	
		NU	10	NU10	
			(0)2	NU2	
			22	NU22	
			(0)3	NU3	
			23	NU23	
			(0)4	N4	
滚针轴承		NA	48	NA48	承受径向载荷的能力很大，不能承受轴向载荷。径向尺寸小，不允许有角偏差。轴承中滚针数量较多，一般无保持架，滚针之间有摩擦，旋转精度低，轴承极限转速低寿命短
			49	NA49	
			69	NA69	

注：（）中的数字在代号中省略，如 60300 可写成 6300。

　　② 内径代号。基本代号右起第一、二位数字，表示轴承公称内径尺寸，其规定和标注见表 10 - 7 所示：

表 10-7 轴承的内径代号

轴承公称内径(mm)		内径代号	示例
0.1~10(非整数)		用公称内径毫米数直接表示,在其与尺寸系列代号之间用"/"分开	深沟球轴承 617/0.5 $d=0.5$ mm
1~9(整数)		用公称内径毫米数直接表示,对深沟及角接触球轴承直径系列7、8、9,内径与尺寸系列代号间用"/"分开	深沟球轴承 623 $d=3$ mm 深沟球轴承 618/5 $d=5$ mm 角接触球轴承 707 $d=7$ mm 角接触球轴承 719/7 $d=7$ mm
10~17	10	00	深沟球轴承 6200 $d=10$ mm
	12	01	调心球迷轴承 1201 $d=12$ mm
	15	02	圆柱滚子轴承 NU202 $d=15$ mm
	17	03	推力球轴承 51103 $d=17$ mm
20~480(22,28,32除外)		公称内径除以5的商数,商数为个位数,需在商数左边加"0",如06	调心滚子轴承 22309 $d=45$ mm 圆柱滚子轴承 NU1096 $d=480$ mm
≥ 500 以及 22,28,32		公称内径毫米数直接表示,但在与尺寸系列之间用"/"分开	调心滚子轴承 230/500 $d=500$ mm 深沟球轴承 62/22 $d=22$ mm

③ 尺寸系列代号。对于同一类型同一内径的轴承,为了适应不同载荷大小的需要,采用不同大小的滚动体,因而轴承的外径和宽度也随之改变(如图 10-24)。这种变化用尺寸系列代号来表示,尺寸系列由直径系列代号(右起第 3 位)和宽度系列代号(右起第 4 位)组成。代号所表示的意义见表 10-8 所示。

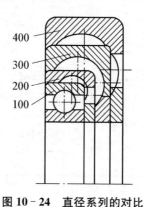

图 10-24 直径系列的对比

表 10 - 8　轴承的尺寸系列代号

直径系列代号	向心轴承								推力轴承			
	宽度系列代号								高度系列代号			
	8	0	1	2	3	4	5	6	7	9	1	2
	尺寸系列代号											
7	—	—	17	—	37							
8	—	08	18	28	38	48	58	68	—	—	—	—
9	—	09	19	29	39	49	59	69	—	—	—	—
0	—	00	10	20	30	40	50	60	70	90	10	
1	—	01	11	21	31	41	51	61	71	91	11	—
2	82	02	12	22	32	42	52	62	72	92	12	22
3	83	03	13	23	33				73	93	13	23
4	—	04		24					74	94	14	24
5	—	—						—		95	—	—

注：在轴承代号中,宽度系列代号为"0"时常被省略。

(3) 后置代号。后置代号用字母(或加数字)表示,它是一个涉及面广、包容量大、功能性强的补充说明代号系统。其项目与排序见表 10 - 9 所示,后置代号置于基本代号的右边,并与基本代号空半个汉字距,代号中有"—"、"/"符号的可紧接在基本代号之后。

表 10 - 9　后置代号的排列顺序

级别	1	2	3	4	5	6	7	8	9
含义	内部结构	密封与防尘与外部形状	保持架及其材料	轴承零件材料	公差等级	游隙	配置	振动及噪声	其他

① 内部结构代号。例如角接触球轴承等随其不同公称接触角而标注不同代号(见表 10 - 10)。

表 10 - 10　轴承内部结构代号

代号	含义	示例
A	无装球缺口的双列角接触或深沟轴承	3205A
	滚针轴承外圈带双锁圈($d>9$ mm,$F_w>12$ mm)	
	套圈直滚道的深沟球轴承	
AC	角接触球轴承公称接触角 $\alpha = 25°$	7210 AC
B	角接触球轴承公称接触角 $\alpha = 40°$	7210 B
	圆锥滚子轴承接触角加大	32310 B

（续表）

代号	含义	示例
C	角接触球轴承公称接触角 $\alpha=15°$	7005 C
	调心滚子轴承 C 型调心滚子轴承设计改变,内圈无挡边,活动中挡圈,冲压保持架,对称型滚子,加强型	23122 C
CA	C 型调心滚子轴承,内圈带挡边,活动中挡圈,实体保持架	23084CA/W33
CAB	CA 型调心滚子轴承,滚子中部穿孔,带柱销式保持架	
CABC	CAB 型调心滚子轴承,滚子引导方式有改进	
CAC	CA 型调心滚子轴承,滚子引导方式有改进	22252CACK
CC	C 型调心滚子轴承,滚子引导方式有改进	22205CC
D	剖分式轴承	K50×55×20D
E	加强型(内部结构设计改进,增大轴承承载能力)	NU 207E
ZW	滚针保持架双列	K20×25×40ZW

② 公差等级代号。轴承的公差等级代号列于表 10 - 11,表中 0 级精度最低,2 级最高。

表 10 - 11　轴承的公差等级代号

代号	含义	示例
/PN	公差等级符合标准规定的普通级,代号中省略不表示	6203
/P6	公差等级符合标准规定的 6 级	6203/P6
/P6X	公差等级符合标准规定的 6X 级	30210/P6X
/P5	公差等级符合标准规定的 5 级	6203/P5
/P4	公差等级符合标准规定的 4 级	6203/P4
/P2	公差等级符合标准规定的 2 级	6203/P2
/SP	尺寸精度相当于 5 级,旋转精度相当于 4 级	234420/SP
/UP	尺寸精度相当于 4 级,旋转精度相当于 4 级	234730/UP

【例 10 - 2】 试说明轴承代号 7210AC 和 62309 的含义。

解 （1）7210AC

7—角接触球轴承;2—尺寸系列(0)2,宽度系列 0(省略),直径系列 2;10—内径 $d=50$ mm;AC—公称接触角 $\alpha=25°$;公差等级为 0 级(省略)。

（2）62309

6—深沟球轴承;23—尺寸系列 23,宽度系列 2,直径系列 3;09—内径 $d=45$ mm;公差等级为 0 级(省略)。

2. 滚动轴承的失效分析及计算准则

（1）滚动轴承的主要失效形式

① 点蚀。轴承工作时,滚动体和滚道上各点受到循环接触应力的作用,经一定循环次数(工作小时数)后,在滚动体或滚道表面将产生疲劳点蚀,从而产生噪声和振动,致使轴承失效。疲劳点蚀是在正常运转条件下轴承的一种主要失效形式。

② 塑性变形。轴承承受负荷过大或有巨大冲击负荷时,在滚动体或滚道表面可能由于局部触应力超过材料的屈服极限而发生塑性变形,形成凹坑而失效。这种失效形式主要表现在转速极低或摆动的轴承中。

③ 磨损。润滑不良、杂物和灰尘的侵入都会引起轴承早期磨损,从而使轴承丧失旋转精度、噪声增大、温度升高,最终导致轴承失效。

此外,由于设计、安装、使用中某些非正常的原因,可能导致轴承的破裂、保持架损坏及回火、腐蚀等现象,使轴承失效。

(2) 滚动轴承的计算准则

在选择滚动轴承类型后要确定其型号和尺寸,为此需要针对轴承的主要失效形式进行计算。其计算准则为:

① 对于一般转速的轴承,如果轴承的制造、保管、安装、使用等条件均良好时,轴承的主要失效形式为疲劳点蚀,因此,应按基本额定动负荷进行寿命计算。

② 对于高速轴承,除疲劳点蚀外其工作表面的过热而导致的轴承失效也是重要的失效形式,因此,除需进行寿命计算外还应验算其极限转速。

③ 对于低速轴承,可近似认为轴承各元件是在静应力作用下工作的,其失效形式为塑性变形,故应按额定静负荷进行强度计算。

3. 滚动轴承的寿命计算

(1) 基本概念

① 轴承寿命。轴承工作时,滚动体或套圈出现疲劳点蚀前的累计总转数或在一定转速下的工作小时数称为轴承的寿命。

② 额定寿命。同型号的一批轴承,在相同的工作条件下,由于材质、加工、装配等不可避免地存在差异,因此,寿命并不相同而呈现很大的离散性,最高寿命和最低寿命可能差 40 倍之多。一批在相同条件下运转的同一型号的轴承,其中 90% 的轴承不发生疲劳点蚀破坏时的相应总转数,或在一定转速下的工作小时数称为额定寿命。换言之,一批同型号轴承工作运转达到基本额定寿命时,已有 10% 的轴承先后出现疲劳点蚀,90% 的轴承还能继续工作,用符号 L 表示,单位是 10^6 r。

③ 额定动载荷。使轴承的基本额定寿命恰好为 10^6 r 时,轴承所能承受的载荷值,用 C 表示,C 值可查轴承手册确定。基本额定动载荷表征了轴承的承载能力。对于向心轴承其指纯径向载荷,用 C_r 表示;对于推力轴承其指纯轴向载荷,用 C_a 表示;对于角接触球轴承和圆锥滚子轴承,是指使套圈产生纯径向位移的径向分量,也用 C_r 表示。

(2) 滚动轴承的寿命计算公式

实验结果表明:滚动轴承的极限载荷与额定寿命 L 之间的关系,其函数方程式为:

$$P^\varepsilon L = 常数$$

式中 ε 为轴承寿命指数,对于球轴承 $\varepsilon = 3$,对于滚子轴承 $\varepsilon = 10/3$。

当 $L = 10^6$ r 时,有 $P^\varepsilon L = C^\varepsilon 10^6$

式中 P 为当量动载荷(N);C 为额定动载荷(N);L 为额定寿命(r)。

当已知轴承型号及其所具有的基本额定动载荷和工作载荷时,该轴承可能达到的工作基本额定寿命 L 为 $L = 10^6 \times \left(\dfrac{C}{P} \right)^\varepsilon$。

习惯上寿命是用小时 L_h 表示的,而 $L = 60nL_h$,故上式可变为:

$$L_h = \frac{10^6}{60n}\left(\frac{C}{P}\right)^\varepsilon = \left(\frac{C}{P}\right)^\varepsilon \frac{16\,670}{n} \tag{10-3}$$

当已知轴承的工作载荷,给定了预期的基本额定寿命 L' 时,就可算出为了达到这一预期寿命 L',对轴承所要求的工作基本额定动载荷 C' 为

$$C = P \sqrt[\varepsilon]{\frac{L}{10^6}}\left(\frac{C}{P}\right)^\varepsilon \times 10^6 \quad 或 \quad C' = P\sqrt[\varepsilon]{\frac{L'_h}{16\,670}} \tag{10-4}$$

式中 n 为轴承转速,L'_h 为轴承预期的基本额定寿命。从机械设计手册中选择适当的轴承型号,只要所具有的额定动载荷 C 不小于由上式计算所得的工作基本额定动载荷 C',即 $C \geqslant C'$,则该轴承就能保证所预期的基本额定寿命 L'_h。

考虑高温($t > 100\ ℃$)引入 f_t(温度系数如表 10-12 所示),考虑冲击振动引入 f_P(载荷系数如表 10-13 所示),则上式变为

$$L_h = \frac{10^6}{60n}\left(\frac{f_t C}{f_P P}\right)^\varepsilon \tag{10-5}$$

$$C' = \frac{f_P P}{f_t}\sqrt[\varepsilon]{\frac{60nL_h}{10^6}}$$

表 10-12　温度系数 f_t

轴承工作温度/℃	100	125	150	200	250	300
温度系数 f_t	1	0.95	0.90	0.80	0.70	0.60

表 10-13　载荷系数 f_P

载荷性质	举例	f_P
无冲击或轻微冲击	电机、汽轮机、通风机、水泵	1.0~1.2
中等冲击	机床、车辆、内燃机、冶金机械、起重机械、减速器	1.2~1.8
强烈冲击	轧钢机、破碎机、钻探机、剪床	1.8~3.0

(3) 滚动轴承的当量动载荷

滚动轴承的基本额定动负荷是在向心轴承只受径向负荷,推力轴承只受轴向负荷的特定条件下确定的,轴承往往承受着径向负荷和轴向负荷的联合作用,因此,需将该实际联合负荷等效为一假想的当量动负荷 P 来处理,在此载荷作用下,轴承的工作寿命与轴承在实际工作负荷下的寿命相同。考虑到实际工作时可能受有冲击载荷,故在计算当量动载荷公式中要引进冲击载荷系数 f_P,则有:

$$P = f_P(XF_r + YF_a) \tag{10-6}$$

式中 P 为当量动载荷(N);F_r 为径向载荷(N);F_a 为轴向载荷(N);f_P 为冲击载

系数;X 为径向系数;Y 为轴向系数,向心轴承当量动载荷的 X、Y 值见表 10 - 14 所示:

表 10 - 14　向心轴承当量动载荷的 X、Y 值

轴承类型	F_a/C_{0r}	e	$F_a/F_r > e$		$F_a/F_r \leqslant e$	
			X	Y	X	Y
深沟球轴承 （60000 型）	0.014	0.19	0.56	2.30	1	0
	0.028	0.22		1.99		
	0.056	0.26		1.71		
	0.084	0.28		1.55		
	0.11	0.30		1.45		
	0.17	0.34		1.31		
	0.28	0.38		1.15		
	0.42	0.42		1.04		
	0.56	0.44		1.00		
角接触球轴承　70000C 型 （$\alpha = 15°$）	0.015	0.38	0.44	1.47	1	0
	0.029	0.40		1.40		
	0.058	0.43		1.30		
	0.087	0.46		1.23		
	0.12	0.47		1.19		
	0.17	0.50		1.12		
	0.29	0.55		1.02		
	0.44	0.56		1.00		
	0.58	0.56		1.00		
70000AC 型 （$\alpha = 25°$）	—	0.68	0.41	0.87	1	0
70000B 型 （$\alpha = 40°$）	—	1.14	0.35	0.57	1	0
圆锥滚子轴承 （30000 型）	—	*	0.4	*	1	0
调心球轴承 （10000 型）	—	*	0.65	*	1	*

注:"＊"查阅相应轴承标准。

4. 滚动轴承类型的选择

熟悉轴承的类型和特性,明确使用要求,是合理选择轴承类型的前提。一般应考虑以下因素。

(1) 承受载荷情况。主要承受径向力时,选用向心轴承;承受纯轴向力时,选用推力轴承;同时承受径向力和轴向力时,选用角接触轴承。承受的载荷较大时,应选择滚子轴承或尺寸系列较大的轴承;反之,选择球轴承或尺寸系列较小的轴承。载荷平稳时,可选择球轴承;有冲击和振动时,宜选择滚子轴承。

(2) 轴承的转速。转速较高时,可选择球轴承和轻系列的轴承;反之,可选择滚子轴承和重系列的轴承;推力轴承的极限转速很低。

此时，对轴承性能的特殊要求或限制，如调芯要求、游隙调整要求、轴向游动要求、支撑刚度要求等安装轴承的空间尺寸范围。对轴承的径向尺寸有限制时，宜选轻系列、特轻系列或滚针轴承；对轴承的轴向尺寸有限制时，宜选窄系列轴承。

5. 滚动轴承的组合设计

为了保证轴承正常工作，除了合理地选择轴承类型、尺寸外，还应正确地进行轴承的组合设计，处理好轴承与其相邻零件之间的关系。也就是必须解决支承的结构形式、轴承的组合调整、轴承的配合与装拆以及润滑与密封等问题。

（1）支承的结构形式。机器中轴的位置是靠轴承来定位的，当轴工作时，既要防止轴向窜动，又要保证滚动体不至于因轴受热膨胀而卡住，轴两端的支承结构最常用的有以下几种形式：

① 两端固定。如图 10-25 所示，在两个支承处各采用一个深沟球轴承，分别靠轴承端盖内侧窄端面顶住轴承外圈端面起轴向固定作用，使轴的两个支点中每一个支点都能限制轴的单向移动，两个支点合起来就限制了轴的双向移动，这种固定方式称为两端固定，它适用于工作温度变化不大和支承跨距不大的场合，考虑到轴因受热而伸长，在轴承盖与外圈端面之间应留出热补偿间隙 $C=0.2\sim0.3$ mm。另一种常用的方法是用一对相同的向心角接触轴承分别置于两个支承处。由于这类轴承的内部间隙可以调整，故只需在安装时调整垫片，保证必要的轴向游隙，而不必在轴承外圈端面留出间隙。按轴承的配置方式，这类结构又可分为正装（"面对面"）和反装（"背对背"）两种。

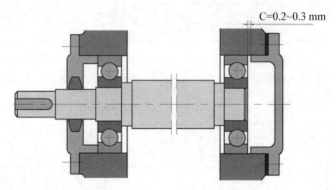

图 10-25　两端固定支承

② 一端固定、一端游动。如图 10-26 所示为一端固定、一端游动的固定方式，这种固定方式是在两个支点中使一个支点双向固定以承受轴向力，另一个支点则可做轴向游动。可做轴向游动的支点称为游动支点，以适应轴的热伸长，显然它不能承受轴向载荷。选用深沟球轴承作为游动支点时，应在轴承外圈与端面间留适当间隙；选用圆柱滚子轴承时，轴承外圈应做双向固定，以免内、外圈同时移动，造成过大错位。这种固定方式适用于温度变化大和轴跨距大的场合。

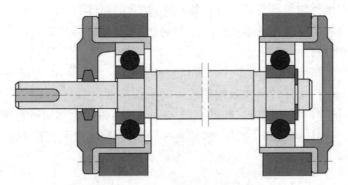

图 10‒26　一端固定一端游动支承

③ 两端游动支承。两端游动支承结构如图 10‒27 所示,两个支承都采用 N0000 型轴承,内、外圈都实行轴向固定,滚子可相对于外圈滚道做轴向游动。这种结构适用于轴可能发生设计时无法预期的左右移动情况,例如人字齿轮主动轴,由于螺旋角在加工时无法达到左右完全相等,则在啮合时会有左右窜动。但需注意,与其相啮合的齿轮轴必须双向固定,以保证两轴的轴向定位。

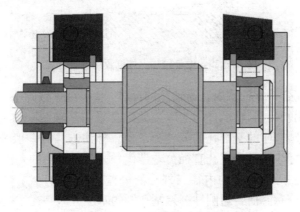

图 10‒27　两端游动支承

(2) 轴承组合的调整

轴承间隙的调整。轴承在装配时,一般要留有适当间隙,保证轴的回转精度及轴承运转灵活性,简化加工。如图 10‒28 所示,常用的调整方法有调整垫片、调整环、调整

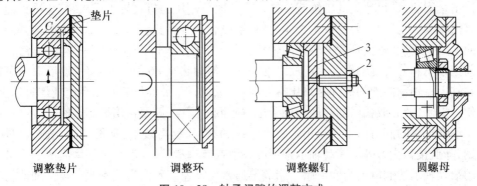

调整垫片　　　　　调整环　　　　　调整螺钉　　　　　圆螺母

图 10‒28　轴承间隙的调整方式

螺钉、圆螺母和调整端盖等方法。调整垫片时,垫片的厚度有 0.02～0.5 mm 等多种规格,通过增减垫片的厚度使轴承获得所需要的间隙,调节螺钉和调整端盖用于角接触轴承的轴向间隙调整。

某些场合要求轴上安装的零件必须有准确的轴向位置,例如,锥齿轮传动要求两锥齿轮的顶点相重合,蜗杆传动要求蜗轮的中间平面要通过蜗杆的轴线等。这种情况下需要采取轴向位置调整的措施。如图 10-29 所示,为锥齿轮轴组件位置的调整方式,通过改变套杯与箱体间垫片 1 的厚度,使套杯做轴向移动,以调整锥齿轮的位置。垫片 2 用来调整轴承间隙。

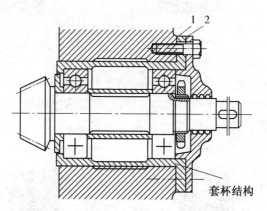

图 10-29 锥齿轮轴组件位置的调整方式

滚动轴承的配合是指轴承内孔与轴颈的配合,轴承外圈与机座孔的配合。轴承内圈与轴的配合采用基孔制,轴承外圈与座孔的配合采用基轴制。轴承内孔的基准孔偏差为负值,而一般圆柱体的基准孔的偏差为正值。标注方法与一般圆柱体的方式的配合标注不同,它只标注轴颈及座孔直径公差带代号。需要说明的是:滚动轴承公差由国家标准规定,各公差等级轴承的内径与外径的公差带均为单向制,统一采用上偏差为零,下偏差为负的分布。而普通圆柱公差基孔制的基准公差是在零线以上。因此,轴承内圈与轴颈的配合,统一的配合符合,要比普通圆柱公差标准中的基孔制配合紧得多。各种工作条件下的轴承配合及其公差带可查阅机械设计手册。

滚动轴承是一种精密部件,因而安装和拆卸时方法要规范,否则会使轴承精度降低。对于内外圈不可分离的轴承通常先安装配合较紧的内圈,小轴承可用软锤轻轻均匀敲击套圈装入,尺寸大的轴承或生产批量大时可用压力机将轴承压入,禁止用重锤直接打击轴承。压装时,要垫一软金属材料(铜或软管)做的套管,顶在轴承内圈或外圈的端面上,对于尺寸较大且配合较紧的轴承,安装阻力很大,常采用加热安装的方法。热装前把轴承和分离型轴承的套圈放入油箱中均匀加热至 80 ℃～100 ℃,然后取出迅速装在轴上。轴承内圈的拆卸常采用拆卸器(三爪)进行,外圈拆卸则用套筒或螺钉顶出。为便于拆卸,轴肩或孔肩的高度应低于定位套圈的高度,并要留出拆卸空间。

滚动轴承的润滑的主要作用是减小摩擦和磨损、提高效率、延长寿命、散热、减振、防锈、降低接触应力等。滚动轴承常用的润滑剂有润滑油、润滑脂及固体润滑剂。最常用的滚动轴承的润滑剂为润滑脂。脂润滑通常用于速度不太高及不便于经常加油的场合。其主要特点是润滑脂不易流失、易于密封、油膜强度高、承载能力强,一次加脂后可以工作相当长的时间。润滑脂的填充量一般应是轴承中空隙体积的 $1/3\sim1/2$。

油润滑适用于高速、高温条件下工作的轴承。油润滑的特点是摩擦系数小、润滑可靠,且具有冷却散热和清洗的作用,缺点是对密封和和供油的要求较高。用润滑油润滑时,油量不宜过多,如果采用浸油润滑,则油面高度不超过最低滚动体的中心,以免产生过大的搅油损失和发热,高速轴承通常采用滴油或喷雾方法润滑。

滚动轴承密封的目的是防止灰尘、水、酸气和其他杂物进入轴承,并阻止润滑剂流失,以保护轴承。常用的密封装置有两大类:接触式密封和非接触式密封。典型的接触式密封有毛毡圈密封和唇形密封圈密封。毛毡圈密封适用于脂润滑,环境清洁,滑动速度低于 $4\sim5$ m/s,温度低于 90 ℃的场合。唇形密封圈密封,密封圈为标准件,材料为皮革、塑料或耐油橡胶,分为金属骨架和无骨架、单唇和多唇等形式。唇形密封圈密封适用脂或油润滑,滑动速度低于 7 m/s,温度 -40 ℃$\sim$ 100 ℃。典型的非接触式密封有间隙密封和迷宫式密封。间隙密封靠轴与盖间的细小间隙密封,间隙越小越长,效果越好,$\delta=0.1\sim0.3$ mm;适用于脂或油润滑,干燥清洁的环境。迷宫式密封指旋转件与静止件间的间隙为迷宫(曲路)形式,并在其中填充润滑脂以加强密封效果;分为径向和轴向两种,径向间隙 $\delta\leqslant0.1$mm;考虑到轴的热膨胀,轴向间隙应取大些,$\delta=1.5\sim2$ mm;适用于脂或油润滑,温度不高于润滑脂的滴点,结构复杂,但密封效果好。常用的滚动轴承密封装置见表 10 - 15 所示:

表 10 - 15　常用的滚动轴承密封装置

密封型式		简图	特点	适用范围
非接触式	缝隙式		一般间隙为 $0.1\sim0.3$ mm,间隙越小、间隙宽度越长,密封效果越好	适用于环境比较干净的脂润滑
	间隙式 油沟式		在端盖配合面上开设 3 个以上宽 $3\sim4$ mm,深 $4\sim5$ mm 的沟槽,并在其中填充脂	适用于脂润滑,速度不限
	W 形间隙		在轴或轴套上开设"W"形槽用来甩回渗漏的油,并在端盖上开回油孔(槽)	适用于油润滑,速度不限
	迷宫式 轴向迷宫		轴向迷宫曲路由轴套和端盖的轴向间隙组成,端盖剖分结构。曲路沿轴向布置,径向尺寸紧凑	适用于比较脏的工作环境,如金属切削机床的工作端

密封型式		简图	特点	适用范围
非接触式	径向迷宫		径向迷宫曲路由轴套和端盖的径向间隙组成,端盖剖分结构。曲路沿径向布置,装拆方便	与轴向迷宫应用相同,但较轴向迷宫应用更广
	组合迷宫		组合迷宫曲路由两组"T"形垫圈组成,占用空间小,成本低,组数越多密封效果越好	适用于成批生产的条件,可用于油或脂密封
	挡油盘		挡油盘随轴一起旋转,转速越高密封效果越好(挡油盘尺寸参阅机械设计手册)	适用于防止轴承中的油泄出,又可防止外部油流冲击或杂质侵入
	挡油环		挡油环随轴一起旋转,转速越高密封效果越好	适用于脂密封,也可防止油侵入
接触式	毛毡密封	单毡圈	用羊毛毡填充槽中,使毡圈与轴表面经常摩擦以实现密封	适用于干净、干燥环境的脂密封,一般接触处的圆周速度不大于4~5 m/s,抛光轴可达7~8 m/s
		双毡圈	毛毡圈可间隙调紧,密封效果更好,且拆换毛毡方便	同单毛毡密封应用
	皮碗密封	密封唇向内	皮碗用弹簧圈将唇紧箍在轴上,密封唇朝向轴承,防止油泄出	适用于油润滑密封,滑动速度不大于7m/s,工作温度不大于100 ℃

(续表)

密封型式		简图	特点	适用范围
	密封唇向外		密封唇背向轴承,防止外界灰尘、杂质侵入,也可防止油外泄	同密封唇向里的结构
	双唇式		采用双唇皮碗,可防止油外泄和灰尘、杂质侵入	同密封唇向里的结构
组合式	迷宫毛毡组合		迷宫与毛毡密封组合,密封效果好	适用于油或脂润滑的密封,接触处圆周速度不大于 7m/s
	挡油环皮碗组合		挡油环与皮碗密封组合	适用于油或脂润滑的密封,接触处圆周速度可大于 7～15m/s
	甩油环 W 形间隙密封组合		甩油环与"W"形间隙密封组合,无摩擦阻力损失,效果可靠	适用于油或脂润滑的密封,不受圆周速度限制,圆周速度越大,密封效果越好

10.3 联轴器和离合器

联轴器用于将两轴联接在一起,机器运转时两轴不能分离,只有在机器停车时才可将两轴分离;离合器是在机器运转过程中,可使两轴随时接合或分离的一种装置,它可用来操纵机器传动的断续,以便进行变速或换向。联轴器和离合器通常用来联接两轴并在其间传递运动和转矩。有时也可以作为一种安全装置用来防止被联接件承受过大的载荷,起到过载保护的作用。使用联轴器联接两轴时,只有在机器停止运转,经过拆卸后才能使两轴分离。而离合器联接的两轴可在机器工作中方便地实现分离与接合。

10.3.1 联轴器

联轴器所联接的两轴,由于制造及安装误差、承载后的变形以及温度变化的影响,往往存在着某种程度的相对位移与偏斜。因此,设计联轴器时要从结构上采取各种不同的措施,使联轴器具有补偿各种偏移量的性能。联轴器根据有无补偿相对位移的能力可分为**刚性联轴器**和**挠性联轴器**两大类。

刚性联轴器用于两轴严格对中并在工作中不发生相对位移的地方,如凸缘联轴器、套筒联轴器和夹壳联轴器。挠性联轴器用于轴线偏斜或在工作时可能发生位移的场合。根据有无弹性元件及弹性元件材料的不同,可分为无弹性元件联轴器、金属弹性元件联轴器和非金属弹性元件联轴器。无弹性元件联轴器有牙嵌联轴器、齿式联轴器、滚子链联轴器和滑块链联轴器;金属弹性元件联轴器有十字轴万向联轴器、蛇形弹簧联轴器、簧片链联轴器和弹簧链联轴器;非金属弹性元件联轴器有弹性套柱销联轴器、弹性柱销联轴器、弹性柱销齿式联轴器、梅花形弹性联轴器和轮胎联轴器等。

联轴器一般由两个半联轴器及联接件组成。半联轴器与主动轴、从动轴常采用键、花键等联接。联轴器联接的两轴一般属于两个不同的机器或部件,由于制造、安装的误差,运转时零件的受载变形,以及其他外部环境或机器自身的多种因素,都可使被联接的两轴相对位置发生变化,出现相对位移和偏差。由此可见,联轴器除了能传递所需的转矩外,还应具有补偿两轴线的相对位移或偏差,减振与缓冲以及保护机器等性能。

1. 刚性联轴器

(1)凸缘联轴器。如图 10-30(a)所示为典型的凸缘联轴器,是由两半联轴器、螺栓和键组成。普通凸缘联轴器靠配合螺栓实现两轴对中,靠螺栓受剪切和挤压传递转矩;对中榫凸缘联轴器则靠凸肩和凹槽实现对中,靠结合面的摩擦传递转矩。采用螺栓对中的凸缘联轴器(如图 10-30(b)),当要求两轴分离时,只需卸下螺栓即可,不用移动轴,装卸比对中榫凸缘联轴器简便。

联轴器的材料通常为铸铁,重载或圆周速度大于 30 m/s 时采用铸钢或锻钢。凸缘联轴器结构简单,制造方便,传递转矩较大,故适用于连接低速、大转矩、振动小、刚性大、对中性好的短轴。

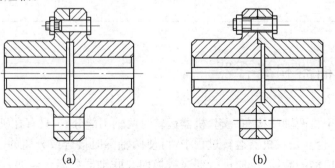

(a)　　　　　　　(b)

图 10-30　普通凸缘联轴器与对中榫凸缘联轴器

（2）套筒联轴器。套筒联轴器（如图 10 - 31）由套筒和键（销）组成，靠中间套筒传递转矩，具有结构简单、制造方便、径向尺寸小等特点。但套筒联轴器要求两轴线严格对中，装拆时轴需做轴向移动，故适用于低速、平稳、轻载、小尺寸轴的联接。

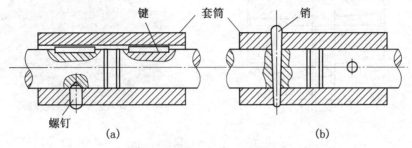

图 10 - 31　套筒联轴器

2. 挠性联轴器

（1）十字滑块联轴器。如图 10 - 32 所示为十字滑块联轴器，它由两个半联轴器与十字滑块组成。十字滑块两侧互相垂直的凸榫分别与两个半联轴器的凹槽组成移动副。联轴器工作时，十字滑块随两轴转动，同时又相对于两轴移动以补偿两轴的径向位移。这种联轴器径向补偿能力较大，同时也有少量的角度和轴向补偿能力。由于十字滑块偏心回转会产生离心力，滑块滑动为往复运动，所以不宜用于高速场合。十字滑块联轴器的材料一般为 45 钢，工作表面要进行热处理，并进行润滑。滑块偏心转动会引起离心力，增大磨损，适用于转速 $n<300$ r/min、较平稳、有径向位移的两轴联接。

图 10 - 32　十字滑块联轴器

（2）弹性套柱销式联轴器。如图 10 - 33 所示为弹性套柱销式联轴器，它在结构上与凸缘联轴器相似，只是用套有橡胶弹性套的柱销代替了联结螺栓。弹性套柱销连轴器制造容易，装拆方便，成本较低，但弹性套易磨损，寿命较短。它适于载荷平稳、正反转或启动频繁、转速高的中小功率的两轴联结。

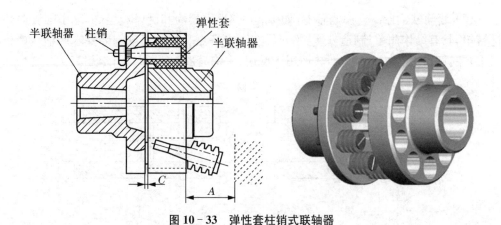

图 10-33　弹性套柱销式联轴器

（3）弹性柱销联轴器。如图 10-34 所示为弹性柱销联轴器,它是用弹性柱销将两个半联轴器连接起来,为防止柱销脱落,两侧装有挡板。这种联轴器与弹性套柱销联轴器相比,结构简单,制造安装方便,寿命长,有一定的缓冲减振能力,可补偿一定的轴向位移及少量的径向位移和角位移,适用于轴向窜动较大、正反转或启动频繁、转速较高的场合。由于尼龙柱销对温度较敏感,故工作温度限制在－20 ℃～70 ℃的范围内。

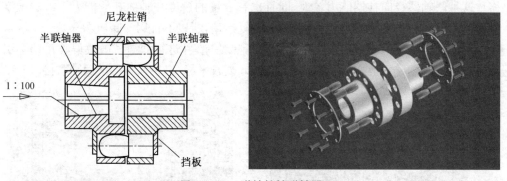

图 10-34　弹性柱销联轴器

（4）万向联轴器。如图 10-35 所示为典型的单万向联轴器,它是由两个叉形接头、一个中间联接件和两个轴销组成。两轴销互相垂直并分别将两个叉形结构与中间件联接起来,构成铰链结构。这种联轴器允许两轴间有较大的角位移(可达 400°～450°)。但当两轴不共线时,它们的角速度比值是变化的,两轴夹角越大,其变化幅度越大,产生的动载荷越大,适用于低速、角位移较小或对平稳性要求不高的场合。

图 10-35　单万向联轴器

如图 10‑36 所示为双万向联轴器，它是由两个单万向联轴器串接组成。它的主、从动轴与中间轴的夹角相等，而且中间轴两端的叉面共面，故可实现两轴的等角速度传动。

图 10‑36　双万向联轴器

万向联轴器多选用合金钢制造，具有结构紧凑、维护方便、被联接两轴间的夹角较大并可在运动中变化等优点，广泛应用于汽车、轧钢机械、建筑机械和机床等传动系统中。

（5）齿式联轴器。如图 10‑37 所示为齿式联轴器，它是由两个有内齿的外壳和两个有外齿的轴套组成，两轴套分别与两轴用键联接，两外壳用螺栓连为一体，靠齿轮啮合传递转矩。为了能补偿两轴的综合位移，外齿齿顶常制成球面，轴向制成鼓形。由于外齿的齿顶制成球面，球面中心在齿轮轴线上，且内、外齿啮合时具有较大的顶隙和侧隙。为减小摩擦和磨损，可由油孔注入润滑油，并在内、外套筒之间密封元件，以防止润滑油泄漏。该联轴器能传递很大的转矩，补偿综合位移，但结构复杂、笨重、造价高，常用于重型机械中。

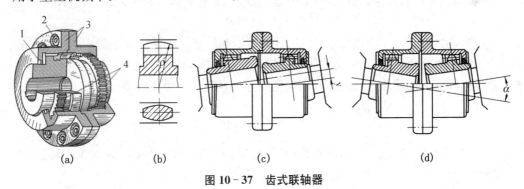

图 10‑37　齿式联轴器

（6）轮胎联轴器。如图 10‑38 所示为轮胎联轴器，它是由橡胶或橡胶织物制成轮胎形的弹性元件，通过压板与螺栓和两半联轴器相连，两半联轴器与两轴相连。它的结构比较简单，弹性大，具有良好的缓冲减振能力和补偿较大综合位移的能力，但其径向尺寸较大。它适用于启动频繁、正反向运转、有冲击振动、两轴相对位移较大以及潮湿、多尘之处。

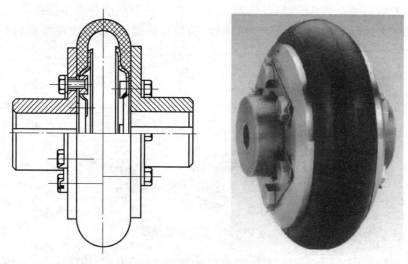

图 10‑38 轮胎联轴器

3. 联轴器的选择

常用联轴器都已标准化,选用时,只需参考有关手册,根据机器的工作特点及要求,结合联轴器的性能选定合适的类型,再按轴的直径、工作转矩、工作转速、轴径、伸出轴头、被联接的两轴最大位移和工作条件来确定选用类型和规格。具体在选择时应考虑以下几点:

(1) 联轴器类型的选择,低速、刚性大的短轴可选用固定式刚性联轴器;低速、刚性小的长轴可选用可移式刚性联轴器;传递转矩较大的重型机械选用齿式联轴器;对于高速、有振动和冲击的机械,选用弹性联轴器;轴线位置有较大变动的两轴,应选用万向联轴器。

(2) 类型选定后,可根据轴的直径、计算转矩和转速从机械设计手册中选择型号和尺寸。选择时应满足的条件是:联轴器的轴孔直径应和轴径相匹配;计算转矩和转速不得超过联轴器的许用最大转矩和许用最高转速。计算转矩由下式确定:

$$T_C = KT = K \times 9549 \times \frac{P}{n} \qquad (10-7)$$

式(10‑7)中:K 为工作情况系数;P 为传递的功率,单位为 kW;n 为工作转速,单位为 r/min。

10.3.2 离合器

离合器主要用于在机器运转过程中,随时将主、从动轴结合和分离,如汽车需临时停车时不必熄火,可以操纵离合器,使变速箱的输入轴与汽车发动机的输出轴分离。离合器一般由主动部分、从动部分、接合部分、操纵部分等组成。主动部分与主动轴固定联接,主动部分还常用于安装接合元件(或一部分)。从动部分有的与从动轴固定联接,有的可以相对于从动轴做轴向移动并与操纵部分相联,从动部分上安装有接合元件(或一部分)。操纵部分控制接合元件的接合与分离,以实现两轴间转动和转矩的传递或中断。离合器按其工作原理可分为嵌合式和摩擦式两类,按控制方式可分为操纵式和自动式两类。操纵式离合器需借助于人力或动力如机械、液压、气压、电磁等进行操纵;自动离合器不需要外来操纵,能够在特定的工作条件下(如一定的转矩、一定的转速或一定的回转方向)实现自动接合与分离,如安全离合器、离心离合器和超越离合器。

1. 牙嵌式离合器

如图 10 - 39 所示,牙嵌式离合器主要由两个半离合器组成。半离合器(主动部分)用平键与主动轴联接,半离合器(从动部分)用导向平键或花键与从动轴联接,并可用拨叉操纵使其轴向移动以实现离合器的接合与分离。啮合与传递转矩是靠两相互啮合的牙来实现的。牙齿可布置在周向,也可布置在轴向。结合时有较大的冲击,影响齿轮寿命。

动画10-01

牙嵌式离合器

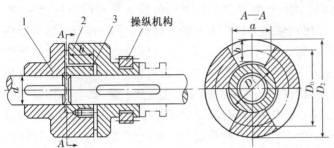

图 10 - 39　牙嵌式离合器

牙嵌式离合器常用的牙形有:矩形、梯形和锯齿形等。矩形齿的特点是齿的强度低,磨损后无法补偿,难于接合,只能用静止状态下手动离合的场合。梯形齿的特点是牙的强度高,承载能力大,能自行补偿磨损产生的间隙,并且接合与分离方便,但啮合齿间的轴向力有使其自行分离的可能。锯齿形的特点是牙的强度高,承载能力最大,但仅能单向工作,反向工作时齿面间会产生很大的轴向力使离合器自行分离而不能正常工作。

牙嵌式离合器的特点是结构简单、尺寸紧凑、工作可靠、承载能力大、传动准确,但在运转时接合有冲击,容易打坏牙,所以一般离合操作只在低速或静止状况下进行。

2. 摩擦式离合器

图 10 - 40 所示为摩擦式离合器,它是靠接合元件间产生的摩擦力来传递转矩的。接合元件所受的正压力调整确定后,接合元件之间的最大摩擦力随之确定,离合器的承载能力转矩 T_{max} 也随之确定。离合器正常工作时所传递的转矩 T 应小于或等于 T_{max}。当过载时,接合元件间产生打滑,保护传动系统中的零件不致损坏。打滑时,接合元件磨损严重,摩擦消耗的功转变为热量使离合器温度升高,较高的温升和较大的磨损将影响到离合器的正常工作。摩擦式离合器接合元件的结构形式有:圆盘式、圆锥式、块式、钢球式、闸块式等。摩擦式离合器的类型很多,最常见的是多盘式摩擦离合器。

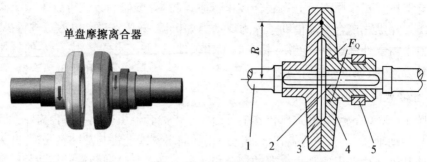

图 10-40　摩擦式离合器

如图 10-41 所示,多盘式摩擦离合器中主动轴 1 与外壳 2 相联接,从动轴 3 与套筒 4 相联接。外壳的内缘开有纵向槽,外摩擦盘 5 以其凸齿插入外壳的纵向槽中,因此,外摩擦盘可与轴一起转动,并可在轴向力推动下沿轴向移动。内摩擦盘 6 以其凹槽与套筒 4 上的凸齿相配合,故内摩擦盘可与轴 3 一起转动并可沿轴向移动。内、外摩擦盘相间安装。另外,在套筒 4 上开有三个纵向槽,其中安置可绕销轴转动的曲臂杠杆8。当滑环 7 向左移动时,通过曲臂杠杆 8、压板 9 使两组摩擦盘压紧,离合器即处于接合状态。若滑块向右移动时,摩擦盘被松开,离合器即分离。多盘式摩擦离合器传递转矩的大小,随接合面数量的增加而增大,但接合面数量太多时,会影响离合器的灵活性,所以一般接合面数据量不大于 25～30。多盘式摩擦离合器的优点是:两轴能在任何转速下接合;接合与分离过程平稳;过载时会发生打滑;适用载荷范围大。其缺点是:结构复杂,成本较高,产生滑动时两轴不能同步转动。

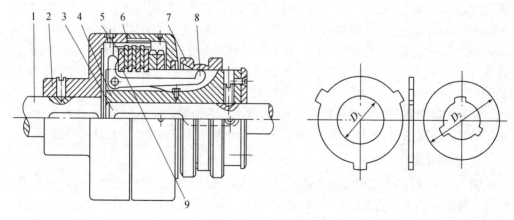

图 10-41　多盘式摩擦离合器

3. 超越离合器

超越离合器又称定向离合器,是一种自动离合器。它只能传递单向转矩,反向时能自动分离。如图 10-42 所示,滚柱式超越离合器由星轮 1、外环 2、滚柱 3 和压簧推杆 4 组成,装配时滚柱处于半楔紧状态。星轮和外环均可作为主动件。当外环主动且逆时针转动时,在摩擦力和压簧推力的作用下滚柱滚向楔口小端,将外环和星轮进一步楔紧,从而驱动星轮一起转动,离合器处于接合状态;当外环主动且顺时针转动时,滚柱克服压簧的推力滚到楔口大端,外环和星轮被放松,离合器处于分离状态,故只能定向工作。当外环与星轮同时逆时针转动时,若外环的转速大于星轮的转速,离合器处于接合状态;反之,离合器处于分离状态,因此,又称为超越离合器。

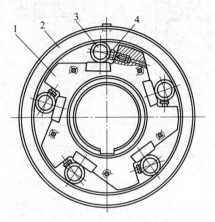

图 10-42　滚柱式超越离合器

离合器的选择应满足的基本要求是:接合可靠、分离彻底、动作迅速、操纵灵活、平稳无冲击;结构简单、制造容易、成本低、工作安全、传动效率高、使用寿命长;重量轻、惯性小、外形尺寸小、散热能力强、调整维修方便等。实际上任何一个离合器不可能同时满足全部的基本要求,一般应根据使用要求和工作条件进行选择,确保主要条件,兼顾其他条件。由于大多数离合器已标准化或规格化,所以设计时只需参考有关手册和设计资料进行类比设计或选择即可,且满足:$T_c \leqslant [T_c]$,$n \leqslant [n]$。

其中,$[T_c]$为联轴器的许用最大转矩,单位为 N·mm;$[n]$为联轴器的许用最高转速,单位为 r/min。

拓展知识

向心角接触轴承的载荷计算

角接触轴承受径向载荷 F_r 作用时,由于其存在接触角 α,承载区内任一滚动体上的法向力可分解为径向分力和轴向分力,各滚动体上所受轴向分力的总和即为轴承的附加轴向力 F_S。

为了使向心角接触轴承能正常工作,通常采用两个轴承成对使用、对称安装的方式。如图 10-43 所示,为成对安装角接触轴承的两种安装方式:正装时外圈窄边相对,轴的实际支点偏向两支点里侧;反装时外圈窄边相背,轴的实际支点偏向两支点外侧。简化计算时可近似认为支点在轴承宽度的中点处。

因此,在计算轴承所受的轴向载荷时,不但要考虑 F_S 与 F_a 的作用,还要考虑到安装方式的影响。

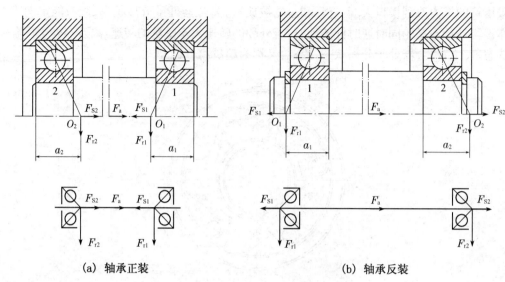

(a) 轴承正装   (b) 轴承反装

图 10‑43　角接触轴承轴向载荷的分析

如图 10‑43(a)所示,其受力有两种情况,需分别进行讨论:

① $F_a+F_{S2}>F_{S1}$。由于轴承 1 的右端已固定,轴不能向右移动,即轴承 1 被压紧,由力的平衡条件得:压紧端 F_a 为除去自身内部轴向力 F_S 以外的外载荷的代数和,放松端 F_a 即为自身内部轴向力 F_S。于是:

轴承 1(压紧端)承受的轴向载荷:$F_{a1}=F_a+F_{S2}$

轴承 2(放松端)承受的轴向载荷:$F_{a2}=F_{S2}$

② $F_a+F_{S2}<F_{S1}$,即 $F_{S1}-F_a>F_{S2}$,则轴承 2 被压紧,由力的平衡条件得:

轴承 1(放松端)承受的轴向载荷:$F_{a1}=F_{S1}$

轴承 2(压紧端)承受的轴向载荷:$F_{a2}=F_{S1}-F_a$

以上分析与轴承的安装方式无关。

如图 10‑43(b)所示,若为反装("背对背")方式,只要将图中两个轴承的内部轴向力 F_{S1}、F_{S2} 矢量方向画正确,分析步骤和方法是相同的。

因此,角接触轴承轴向载荷 F_a 的计算方法可归纳为:

① 根据轴承和安装方式,画出内部轴向力 F_{S1} 和 F_{S2} 的方向(即正装时相向,反装时背向)。

② 判断轴向合力 $F_{S1}+F_{S2}+F_a$(计算时各带正负号)的指向,确定被"压紧"和被"放松"的轴承。正装时轴向合力指向的一端为紧端;反装时轴向合力指向的一端为松端。

③ 压紧端的轴向载荷 F_a 等于除去压紧端本身的内部轴向力外,所有轴向力的代数和。

④ 放松端的轴向载荷 F_a 等于放松端内部的轴向力 F_S。

【例 10-3】　一水泵拟选用深沟球轴承,已知轴的直径 $d=35$ mm,转速 $n=2\,900$ r/min,轴承承受径向载荷 $F_r=2\,300$ N,轴向载荷 $F_a=540$ N,工作温度正常,要求轴承预期寿命 $[L_h]=5\,000$ h,试选择轴承型号。

解　(1) 求当量动载荷 P：$P=f_P(XF_r+YF_a)$

经查表 10-12 和表 10-13,可得：$f_t=1$,$f_P=1.1$

X、Y 根据 F_a/C_{0r} 查取,暂取 $F_a/C_{0r}=0.028$,则 $e=0.22$。

由 $F_a/F_r=540/2\,300=0.235>e$,查表 $X=0.56$,$Y=1.99$,则：
$$P=1.1\times(0.56\times2\,300+1.99\times540)=2\,600\text{ N}$$

(2) 计算径向额定动载荷
$$C=\frac{P}{f_t}\left(\frac{60n[L_h]}{10^6}\right)^{\frac{1}{\varepsilon}}=\frac{2\,600}{1}\times\left(\frac{60\times2\,900}{10^6}\times5\,000\right)^{\frac{1}{3}}=24\,820\text{ N}$$

选用 6307,其 $C_r=33\,200$ N$>24\,820$ N,$C_{0r}=19\,200$ N

6307 轴承的 $F_a/C_{0r}=540/19\,200=0.028\,1$ 与初定值相近,因此,选用深沟球轴承 6307 合适。

【例 10-4】　有一圆柱齿轮减速器齿轮轴,如图 10-44 所示,两个支点都使用 6310 深沟球轴承,轴的转速为 $n=540$ r/min,已知轴承 1 承受径向载荷 $F_{r1}=9\,500$ N,轴承 2 承受径向载荷 $F_{r2}=8\,000$ N,轴上的轴向外载荷 $F_a=4\,600$ N,试计算轴承的工作寿命(设轴承的冲击载荷系数为 f_P)。

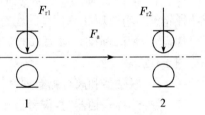

图 10-44　【例 10-4】附图

解　轴承寿命计算公式为：$L_h=\left(\dfrac{C}{P}\right)^{\varepsilon}\dfrac{10^6}{60n}=\left(\dfrac{C}{P}\right)^{\varepsilon}\dfrac{16\,670}{n}$

(1) 查手册得基本额定动载荷 $C_r=61\,800$ N,对于球轴承,$\varepsilon=3$。

(2) 计算轴承 1 的工作寿命

根据设计,使轴向外力 F_a 作用在轴承 2 上,轴承 1 不受轴向力,故 $P_1=F_{r1}=9\,500$ N。

轴承 1 的工作寿命为
$$L_{h1}=\left(\frac{C_r}{P_1}\right)^{\varepsilon}\frac{16\,670}{n}=\left(\frac{61\,800}{9\,500}\right)^3\times\frac{16\,670}{540}=8\,489\text{ h}$$

(3) 计算轴承 2 的工作寿命

查手册得径向基本额定静载荷 $C_{0r}=38\,000$ N

计算 F_a/C_{0r},确定系数 e
$$\frac{F_a}{C_{0r}}=\frac{4\,600}{38\,000}=0.12$$

由此,插入法查表,得 $e=0.307$。

确定当量动载荷的计算公式并计算 P_{r2}
$$\frac{F_{a2}}{F_{r2}}=\frac{4\,600}{8\,000}=0.575>e$$

查表,得 $X=0.56$,插入法根据 e 查得 $Y=1.43$。

故 $P_{r2}=f_P(XF_{r2}+YF_{a2})=1.2\times(0.56\times8\,000+1.43\times4\,600)=13\,270\,\text{N}$

取 $f_P=1.2$,轴承2的工作寿命为:

$$L_{h2}=\left(\frac{C_r}{P_{r2}}\right)^{\varepsilon}\frac{16\,670}{n}=\left(\frac{61\,800}{13\,270}\right)^3\times\frac{16\,670}{540}=3\,118.1\,\text{h}$$

思考题

10-1 试判断图中 Ⅰ、Ⅱ、Ⅲ、Ⅳ轴是心轴、转轴,还是传动轴?

10-2 轴上零件的轴向定位方式有哪几种? 各有何特点?

10-3 轴上零件的周向定位方式有哪几种? 各有何特点?

10-4 试分析轴的主要失效形式,在选择轴的材料时应注意什么问题?

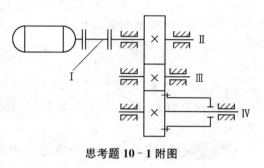

思考题 10-1 附图

10-5 轴的强度计算有几种方法? 各适用于什么场合?

10-6 联轴器和离合器有何区别?

10-7 选择联轴器时,应考虑哪些因素?

10-8 常用的离合器有哪些类型,各有何特点?

10-9 判断题

(1) 轴上零件轴向定位的目的是防止轴上零件在轴向力的作用下沿着轴向窜动。

(2) 阶梯轴的截面尺寸变化处采用圆角过渡的目的是为了便于加工。

(3) 滚动轴承采用两端固定支承主要适用于工作温度变化较大的轴。

(4) 滚动轴承的密封方式有接触式密封、非接触式密封。

(5) 角接触轴承为消除内部轴向力可采用的安装方法只有正组装。

(6) 滚动轴承进行寿命计算的目的是为了防止轴承发生塑性变形。

10-10 选择题

(1) 当采用轴肩作轴向定位时,为使轴上零件能靠紧定位面,轴肩根部的圆角半径应_____零件的倒角。

　　A. 大于　　　　　　　B. 小于　　　　　　　C. 等于　　　　　　　D. 不确定

(2) 当采用套筒、螺母或轴端挡圈作轴向定位时,为了使零件的端面靠紧定位面,安装零件的轴段长度应_____零件轮毂的宽度。

　　A. 大于　　　　　　　B. 小于　　　　　　　C. 等于

(3) 轴肩高度应_____滚动轴承内圈厚度,以便拆卸轴承。

　　A. 大于　　　　　　　B. 小于　　　　　　　C. 等于

(4) 在轴的初步设计中,轴的直径是按_____进行初步确定的。

　　A. 弯曲强度　　　　　　　　　　　　B. 轴段的长度

C. 扭转强度   D. 轴段上零件的孔径

(5) 联轴器和离合器的主要区别是____。

  A. 联轴器多数已经标准化和系列化,而离合器则不是

  B. 联轴器靠啮合传动,而离合器靠摩擦传动

  C. 离合器可以补偿两轴的偏移,而联轴器则不能

  D. 联轴器是一种固定联结装置,而离合器则是一种能随时将两轴接合和分离
     的装置

(6) 联轴器与离合器的主要作用是_____。

  A. 缓冲、减振   B. 传递运动和转矩

  C. 防止机器发生过载   D. 补偿两轴的不同心或热膨胀

(7) 代号为 3108、3208、3308 的滚动轴承中的_____不相同。

  A. 外径   B. 内径   C. 精度   D. 类型

(8) 代号为 6107、6207、6310 的滚动轴承的_____是相同的。

  A. 外径   B. 内径   C. 精度   D. 宽度

(9) 滚动轴承的接触式密封是____。

  A. 毡圈密封   B. 油沟式密封   C. 迷宫式密封   D. 甩油密封

(10) 滚动轴承的额定寿命是指同一批轴承中_____的轴承所能达到的寿命。

  A. 99%   B. 90%   C. 95%   D. 50%

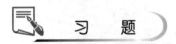

习 题

10-1 请指出各图中轴系的结构有哪些不合理的地方,并画出改正后的轴系的结构图。

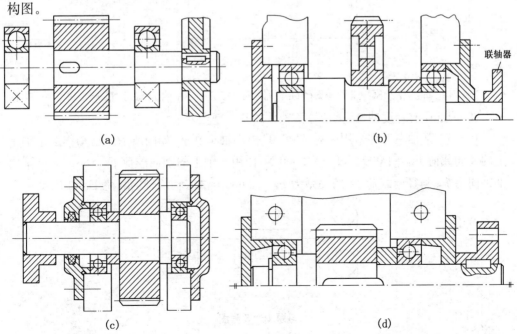

(a)   (b)

联轴器

(c)   (d)

习题 **10-1** 附图

10-2 已知作用在齿轮上的圆周力 $F_t = 17\,400$ N,径向力 $F_r = 6\,410$ N,轴向力 $F_a = 2\,860$ N,齿轮分度圆直径 $d_2 = 146$ mm,作用在轴右端带轮上外力 $F = 4\,500$ N(方向未定),$L = 193$ mm,$K = 206$ mm,试计算某减速器输出轴危险截面的直径。

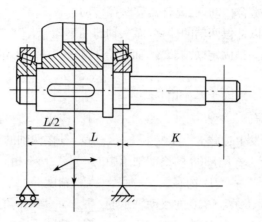

习题 **10-2** 附图

10-3 如图所示,轴承支承在两个 $\alpha = 25°$ 的角接触球轴承上。轴承径向载荷作用点假设取在轴承宽度中点,间距为 240 mm,轴上载荷 $F = 2\,800$ N,$F_a = 750$ N,方向和位置如图所示。试计算轴承所受轴向载荷。

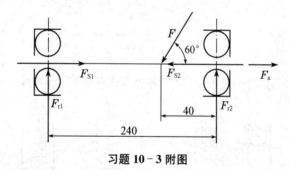

习题 **10-3** 附图

10-4 有一 7208C 轴承,受径向载荷 $F_r = 7\,250$ N,轴向载荷 $F_a = 1\,800$ N,转速 $n = 120$ r/min,有轻度冲击,试计算该轴承的基本额定寿命。

10-5 某轴系部件采用一对 7208AC 滚动轴承支承,如图所示。已知作用于轴承上的径向载荷 $F_{r1} = 1\,000$ N,$F_{r2} = 2\,000$ N,作用于轴上的轴向载荷 $F_a = 880$ N,轴承内部轴向力 F_s 与径向载荷 F_r 的关系为 $F_s = 0.68F_r$,试求轴承轴向载荷 F_{a1} 和 F_{a2}。

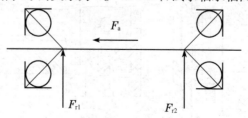

习题 **10-5** 附图

10-6　如图所示,轴由一对 7306AC 角接触球轴承支承。已知 $F_{r1}=3\,000\,N$,$F_{r2}=1\,000\,N$,$n=1\,200\,r/min$,作用在轴上的外加轴向载荷 $F_a=500\,N$,方向如图所示。若载荷系数 $f_P=1$,轴在常温下工作。预期寿命 $L_h=7\,200h$,试问该轴承是否合适?(该轴承 $C_r=25\,200\,N$,$F_a/F_r>0.68$ 时,$X=0.41$,$Y=0.87$;反之,$X=1$,$Y=0$)。

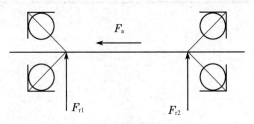

习题 **10-6** 附图

10-7　如图所示轴系由一对圆锥滚子轴承支承(基本额定动载荷 $C_r=57\,700\,N$),轴的转速 $n=1\,380\,r/min$,已求得轴承的径向支反力为:$F_{r1}=4\,000\,N$,$F_{r2}=6\,000\,N$,轴向外载荷 $F_a=860\,N$,载荷系数 $f_P=1.2$。求轴承寿命为多少小时?(轴承 $e=0.3$,$\dfrac{F_a}{F_r}>e$ 时,$X=0.4$,$Y=2$)

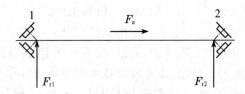

习题 **10-7** 附图

10-8　电动机经减速器驱动水泥搅拌机工作。已知电动机的功率 $P=11\,kW$,转速 $n=970\,rpm$,电动机轴的直径和减速器输入轴的直径均为 42 mm,试选择电动机与减速器之间的联轴器。

参考文献

[1] 杨可桢. 机械设计基础[M]. 第 7 版. 北京:高等教育出版社,2020.

[2] 丛晓霞. 机械创新设计[M]. 第 2 版. 北京:北京大学出版社,2020.

[3] 陈立德. 机械设计基础[M]. 第 5 版. 北京:高等教育出版社,2019.

[4] 周瑞强. 机械设计基础[M]. 沈阳:东北大学出版社,2018.

[5] 魏兵. 机械原理[M]. 第 3 版. 武汉:华中科技大学出版社,2018.

[6] 李海萍. 机械设计基础[M]. 第 2 版. 北京:机械工业出版社,2015.

[7] 李瑞琴. 机械原理[M]. 北京:电子工业出版社,2015.

[8] 李业农. 机械设计基础[M]. 第 2 版. 北京:高等教育出版社,2015.

[9] 陆萍. 机械设计基础[M]. 济南:山东科学技术出版社,2014.

[10] 张占国. 机械原理、机械设计学习指导与综合强化[M]. 北京:北京大学出版社,2014.

[11] 梁庆华. 趣味机构学[M]. 第 2 版. 北京:机械工业出版社,2013.

[12] 段志坚. 机械设计基础[M]. 北京:机械工业出版社,2012.

[13] 郑文纬. 机械原理[M]. 第 7 版. 北京:高等教育出版社,2012.

[14] 高志. 机械创新设计[M]. 北京:清华大学出版社,2009.

[15] 李树军. 机械原理[M]. 北京:科学出版社,2009.

[16] 华大年. 连杆机构设计与应用创新[M]. 北京:机械工业出版社,2007.

[17] 张春林. 机械创新设计[M]. 第 2 版. 北京:机械工业出版社,2007.

[18] 戴振东. 机械设计基础[M]. 北京:国防工业出版社,2006.

[19] GB/T 272—2017,滚动轴承代号方法[S].

[20] GB/T 1243—2006,传动用短节距精密滚子链、套筒链、附件和链轮[S].

[21] GB/T 1356—2001,通用机械和重型机械用圆柱齿轮标准基本齿条齿廓[S].

[22] GB/T 1357—2008,通用机械和重型机械用圆柱齿轮模数[S].

[23] GB/T 10088—2018,圆柱蜗杆模数和直径[S].

[24] GB/T 10095—2008,圆柱齿轮精度制[S].

[25] GB/T 11544—2012,带传动普通 V 带和窄 V 带尺寸(基准宽度制)[S].

[26] GB/T 13575—2008,普通和窄 V 带传动[S].